改訂増補

イラストで
よくわかる

定番・人気の
新鮮野菜
100種

はじめての
野菜づくり
12か月

板木利隆

家の光協会

　私たちをとりまく野菜事情は近年大きく様変わりしてしまいました。いまや、店頭に並ぶ生鮮野菜には、国内の遠隔地から輸送されたものや海外から輸入されたもの、冷凍野菜、カット野菜、あるいは人工光による植物工場で生産されたものが多く見られるようになりました。そして、日本人が日常食べている野菜の50パーセントを超す量が、外食や中食といった形で、家庭の外でとられるようになったのも驚きです。

　したがって、私たちが食べている野菜は、多くの場合、生産された畑、生産した人、栽培の仕方、収穫されてから店頭に並ぶまでの流通とその手段、加工・調理された場所、それらに携わった人、などといった事柄がはっきりとしません。いわば「素性」のわからない野菜を食べる機会が増えてきているのです。

　こうしたなか、自家菜園や市民農園、あるいは庭先やベランダで栽培した「手づくりの野菜」を食べることの意義は、ますます大きくなってきました。近年、農山村だけでなく、都市の住宅街でも、さまざまな形で野菜づくりを楽しむ人たちが多く見られるようになりました。

　自分の手で作った素性の知れた新鮮、安心な野菜を食べられる

ことが、なんといっても野菜づくりのいちばん大きな魅力です。それとともに、自然の中で大地に触れ、体に汗する喜びと、日々生長する野菜の姿を見ながら、育てる喜びを味わうことも、もうひとつの魅力となっているようです。

　こうした野菜づくりの経験から得た技術や情報を生かして、栽培規模を増やしたり、伝統野菜や新顔野菜をとり入れ、地域の特産物に仕上げたり、直売所で地産地消の実績をあげる例もたくさん生まれてきました。これらは、近隣の人々に安心野菜を提供するとともに、新たに田舎暮らしを志向する人たちを支える役割も果たすことにもなるでしょう。

　本書は、これから新しく野菜づくりに取り組まれる方たちのために、季節を上手に生かして、より実り多い菜園運営が行われるためのお手伝いをしようと、月刊誌『家の光』ならびに『ＪＡ広報通信』に長年連載された記事をもとに大幅な改編を加えた『はじめての野菜づくり12か月』に、新たに野菜の上手な保存・利用の仕方を加えてつくり上げたものです。野菜好きの方たちの間に幸せな笑顔が広がる一助となれば、たいへん嬉しく思います。

　2018年3月

板木 利隆

はじめての野菜づくり12か月

もくじ

季節を生かす野菜づくり

第2章

野菜の育て方 100種

第3章
野菜別 保存・調理のコツ・おいしい食べ方

第4章
野菜づくりの基礎知識

野菜索引

（50音順）

季節を生かす
野菜づくり

第　　章

野菜を作るにあたってのだいじな３つの条件、それは、①「種子（よい品種のよい種子）の確保」、②「生育に都合のよい環境の確保」、③「野菜の性質に合った適切な栽培管理」です。

　このうち、②の生育に都合のよい環境条件での栽培についてまとめたのが、この第１部です。なぜそのことをまとめたのかといえば、家庭菜園は、ほとんどが温室など人為的に環境を制御する栽培ではなく、自然の、露地条件での栽培となるため、季節をよく知り、それに合わせて野菜の種類や品種を選び、適切な栽培管理を行うことを第一に考えなければならないからです。

　とくにわが国は、気候の季節変化が大きく、四季折々の温度、日長、それに風雨などの条件があるので、このことをよく知ったうえで年間の作付け、栽培計画をたてることが必要となります。それに逆らっては、どんなに種まきや施肥、作物の管理技術がうまくても、期待に沿うよい野菜を得ることはむずかしいのです。

　ここでは、１年12か月を通して、それぞれの季節でどんな野菜の作付けが適し、それをうまく栽培するためにはどんなポイントがあるのかについて、いくつかの例を取り上げて説明しました。１年間の家庭菜園の運営についておおよそのイメージをもったうえで、野菜づくりに取り組んでいただければと思います。

　もちろん、わが日本の国土は南北に長く伸びているので、気候の地域差が大きく、月ごとの栽培管理作業も地域によって大差があります。本書では、関東・関西地区の平坦地を基準に取り上げています。したがって、そのほかの地域に応用するには気象や草木の生育の違い、その地の慣行法や、いままでに得られた経験などを参照して判断し、利用してください。

　なお、それぞれの野菜の栽培のポイントや詳しい栽培管理については第２章に記述されています。該当するページは（　）内に記しました。

新しい魅力野菜にもチャレンジ

近ごろの野菜売り場には、かつては見られなかった新しい野菜やおいしい地方野菜が並ぶようになりました。家庭菜園の楽しさのひとつに、こうした珍しい野菜や品種を自分の手で育ててみるということがあります。年の初めは、「今年は何を作ろうか」といろいろ計画をたてるものですが、ぜひ新しい野菜にもチャレンジしてみてください。きっと、家庭菜園の新しい魅力が広がることでしょう。

以下、そのいくつかの例をあげてみます。

新しい野菜、外来野菜

イタリアンパセリ、ルッコラ、トレビス、エンダイブ、サンチュ、リーキ、ズッキーニ、コールラビー、アーティチョーク、小型ハクサイ、ヤーコン

伝統野菜、地方野菜

万願寺トウガラシ、賀茂ナス、水ナス、民田ナス、ニガウリ、ダダチャマメ、下仁田ネギ、ノラボウナ、源助ダイコン、飛騨紅カブ、津田カブ、エビイモ

山菜

アシタバ、クサソテツ、モミジガサ、ギョウジャニンニク、オオバギボウシ

ニラの株分け更新は冬の間に

ニラは多年草なので、いちど植えておけば何年でも、また、1年に何回でも収穫できる重宝な野菜です。

しかしだからといって2年以上もとり続けていると、株が密生状態になり、品質・収量は著しく低下してしまいます。そうなる前に早めに株分け更新することがたいせつです。その適期は、葉が枯れ、根株が休眠状態になっている冬の間です。

方法は、残っている枯れ葉を地上4～5cmのところできれいに刈り取り、根株を土から掘りあげます。掘りあげたら土をたたき落とし、手で株を大割りし、さらに小割りし、2～3株ずつに分割。これをあらかじめ元肥を施しておいた植え溝に植えつけます。

植え溝の深さは8～10cmくらいの深めとし、覆土は株の上部が少し出るくらいにしておき、やがて新葉が伸びだしてきたら2回ほど土を寄せて溝が埋まるようにします。こうすれば春には見違えるほど良質なニラが収穫できるようになります。（176ページ）

冬の間のイチゴの管理

10月に植えつけた露地栽培のイチゴは、この時期、本格的な寒さにあい休眠状態に入っています。この間、土があまり乾きすぎるようなら、たまに灌水します。また、土が軽くて霜柱がひどく、株が浮き上がりそうなら、株間によく砕いた堆肥を薄く敷くとよいでしょう。

厳寒期を過ぎ、イチゴの新葉が少し伸び始めるころ（関東南部以西なら2月初め）、株元近くの枯れかかった葉をつけ根から取り外して整理し、畝の肩に化成肥料と油粕を1株当たり各小さじ1杯ほどまき、通路の土をかぶせます。イチゴはたいへん肥あたりしやすいので、株のすぐ近くにまいたり、根をさらけ出したりしないよう注意します。

その後、黒色のポリエチレンフィルムでマルチします。これにより、果実に土が跳ね上がるのを防ぐとともに、雑草を抑え、地温を高め、土の乾燥を防ぎ、雨による肥料の流亡や地面が固まるのを防ぐことができるので、ぜひおすすめしたいものです。（60ページ）

トンネルで3種の野菜を同居栽培

年が明けていちばん早く種まきでき、春の野菜の端境期に新鮮な青菜を楽しむことができるのは、プラスチックフィルムによるトンネル栽培です。おすすめの野菜は、ホウレンソウ、ニンジン、コカブで、その3種類を、ひとつのトンネル内に同居させて栽培することもできます。

2月中・下旬ころ、幅1.2m、長さ任意のまき床の全面に、1㎡当たり完熟堆肥4〜5握り、化成肥料大さじ5杯、油粕大さじ7杯ほどばらまき、15cmほどの深さによく耕し、鍬幅のまき溝を3列つくります。まん中の列にニンジン、両側に他の2種をまきます。覆土、灌水、細かな完熟堆肥を施した後、トンネルを覆い、四隅にきちんと土をかけ、完全に密閉しておきます。

乾きがひどいようなら週1回くらい灌水し、コカブが本葉1枚になったころから、トンネルの裾を開けて換気します。生長の遅いニンジンが伸び始めたころに追肥。収穫はホウレンソウ、コカブからで、4月中旬〜5月中旬にかけて行うことができます。

サヤエンドウの厳寒期の管理

晩秋に種まきしたサヤエンドウは、蔓が少し伸び出した状態で越年し、厳寒期を迎えます。このころの管理しだいによって成果はずいぶん違ってきます。

まず、エンドウは茎が細い割に葉が大きくなり、わき枝の伸びも盛んになるので、地面に這わせたままにしておくと、風に振り回され、折れたり育ちが悪くなったりします。ですので、丈の低いささ竹や木の枝を、株近くに添えて立て、これに蔓を誘引してやりましょう。

厳寒期を過ぎ、草丈が20cmくらいにもなると巻きひげが伸びてくるので、早いうちに本支柱（枝のある木や竹が最適）を立て、自然にからませます。枝のない支柱の場合には、横に2〜3段ポリテープを張ったり、ところどころ稲わらの先端を水平支柱に結びつけ下方に垂らしたりして、巻きひげがからみつきやすくしておきます。大敵ハモグリバエの害があらわれはじめたら、早めに殺虫剤をかけておいたほうが無難です。（70ページ）

ジャムにして逸品のルバーブ栽培

ルバーブはヨーロッパ、とくにスイスなどの冷涼地の家庭菜園ではよく作られています。

耐寒性が強く、多年生ですので、いちど植えておけば数年は優にそのままで収穫できます。草丈は50〜60cm、葉柄の太さが3〜4cmにもなる大株に育ちますが、この葉柄の部分はコハク酸を多く含み、酸味が多いので、ジャムにするとさわやかなよい味のものができあがります。そのほか、マーマレード、砂糖漬け、シャーベットなどにも利用できます。

いちばん簡単な育て方は、2〜3月ころ、栽培している人から根株を分けてもらって植えつけることです。株は大きいので、容易にたくさんの種根が得られます。それができなければ、この時期に種子を買い、3月中旬〜4月中旬の十分暖かくなったころに種まきして苗を育て、栽培に取りかかりましょう。

畑は排水のよいところを選ぶことがたいせつです。1年めは株の充実をはかり、2年めから収穫します。（158ページ）

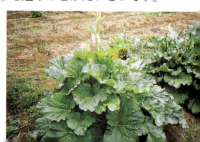

ジャガイモの植えつけは種イモ選びから

　陽春の土のぬくもりを感じ始める3月上旬になると、ジャガイモの植えつけ適期です。

　あまり早く植えると、温度不足のために芽が伸びてきません。一方、植えつけが遅れると、後半が高温のため適温日数が足りず収量が伸びませんし、病害虫の被害が多くなり、よい結果が得られません。

　種イモは、大敵、ウイルス病その他の病害虫に感染していない（国営検査に合格した）もので、ちょうど休眠から覚めて芽が伸び始めている健全なものを買い求めましょう。

　最近は、かつての代表品種の『男爵薯』や『メー

クイン』だけでなく、早生・晩生のものや、各種用途に向いた品種、外皮や肉色、花色の彩り豊かな新品種が出回るようになりました。

　とくに新しい品種の種イモは、ＪＡ（農協）や種苗専門店に早めに予約、手配しておくことが必要です。（202ページ）

これからがまきどきの野菜たち

　露地の畑にじかまきする春まきの葉茎菜類・根菜類は、お彼岸のころから3月末まで（関東南部以西の平坦地の場合）が、まきどきのいちばんの適期です。種まきできる野菜は、ホウレンソウ、コカブ、コマツナ、シュンギク、ネギ、ラディッシュ、ダイコン、ゴボウなど。

　これらの品種を求めるさいは、適応するまきどきをよく確かめておきましょう。たとえばダイコンやホウレンソウでは、まちがえて秋まき用の品種をまいたりすると、生育初期の低温や生育盛りの長日・高温に感応して、花芽分化・発育して、とう立ちし、球として収穫できなくなります。

　いずれも元肥を入れ、鍬幅のまき溝を、底面がきれいになるようにていねいにつくり、溝全面に行き渡るように灌水してから種をまき、覆土します。鍬の背で鎮圧し、その上に薄く細砕した堆肥などを覆っておきましょう。

ズッキーニの種の手配はお早めに

　ズッキーニはカボチャの一種ですが、ふつうのカボチャと違い、節間は3〜5cmに短縮され、各節ごとに果実を着け、また、蔓は短くしか伸びないので、ツルナシカボチャという別名があります。このため、比較的狭い場所でも日当たりさえよければ容易に作れるので、家庭菜園用として人気が高い野菜です。

　通常の種まきは4月ですが、この時期から早めに種子を手配し、自家育苗でよい苗を確保することをおすすめします。

　苗づくりは、3号ポリ鉢に1粒まきし、本葉4〜5枚の苗にしてから畑に植えだします。畑には前もって堆肥と油粕、化成肥料などを与えておき、畝間150cm、株間70cmくらいに植えつけます。

　風で株が振り回されやすいので、支柱を株元に1〜2本立てて固定するようにします。（44ページ）

季節を生かす野菜づくり

4月

果菜類の早どりはトンネル栽培で

　早どりをねらう果菜類のトンネル栽培の植えどきは、露地栽培よりも約1か月は早めで、サクラの花が散り、陽光が日増しに強くなるころです。そのための苗も、露地栽培よりも約1か月早く種まきして準備しておかなくてはなりません。栽培農家は、予備苗を準備しているので、植え終わってからそれを分けてもらうこともできるでしょう。

　あらかじめ元肥を施し準備した畑に、植えつけの2〜3日前までに、畝をつくり、乾いていたら全面に十分灌水し、植え穴を掘ってからトンネルにフィルムを覆い、裾には土をかけ、密閉して地温を十分暖めておきます。このようにして苗を植え、株のまわりに少し灌水しておけば根はすぐに伸びだし、早く活着してきます。

　日中はトンネル内が30℃以上にならないように裾を開けて換気をします。5月に入り、晩霜の危険がなくなったころ、トンネルを全部取り外し、支柱を立てて誘引し、露地状態の栽培にします。

夏野菜の主役は大苗に育てて畑に

　夏野菜の主役トマト、ナスなどの栽培の準備時期に入りました。

　園芸店の店先には季節にさきがけて、早くから各種の苗が並んでいますが、これを急いで買い求め、すぐに畑に植えてしまうと、失敗することがあります。それは、いまだ苗として未完成な小苗を、温度不足の畑に植えているからです。果菜を上手に育てるには、十分に大きくなった苗を、温度、とくに地温が根の伸びる適温以上に上がってから植えつけることがたいせつです。

　通常店頭で売られている苗は、ほとんどが3号くらいの鉢に植えられた小さな苗です。

　この大きさでは、大玉トマト、ナス、ピーマンの成苗には育てられません。したがって、一回り大きい4号、または4.5号径の鉢に、よい用土を補って植え替えます。葉色が薄くなるようなら液肥か油粕をひとつまみ与え、日当たりのよいところで（寒い日はビニールで保温）、花が咲き始める大きさまで育ててから畑に植え出すようにしましょう。（245ページ）

自分でできる果菜類の苗づくり

　トマトやナスなどの苗を開花するくらいまで育てあげるには、70〜80日もの日数がかかり、また、寒い時期からの育苗となるのでむずかしいところがあります。初心者の場合、苗は買い求めるのが得策です。しかし、育苗日数の短いキュウリ、カボチャ、シロウリ、トウガンなら比較的育てやすく、自家育苗にトライするには最適といえるでしょう。

　種まきはサクラの花が散ったころが目安となります。育苗は、3号のポリ鉢に市販の育苗用土を詰め、種子を3〜4粒まきつけ、1cmの厚さに覆土。発芽にはいずれも25℃以上の温度が必要ですので、日当たりのよい場所にビニールフィルムをトンネル状に覆った簡易な苗床を設け、その中に鉢を並べます。夜間は密閉し、昼間は30℃以上にならないように裾を開けて換気します。育つにつれて間引きし1本立てとし、本葉4〜5枚になったら（葉色が淡い場合は、灌水代わりに液肥を与える）畑に植えだしましょう。

果菜類の元肥入れは早めに入念に

　サクラの花見が終わったころの時期は、果菜類の元肥入れの適期です。草姿を大きく育て、多くのよい果実を着けさせるには、早めにしっかりと元肥を施しておくことが重要です。

　元肥は、植えつけてからでは与えることのできない土中に、根がしっかりと張り、肥料分が長い間効くように施すのがポイント。トマトやナスなどナス科で根茎が深く縦型に形成されるものは、畝の中央に深く、キュウリやスイカなどウリ科で根茎が浅く広く横型に形成されるものは、浅く幅広に、あるいは畝全面に耕し込むようにします。（248ページ）

　肥料は良質の中熟くらいの堆肥を多めにし、これに緩効性の油粕、有機配合を加えます。堆肥の代わりにピートモスやヤシがら繊維などを用いてもよいでしょう。溝上に施した場合は、土を埋め戻しておき、畝全面に耕し込んだ場合は、半月後に再度耕し込んでおきます。植えつけが近づいたら十分に灌水し、フィルムマルチをして地温を上げておきます。

接ぎ木苗で連作障害を防ぐ

　ナス、トマト、キュウリ、スイカなどの果菜類は、根が土壌病害にたいして弱く、いちど栽培した畑では3〜4年間同じ種類を作付けしないのが原則です。

しかし、そうすると、広い面積で栽培する場合、逆に、狭い畑で毎年作りたい場合、畑のやりくりができず困ります。

　こんなときには土壌病害に強い台木に接ぎ木した苗を用いるのがいちばん確実な方法です。専業栽培では古くから利用されていましたが、最近は農薬に依存しない方法として広く利用されるようになり、家庭菜園でもとり入れる方が増えてきました。

　ただ、野菜の接ぎ木はかなりむずかしく、また台木は専用の種類・品種を用いなければなりません。個人で少ない本数を育苗する場合は、市販の接ぎ木苗がおすすめです。値段は自根苗の倍くらいしますが、それに見合う効果は十分にあります。植えつけは深植えにしないこと、台木の芽が伸びてきたら早めに取り除くことなどがたいせつです。（46ページ）

夏に涼味をもたらすショウガづくり

　ショウガは料理の香りづけや魚類のにおい消しなどに利用されますが、若いときに収穫する矢の根ショウガは、夏のビールのつまみなどにすぐれています。また、密植できるので、小さな菜園でもかなり収穫することができ、家庭菜園におすすめです。

成功のポイントは、なんといってもよい種ショウガを入手することです。4月中旬ころから種苗専門店に種ショウガが出回りますから、よく見て、病害痕や腐れ込みのない健全

なものを購入します。予約をしておけばいちばん確実です。

　植えつけの適期は、4月末〜5月上旬。高温性で12℃以上にならないと芽が伸びださない（生育最適温度は25〜30℃）ので、早く植えてもむだです。乾燥に弱いので、乾いたら十分な灌水を。葉が3〜4枚大きく開いたころに、種ショウガからかき取るようにして収穫します。

　次々に新芽が出てくるので、できるだけたくさんとるようにしましょう。（200ページ）

季節を生かす野菜づくり

5月

立ちづくりの果菜類の支柱立て

トマト、キュウリ、メロンなど支柱を立てて栽培する果菜類は、支柱の準備を早めにし、定植する前に支柱をしっかりと立てておくことがたいせつです。よく、植えてしまった後で、伸び出すのを待って支柱を立てる例を見かけますが、それでは、せっかく畝をつくり軟らかくしておいたところを足で踏み固めてしまうことになります。また、畝に踏み入らないで立てた支柱は、土にさし込むときに力が入りませんから、頑丈になりません。

畝を形づくったら、まず支柱を土にしっかりと深くさし込み、支柱が交差するところに横支柱を渡し入れ、ところどころに斜め支柱も添えて、しっかりとひもで縛っておきます。そして、畝に足を踏み入れたところは鍬を入れてやわらげ、植え穴も掘っておきます。

フィルムマルチをする場合は、支柱を立てる前に、敷設しておきます。

植えつけたらすぐに誘引しますが、丈が足りなければ生長を待って行うようにします。（250ページ）

手軽で効果のあるキャップ利用

5月前半の天候は、案外不順で、急に冷え込んだり風が吹いたりしがちです。こうした外的条件から苗を保護するにはトンネルやハウスが最良ですが、それらは手間もかかります。そこでおすすめしたいのが、簡易なキャップ栽培です。スイカ、カボチャなど株間が広い野菜に最適ですが、少ない株数ならトマト、ナス、ピーマン

などにも応用できます。

ひとつはテント状のもので、植えた苗の上に、竹や鋼線などを弧状に十字に交差させて立て、四角に切った風呂敷状のフィルムを覆い、周囲に土をかけておくものです。頂部を適宜切り開いて換気します。もうひとつは、あんどん状のもので、肥料袋などの底を切り捨てて筒状にしたものを苗を取り囲むようにかぶせ、四隅に竹支柱を短く切ったものをぴたりと広げるようにして立てておきます。通気は頂部から十分でき、大容積なので長く保護できます。いずれも病害虫防除（とくにウリバエ）の効果も期待できます。（254ページ）

暖かくなって始めるオクラの栽培

オクラは高温性で、小苗のうちはとくに低温を嫌い、早植えしすぎるとすぐに落葉し、いっこうに生長しなくなり失敗します。かえって十分暖かくなってから栽培するのがよい野菜です。5月に入ってから種まきしても、夏の暑さを乗り越えて、秋の遅い時期まで収穫することができます。

育て方は、3号のポリ鉢に3〜4粒まきし、育つにつれて1本立てとし、本葉5〜6枚のころ50cm内外の株間に植えつけます。

葉が掌状五裂で込み合いにくく、1株の花数が少ないので、2本立てにしたまま生長させるのが得策。

葉色や花の咲きぐあいをよく観察し、肥切れさせないよう半月に1回くらい追肥します。果実の太りが早いのでとり遅れないよう注意し、7cm程度の長さのとき収穫します。果柄は硬く、さやは軟らかくてつぶれやすいので、はさみを用いて摘み取りましょう。（74ページ）

キュウリは摘芯・整枝がポイント

キュウリの育ちはたいへん早く、1日に数cm以上も蔓先が伸びます。そのため整枝や誘引、摘芯などに気をつかい、頻繁に行う必要があります。

通常の支柱立て栽培では、親蔓は伸びるにしたがって20〜30cmごとに誘引タイなどで支柱に結びつけていき、150cmくらいの高さに達したら先を摘芯します。その間も親蔓の各節から盛んに子蔓が伸びてきます。この子蔓の多くは第1節めに雌花を着け、これが収穫果に発達します。しかし、これを放任しておくと伸びほうだいになり、隣の株と交差して込み合い、受光状態が悪くなったり、病害虫が発生しやすくなったりするので、本葉2枚を残してその先で摘芯します。子蔓からは、さらに孫蔓が発生してきますが、これも子蔓と同じく本葉2枚で摘芯します。あらかじめ支柱の横に2〜3段ポリひもを張っておき、これに蔓を引っかけるようにすると好都合です。(40ページ)

秋が楽しみ！ サツマイモの植えつけ

秋のイモ掘りはイチゴ狩りとともに、子どもたちにいちばん人気のある菜園作業。ある程度の面積があればぜひとり入れたいものです。

5月の半ばに入ると、園芸店の店先に苗が売り出されます。野菜のうちではもっとも高温性で、イモの肥大の適温は20〜30℃ですから、一般の平坦地では5月中・下旬くらいが植えつけの適期です。

サツマイモの吸肥力は旺盛なので、野菜を作った畑なら肥料はほとんどいりません。むしろ肥料が多すぎると、蔓ぼけが懸念されます。とくに1〜2列しか作らない場合、外側に蔓が伸びすぎて困ることが多いので、そのようなときには伸びた蔓を畝のほうにひっくり返していじめたり、先のほうを鎌で刈り取ったりする必要があります。

畝はあまり大きくつくらないようにし、ポリフィルムをマルチしてから植えつけ、雑草防止と地温上昇効果をはかります。(204ページ)

タマネギは適期を見極め、順次収穫

タマネギの球の肥大は、日長と気温の関係が深く、日がのび、気温が高くなると急に肥大し始めます。肥大しきると葉が枯れて休眠に入り、晩秋になると球の中の芽が伸びだして食べられなくなってしまうので、球が肥大し始めたら、順次収穫を開始しましょう。まず、"葉タマネギ"として、緑葉、球ともにぬたや汁の実として利用します。そして、大きく膨らんできたら、"新タマネギ"として新鮮な味を楽しみます。

あとの大部分は十分肥大させていっせいに抜き取り、"つるしタマネギ"として長い期間にわたり利用します。抜き取りの適期は、全体の80%程度の株の葉が倒伏したころ。天気のよいときを見計らって引き抜き、2〜3日乾かしてから貯蔵します。つるす場所がなければ、葉と根を切り取って網かごやネットの袋に入れて風通しのよいところに置いてもよいでしょう。葉が完全に枯れるまで置いてから収穫すると、長く貯蔵できません。(162ページ)

人工授粉で実どまりをよくする

　雌雄異花のスイカやメロン、カボチャは、昆虫の媒介により受粉・結実しますが、訪花昆虫の活動が不活発な早い時期には、開花した花が落ちてしまうことが多いです。このような時期には、人工授粉で目的とする蔓の位置に確実に実どまりさせる必要があります。

　その方法は、朝露が乾いたらなるべく早く、遅くとも午前8～9時までに、まず、その日に咲いた雌花を探し出し、近くに咲いている雄花を2～3個、花梗をつけて摘み取ります。そして、指先で、花梗を折らないよう注意しながら花弁を取り除き、中央の雄しべをむき出しにします。これを親指の爪の上になすりつけ、花粉がよく出ていることを確認し、雌花の雌しべの上にていねいになすりつけます。花粉の出方が少ない場合は、念のためもう1個つけておきましょう。

　例年、雌花の咲くのが遅くて困っている方は、雄花用として1割くらいの株を早植え・保温被覆して早期に開花させる方法をとるとよいでしょう。

色よいナスを多収する管理のコツ

　6月に入ると、ナスは生育盛り。色つやや、形のよい果実が盛んに収穫できますが、やがて株の勢いが弱まり、実どまりが悪く収穫が減り、品質も低下してきます。その原因は、肥料不足、なり疲れ、害虫の発生などです。

　ナスは多肥を好みますから、収穫が始まったら、かならず半月に1回くらいの割合で追肥を行います。1回めは株のまわりに、2回め以降は畝に沿って浅い溝を切って施し、軽く土寄せします。そして、実どまりぐあい（通常咲いた花の3～4割は落花する）をよく観察し、花が小さく色淡く、雄しべよりも雌しべが短いものが出始めたら、果実は小さいうちに収穫して負担を軽くし、肥料を多めにやるなどして、早く勢いを回復させます。

　害虫は、まずアブラムシが先端や下葉につき、オオニジュウヤホシテントウが葉を食い、暑くなるとアカダニ、新芽や果実のヘタにつき、生長を著しく害するチャノホコリダニが出ます。早期防除に努めましょう。（32ページ）

色違いの混植も楽しいコールラビー

　コールラビーはキャベツの変種です。葉は小さく葉柄は長く伸び、葉が繁茂するにつれて茎の基部が太り、直径7～8cmくらいの球茎になります。まだ知名度は高くはありませんが、サラダ、糠漬け、塩漬け、スープ、シチュー、いため物など用途は広いので、家庭菜園でチャレンジしてみたい野菜のひとつです。

　冷涼な気候を好み（生育適温は15～20℃）、キャベツよりも高温や低温によく耐えるので、育てやすい野菜です。また、種まきの適期は3～9月と、かなり幅があるので、融通がききます。

　畑では直接条まきするか、本数が少なくてよければポリ鉢で育苗して育てます。

　プランターや大型の浅鉢などに植えるのもいいでしょう。白緑色種と赤紫色種（黄色もあります）を混植すればいっそう楽しいものになります。いずれの場合も球の下半分から出た葉は、大きくなったら、元のほうからはさみで摘除してください。（92ページ）

生長期のサトイモの追肥と土寄せ

　サトイモは高温性のため、初めは育ちが遅いですが、6月に入るころからめだって生長が早まり、土中では株元の親イモから外方に向かって、子イモ、孫イモと数を増やします。

　イモが増えてきたら、側方に出た小さな芽は土寄せのとき倒して土で埋め、太い親1本にします。わき芽を伸ばしておくと、イモが細長い、太りの悪いものになってしまいます。

　本葉が5〜6枚になったら、通路側に肥料をまいて土を耕すようにしながら株元に土寄せします。土寄せの厚さは1回5〜7cm程度とし、2〜3週間おきに2回ほど行い、畝に土を十分に盛り上げます。土寄せの量が多すぎるとイモが細長くなり、品質を損ね収量も少なくなり、少なすぎると孫イモの数は多くなりますが、肥大はよくありません。

　また、マルチをあまり遅くまでしていると、高温乾燥のため芽つぶれやひび割れなど障害の原因になるので、十分暖かくなったら取り除きましょう。(206ページ)

トマトの誘引・整枝・摘芯

　トマトは通常、主枝1本を支柱に誘引し、各葉のつけ根から出てくるわき芽は、早いうちにかき取ります。茎を支柱に結ぶときには、あとで肥大することを考えて8の字にゆとりをもって縛りましょう。また、わき芽をとるときには、はさみは使わず、指先でつまんで引き外すようにします。株全体が縮んでしまう大敵、ウイルス病（タバコモザイクウイルス）は汁液で伝染するので、隣の株に罹病した汁液を移さないよう注意してください。

　一般に主枝の3葉おきに花房が着くので、順次上のほうに1段、2段、3段と房状に果実が着きます。うまく管理すれば6〜7段以上も収穫できますが、暑くなると、着果が悪くなったり病害が出たりしやすいので、通常は5〜6段で摘芯します。この摘芯は、最上位に残す花房が開花したころ、その上に葉2枚を残して行います。そうすると、上のほうの果実がよく肥大するからです。(30ページ)

遅まき可能なキュウリの地這い栽培

　最近のキュウリは、ほとんどが支柱を立てて栽培するようになりましたが、もうひとつの方法として、蔓を地面に這わせて作る“地這い栽培”があります。腰を曲げて作業しなければならず、また、色が不均一になったり、曲がりが出やすいといった理由から、営利栽培ではほとんど姿を消してしまいましたが、栽培は容易で資材も必要とせず、また、葉が地面全体を覆うので夏の暑さによく耐え、遅くまで収穫できる利点があります。

　品種は『青長地這』『霜不知地這』などを用います。

6月〜7月中旬くらいまでの間で、畝間2m、株間50cmくらいに4〜5粒ずつまき、育つにつれて1本立てにします。元肥は春のキュウリの半分くらいとし、株の直下を少し避けて施します。蔓が伸びてきたら親蔓と勢いのよい子蔓を3〜4本四方に配置して伸ばします。

　2回ほど追肥として、蔓の間に化成肥料をばらまきます。果実が葉の下に隠れるので、とり残さないようご注意を。

ニンジンの種まきは梅雨明け前に

　ニンジンの種まきのいちばんの適期は、梅雨明け前で、畑が湿っている7月上・中旬です。それを過ぎると盛夏の乾燥期に入り、発芽やその後の育ちがたいへん悪くなってしまうからです。ニンジンをそろって発芽させ、初期生育を順調にさせることは、案外むずかしいことですが、それは、ひとつには、畑の水分状態であり、もうひとつは幼いころの乾燥や、強い降雨など厳しい条件が多いことによります。

　まき溝は底面が平らになるようていねいにつくり、覆土は4〜5mmくらいで、あまり厚くしないこと。覆土した後、鍬の背で軽く押さえて鎮圧し、土と種子をよくなじませておきます。その上に籾殻、切りわら、あるいはピートモス、ヤシがら繊維などをばらまき、まき溝の表面を覆います。これは夏の乾燥を防ぎ、強い降雨にあって、種子が流され地面に浮き出したり、土の表面が固結したりするのを防ぐためです。（196ページ）

根深ネギの植えつけのポイント

　春まきのネギ苗は、7月に入り、太さが1cm程度になったころ畑に植えつけます。苗畑から苗を採るときは、株元に鍬を打ち込み、できるだけ根をつけるようにして掘りあげ、苗の下のほうの枯れ葉を取り除きます。大、中、小と大きさをそろえて植えつけると、あとの管理が適切に行え、品質がよくそろいます。

　植え溝は、鍬で型崩れしないよう深さ30cmくらい掘ります。そのためには、畑は前作を片づけた後に耕したりせず、表面が固まった状態で溝づくりするのがコツです。

　苗の植えつけは、溝の片方に寄せつけ、なるべく垂直に立てるようにして行い、すぐに根元に1〜2cmほど土を入れ、足で踏みつけて苗が倒れないようにします。さらに溝の中にいっぱいになるよう稲わらや乾草などを入れて乾燥を防ぎます。

　肥料は植えつけのときは与えず、涼しくなって元気に伸び始めてから追肥として与えます。（168ページ）

夏の強光、虫よけに効く "べた掛け"

　夏に種まきする軟弱野菜（コマツナ、ミズナ、チンゲンサイ、ホウレンソウなど）は、夏の強光下では育ちにくく、また、アブラムシ、コナガ、ヨトウムシなどの害虫の被害を受けやすいです。そこから野菜を守るためには、"べた掛け資材" がおすすめ。

　この資材名は、正しくは長繊維不織布、割繊維不織布といいます。プラスチックを毛髪よりも細い繊維にして熱で融着、あるいはからませた、ごく薄くて軽い（1m当たり15〜20g）資材で、ふわふわっとしていて、ものが透けて見えるくらいのもの。作物の上から直接かけても重さの支障なく育つことから "べた掛け" という名がつけられました。

　網目は不規則ですが、小さいため虫を通さないので、裾にきちんと土をかけておけば防虫効果もあります。光線透過率は75〜90%なので、強光を和らげ、掛け通しにしておいても軟弱化せず、無農薬で育てられる優れもので、価格も比較的低廉です。

お得な「ガーデンレタスミックス」

　レタスには結球する玉レタス、サラダナなどの半結球レタス、結球しないリーフレタスの３大種があり、そのほかにもかきレタス、茎レタスなど風変わりなものがあり、また、それぞれに数多くの品種があります。

　ここでおすすめしたいのは、いちばん育てやすいリーフレタスの中で、見た目もきれいで食べてもおいしい品種を混合して売り出されている「ガーデンレタスミックス」です。細葉で切れ込みの深いオーク種、葉縁がフリル状に縮むフリンジー種の、おのおのの緑色、赤色、濃緑色・長卵形などの品種の種子が混合されてひとつの袋に収められています。

　種まきのさいには種子の形・色の違うものをよく混合してまき、間引きのさいにも混合を意識して各種のものを残すよう配意しましょう。畑にベッド植えにしたり、花壇の縁取りや寄せ植え、あるいはプランター植えにしたりして、彩りを楽しむこともできます。（126ページ）

芽キャベツとプチヴェールの魅力

　芽キャベツは長く伸び上がった茎にたくさんの小葉球を、プチヴェールは小さなレタス状のわき芽を着けます。いずれも３〜４か月もの長い間、次々に収穫できるので家庭菜園向きの野菜といえます。

　関東南部以西の平坦地では、７月上旬に種まきし、本葉５〜６枚に育てた苗を８月下旬ころに畑に植えつけます。風通しのよいところを選び、日ざしの強いときは遮光し、雨に打たれないよう注意。プチヴェールの種子は市販されていないので、苗を求めて栽培します。

　大きくて締まりのよい品をたくさんとるためには、元肥に良質の堆肥、油粕などをたくさん与え、秋から冬にかけての追肥を入念に行います。根元に近いわき芽は締まりがよくないので早めに取り除きます。また、下のほうの葉は、わき芽が育つにつれて徐々に摘除しますが、上のほうの成葉はつねに10枚内外は残しておくようにしましょう。（88、90ページ）

大雨・台風に見舞われた後の管理

　夏から初秋にかけては台風のシーズン。野菜の茎葉は軟弱で、根も弱いものが多く、大雨や大風の被害を受けやすいので、天候が回復しだい手早い対策が必要です。

　雨があがったならすぐに畑を見回り、地表面に滞水していたら、排水します。雨・風で茎葉が地面にたたきつけられたり、下葉に土が跳ね上がっていたりしたら噴霧器で水をかけ、ていねいに洗い流します。倒れていたら株元に土をかけて起こします。たくさんできた傷口からは病害が発生しやすいので、すぐに殺菌剤を散布しておきましょう。

　また、与えた肥料はその多くが雨で流れてしまっているので、追肥を行い、雨で固まった土の表面を、鍬で軽く耕し、膨軟にして根が酸素不足になるのを防ぎます。

　発芽してすぐの菜類などはとくにやられやすいので、よく観察してください。あまりに被害がひどくて回復の見込みがなければ、もう一度まき直したほうが得策でしょう。

温度管理が重要なレタスの種まき

　冬どりの玉レタスやリーフレタスは、暑い盛りの
8月上・中旬が種まきの適期です。それよりも早く
まくと、高温のため"とう立ち"してしまうおそれ
があり、また、遅くまくと、とくに玉レタスの場合、
大きな結球が得られなくなります。

　レタスの発芽適温は15〜20℃と比較的低温で、
25〜30℃以上ではうまく発芽しません。そのため
種まきしたら、できるだけ涼しいところ（18〜20℃）
に置いて発芽させます。いちばん確実なのは、種子
をあらかじめ一晩水に浸して吸水させ、その後、冷
蔵庫のあまり低温でないところ（5〜8℃）に二昼
夜くらい置いて、芽が少し動き始めてから育苗箱に
まきつける方法です。

　レタスは発芽に光を必要とするので、土は、やっ
と種が見えなくなるくらい、ふるいでごく薄くまき
ます。覆土・灌水した後、新聞紙を2枚重ね、乾か
ないようにして、涼し
くて風通しのよい木陰
などに育苗箱やトレイ
を移動させて適宜発芽
させるとよりよいでし
ょう。（126ページ）

サラダに美味、新顔野菜のトレビス

　玉レタスをやや腰高で小ぶりにしたような、赤紫
色の結球野菜、トレビ
ス。レストランの洋風
料理、とくにサラダな
どでよく見かけます。
ちょっと苦みがありま
すが、歯切れがよく、
おいしい野菜です。色
は紫キャベツと混同さ
れやすいですが、こち
らは30年ほど前に導
入された新顔で、チコリの仲間です。

　育て方は玉レタスに準じて、8月上・中旬に種ま
きし、本葉5〜6枚の苗にして畑に植えだします。
レタスより生育は遅く、育てにくいので、元肥には
良質な堆肥と油粕、化成肥料を十分に施し、乾いた
ら灌水をします。追肥は植えつけ2〜3週間後と結
球はじめに行います。

　日本での品種改良があまり進んでいないので、純
度が低く、レタスやキャベツのようにいっせいには
収穫できません。ですので、経済栽培には不向きで
普及はしませんが、家庭菜園なら大丈夫。球の締ま
ったものから順次とってきて利用しましょう。（132
ページ）

ハクサイの種まきと苗づくり

　結球ハクサイの球は、70〜100枚の葉によって
構成されています。まきどきが遅れると、葉数の増
加が止まる花芽分化のころまでに（15℃以下の気
温が続くようになる関東南部以西の平坦地では10
月中旬ころ）、これだけの葉が確保できないので、
葉数が足りず、硬く締まったよい球となりません。
そうかといって早く夏の暑いさなかにまくと、苗が
よく育たず、畑に植えてから大敵、軟腐病などが発
生しやすく、失敗しがちです。

　種まきの適期は、関東南部以西の平坦地では、多
くの品種が8月20〜25日ころです。これより遅れ
た場合には、葉数が少なくても結球する早生（わせ）の品種
を選ぶようにしましょう。

　育苗には128穴のセルトレイまたは3号ポリ鉢を
利用するのが便利。数十本以上なら前者を、少ない
本数なら後者がよいで
しょう。育苗日数は、
トレイで18〜20日、
ポリ鉢で25日内外で
す。本葉4〜5枚にな
ったら植え出します。
（94ページ）

ダイコンの種まきのポイント

　前作は早めに片づけ、種まきの1か月くらい前に、石灰を全面にまき、根が伸びるのに邪魔となる石ころや草木片などを取り除き、耕します。さらに種まきの半月ほど前に、全面に油粕、化成肥料、堆肥などをばらまき、30～35cmの深さによく耕します。

　未熟な堆肥はまた根の原因になるため、ダイコンの堆肥はとくに完熟したものを用いることがたいせつです。

　あるいは、未熟なものが根の先にないようにするため、あらかじめ堆肥に油粕、魚粕などをまぜて発酵させた「ぼかし肥」をつくっておき、種まき後、株間に置くのもよい方法です。

　種子は1か所に4～5粒まき、発芽したら、本葉1枚のころから6～7枚のころにかけて3回ほど間引きし、1本立てに。子葉が正ハート形で素直に伸びているものを残します。異常に元気のよい大きいものは、また根や尻づまりになりやすいです。（184ページ）

タマネギの種まき、苗づくり

　タマネギの種まきの適期は、9月上・中旬（関東南部以西の平坦地の場合）です。この範囲で、品種によってまきどきを変える必要があります。特別な早生品種などは、販売店でよく確かめておいてください。

　種まきは、苗床のベッドをつくり、1㎡当たり化成肥料と石灰各大さじ5杯を全面にばらまき、よく耕し込んだうえで、表面を板切れなどで平らにならし（水はけがよくなるように中央部をやや高くします）、種子を1cmくらいの間隔で均等にばらまきます。

　種まき後、4～5mmの厚さにふるいで覆土し、板切れなどで軽く押さえて、じょうろでまんべんなく灌水します。その上に薄く草木灰、そして、その草木灰が見えなくなるくらい、細かく砕いた完熟堆肥をかけ、さらに稲わらで覆って乾燥と強雨を防ぎます。

　6～7日たつと発芽してきますので、稲わらは遅れずに取り除き、乾いていたら灌水するようにしましょう。（162ページ）

秋～冬どりシュンギクの育て方

　秋から冬の鍋物などに欠かせないシュンギクは、これからがまきどきです。生育適温は15～20℃で、比較的育てやすい野菜ですが、乾燥には弱く、湿りけのある畑で優品を産します。また、排水不良では根の伸びが思わしくないので、ベッドを高く設けて栽培します。

　まき溝は、鍬幅（15cmくらい）で60cm間隔につくり、まき溝全面に1.5～2cm間隔で、まんべんなく、ていねいに種をまきます。覆土は1cmと、あまり厚くないようにし、その上から軽く鍬の背で押さえて鎮圧し、種子周辺の土が均一な条件になるようにします。

　管理は間引きと追肥だけです。育つにつれて、若いものを間引きながら収穫して、逐次サラダやトッピングとして生で利用します。

　本葉7～8枚のころ10cm間隔になるよう粗く残し、本葉10枚のころ、下方の葉を残して主茎を摘み取る収穫方法もあります。その後も芽が伸びしだい、逐次収穫を続けることができます。（138ページ）

ネギの上手な追肥・土寄せの仕方

夏の暑いさなかに植えたネギは、涼風とともに勢いづき、草丈を伸ばし、太さを増していきます。品質はこれからの管理によって決まってきます。

追肥は、生育中期までの前半に重点をおいて生育をうながし、土寄せは、体が大きく生長した後半に行うようにします。若いうちから土を多く寄せることは、根の酸素要求量の大きいネギの生長を抑えたり、大雨のときに根が酸素不足になるので禁物です。実際には、1〜2回めの追肥は溝の肩に肥料をまき、軽く土と混ぜて溝に落とす程度とし、3回めから積極的にネギの葉鞘部に土をかけるようにします。とくに4〜5回めの最後の土寄せは、緑葉が少し埋まる程度に十分かけ、軟白部を長く仕上げるようにします。

土をかけてから葉鞘部が完全に軟白されるまでには、冬期では30〜40日を要するので、最終の土寄せは、収穫予定日からそれだけさかのぼった日に行いましょう。お正月向けなら11月中旬までです。（168ページ）

フキの植えつけと管理のポイント

フキは数少ない日本原産野菜で、山野に広く自生していますが、庭先の木陰や畑の隅などに植えておけば、毎年とり続けることができるのでたいへん重宝します。

植えつけの適期は、8月下旬〜9月にかけてです。すでに栽培されているところや自生地から根株を掘りあげ、その地下茎を3〜4節つけて切り離し、種根とします。園芸店などにも少数袋詰めされたものが、季節になれば売り出されます。

植えつけるところは、早めに石灰を全面にばらまき、よく耕し込んでおきます。植えつけは、50〜60cm間隔に溝を掘り、元肥に堆肥、油粕を施した後、土を戻し、30cm間隔に横向きに種根を置き、3〜4cm覆土します。

乾燥に弱いので翌年の夏には敷きわらを敷き、乾きが激しければ灌水します。春から秋の間に3〜4回油粕を通路側にばらまきます。細根は浅いところに張っているので根焼けさせない程度に与えましょう。（152ページ）

何度も刈り取りできるワケギ栽培

ワケギは、夏から初秋に細長い小さな球根を植えつければ、1株から10〜20本もの細ネギが伸びてきます。通常の元肥を入れ、球根を、頂部が少し地上に出るくらいの深さの、やや浅めに挿し込んでおくだけでよく、むずかしい管理はいっさい不要の、きわめて楽に作れる野菜です。

根ごと抜き取り1回で収穫してしまうのはもったいないですから、刈り取り収穫にして、長い間利用しましょう。その方法はいたって簡単。地上3〜4cmほど残してはさみか刃物で刈り取ればよいので

す。ネギ類はすべてそうですが、切り口からはすぐに新葉が伸びてきて、やがて元のような葉に育ってきます。少し暖かなところなら、11月〜4月ころまでに4〜5回くらいは楽に収穫できます。良質なワケギをとり続けるには、刈り取った後すぐに、株の間に油粕と化成肥料を1株当たり2〜3つまみずつばらまき、竹べらなどで軽く土に混ぜ込みます。

5月には休眠に入って結球し、次の種球が得られます。（172ページ）

品種改良で容易になったナバナ栽培

　独特の苦みのあるナバナは、アブラナ科の菜の花
蕾（らい）を利用するもので、秋から春にかけて10cmほど
の長さに切りそろえた束が店頭などに並びます。も
とは千葉県房州の特産でしたが、近年は早生、晩生、
多分枝性、耐病性（根コブ病など）の品種改良が進
み、家庭菜園でも育てやすくなりました。

　種まきは8月中旬〜10月初旬です。元肥には良
質の堆肥を十分に与え、油粕・化成肥料とともに全
面に耕し込んでおきます。128穴のトレイでセル育
苗するのがおすすめですが、畑にじかまきすること
もできます。株間にゆとりをもたせると、優品が多

くとれます。

　狭い畑やプランターでは、種子を全面にまき、逐
次間引きして最終株間
を30cmくらいにし、
花蕾を出させるのが能
率的です。

　アブラムシやコナガ
など害虫にねらわれや
すいので、初期防除に
努めましょう。（106
ページ）

連作にも耐える強健野菜、コマツナ

　コマツナは、在来のカブから分化した古い歴史を
もつ漬け菜の代表種で、
耐寒性があり、暑さに
も耐え、ほとんど周年
的に栽培することがで
きます。また、病害虫
にも強く、とくに連作
による土壌病害の発生
がほとんどない強健野
菜です。狭い畑やプラ
ンターでも栽培でき、

管理も楽なので、初心者にもおすすめの野菜です。

　9〜10月がいちばん育てやすい時期で、種まき
してから25〜30日で収穫できます。関東でいちば
んの需要期の正月に収穫するには、露地栽培では
60〜70日の日数をみて栽培すればよいでしょう。

　発芽の最適温度は25℃ですが、発芽可能な温度
幅は広く、7〜8℃でも日数をかければ発芽します。
そのためプラスチックトンネルを被覆すれば、少し
暖かいところでは冬でも栽培することができます。
害虫の活動期には"べた掛け栽培"がおすすめです。
（98ページ）

少しの株で長く収穫できるサンチュ

　サンチュはかきチシャ（レタス）の仲間で、スー
パーの野菜売り場でもよく見かけます。別名を"包
菜"といい、焼き肉や刺し身などを包んで食べるの
に好適な、破れにくい独特な葉質をもっています。

　また、株をそのまま残し、葉だけを2〜3枚ずつ
かき取るので、長い間収穫が続けられることも、家
庭菜園で栽培する野菜としての利点で、ベランダの
プランターや庭先などに数株育てておけば、とりた
ての新鮮な味が楽しめ、たいへん重宝します。

　育て方はレタスに準じて8月中旬以降種まきし、

本葉4〜5枚のころ定植します。長い間の収穫に耐
えられるよう、良質の堆肥、油粕、化成肥料を十分
施すことがたいせつです。収穫中は2〜3週間に1
回くらい、化成肥料や
油粕、場合によっては
液肥を追肥して、色の
よい葉をたくさん収穫
するように心がけまし
ょう。（130ページ）

タマネギの植えつけと肥料のやり方

　9月に種まきしたタマネギの苗は、草丈20〜25cm、径4〜5mmになったころが畑への植えどきです。種まきしていない場合は、早めに園芸店に予約し、よい苗を入手しましょう。

　タマネギは、冬に入るまでに十分根を張らせ、春になったらすぐに勢いよく育つようにすることがたいせつです。そのためには根の発育に有効なリン酸分を多めに与えます。

　条植えなら溝の中に、ベッド植えなら全面に耕し込むように、化成肥料と過リン酸石灰または熔成リン肥を元肥として与えます。堆肥など粗い有機物を根の下に与えると、かえって生育を損ねるという、他の野菜とはたいへん違う性質があるので注意してください。

　植えた後、株元を踏みつけ鎮圧、厳寒期に入る前に第1回の追肥をし、春先になって盛んに育ち始めたころ、第2回の追肥を行います。この追肥が遅れ、生育盛りに入ったりすると、窒素の遅効きのために、貯蔵性を損ねたりしやすいので注意してください。（162ページ）

適期に地域差、ソラマメの種まき

　ソラマメのまきどきの最適期は地域によって異なり、暖かい地域ほど早く、逆に寒い地域ではまきどきを遅らせる必要があります。おおまかにいえば、温暖地では10月上旬、中間地では10月中・下旬です。高冷地など寒さが厳しいところでは、2月にまき、寒さが過ぎてから伸びだすようにしたほうがよいでしょう。

　ソラマメの種子は大きいにもかかわらず、案外発芽が不ぞろいで、中には発芽しないものがあったりします。これを上手に発芽させるには深くまきすぎないこと。深いと、酸素不足になりやすいのです。また、種子の方向によっても芽の出方が変わってきます。

　実際には"おはぐろ"を斜め下方に向けて土に挿し込み、反対側は地面に少し出るくらいにまきつけます。乾きやすい土質では少し深く、反対側が1cm程度土に埋まるくらいの深さにします。まいたら軽く手で押さえ、種子に土をなじませておきます。（72ページ）

人気上々！育て方も簡単なミズナ

　京野菜のひとつでもあるミズナ。大株（葉数は数百枚以上）に育てるには、9月中旬ころに種まき・育苗し、10月中旬ころ本葉4〜5枚の苗にして、十分元肥を施した畑に、畝幅70cm、株間35〜40cmに植えつけます。食味は寒気が増すにつれてよくなりますから、冬の和風料理に用います。

　消費が増えてきたサラダ向きの小株は、年じゅう随時種まきできますので、この時期からでも間に合います。育て方は、畝間40cmをとり鍬幅のまき溝をつくり、溝一面に種子をばらまきし、発芽後、込み合い始めたら逐次間引きし、本葉2〜3枚のころ6〜8cmの最終株間にします。小さな間引き菜ももちろん利用します。小さいうちは一見かよわそうですが、思いのほかよく生長するので、わりあい容易に育てることができます。堆肥を十分与え、肥切れしないように追肥するようにしましょう。（122ページ）

サトイモの収穫と上手な貯蔵

サトイモは、初冬に入り薄霜に1～2回あい、葉が霜枯れし始めたころが収穫の適期です。とり遅れると寒さで品質が落ちるばかりか、あとのもちが悪くなってしまいます。

収穫するには、まず葉柄を地上3～4cmの高さで鎌で刈り取り、盛り上がった畝の側面に大きく鍬を打ち込み、できるだけ子イモ・孫イモを落とさないように、株全体を掘りあげ、1か所に集めます。子イモ・孫イモの取り外しを能率よく行うには、株を横からビール瓶などで強くたたきつけるとよいでしょう。

イモを貯蔵して春まで利用するには、排水のよい場所に50～60cmの深さの穴を掘り、株からイモを外さないようにして、切り口を下にして重ねて埋め、その上にかやや麦わらなどをかぶせ、さらに土を覆います。関東南部以西の温暖地であれば、種イモの確保なら、穴を掘らず、畝の上に大きく土を盛り上げておくだけでも貯蔵できます。（206ページ）

アスパラガスの冬の手入れ

アスパラガスはたいへん寿命の長い野菜ですが、品質のよい若芽をたくさんとるためには、冬の間に上手に管理することがたいせつです。

まず、寒くなって、茎葉が完全に黄変してきたら、早めに地ぎわ部から鎌で刈り取り、畑の外へ持ち出して焼却します。茎葉はアスパラガスの大敵、茎枯病や斑点病に冒されているものが多いからです。そして畝の両側に溝を掘り、堆肥や油粕などの有機物を施し、土を畝に盛り上げ防寒します。寒い地域ほど寄せ上げる量を多くします。

越冬後の3月ころ、多く盛り上げた土の“寄せ土戻し”として、萌芽に支障のない程度に土を取り除いてやります。そのさいに春の追肥として緩効性の化成肥料や油粕などを畝間に与えます。年数がたち、根株が過密になり、浅く上がるようになってきたら、冬の間に分割、整理するか、または別の畑に植え替え、元気を回復させてやりましょう。（180ページ）

冬越し野菜の防寒対策

冬になると降霜と低温のために、一部の冬野菜を除いては良質な野菜がとれなくなってしまいます。また、冬から早春にかけては、温度不足のため種まきしてもほとんどの野菜が発芽しません。そんな厳しい条件の下で、野菜づくりの楽しみを広げるためには、各種の防寒資材が欠かせません。

防寒資材としては、①不織布やネットなどの通気性資材、②プラスチックフィルム、③プラスチックマット類、④天然のささ竹やよしず、などがあります。①はおもに収穫期に入った軟弱野菜類の収穫期の延長や葉枯れ防止、②は早春になって種まきするものの発芽や初期生育の助長、イチゴなどの生育促進、③は苗床などの夜間の保温、④はおもに生育中の野菜の防霜、などの目的で用います。それぞれ使い方があり、効果も違いますが、これからとくに効果が期待でき、おすすめなのは、かけたままでも使える①です。（251ページ）

ハクサイを寒さから守る方法

硬く結球して食べごろになったハクサイの残りは、畑でそのままにしておくと、厳しい霜や寒風にあうごとに、頂部の軟らかな葉や外葉がカサカサになり、やがては腐り込んで食べられなくなってしまいます。未収穫のものがある場合、防寒対策を施しましょう。

いちばん簡単なのは、霜が降り始めてきたころ、株の外葉を、球を包むように立て上げ、上のほうで鉢巻きのようにプラスチックひもで縛っておく方法です。ハクサイが勢いよく育っているときは、葉折れがひどくてやりづらいので、ややしもげてから行うようにします。不織布などの被覆材があれば、そ

れを直接、風で飛ばされないようにして頭上にかけます。フィルム類だと日光が当たったとき頂部が高温害を受けるので不適です。

収穫してから貯蔵する場合は、風通しのよい作業舎の軒下や、樹林・竹林など霜が降りない場所に、頂部を下にして立てて並べます。(94ページ)

使い残った種子の上手な貯蔵法

種子は、シーズン中に全部使い切れず、残ってしまうことがしばしばです。その中にはやっと手に入れた貴重なものもあるでしょう。種子の寿命は長短いろいろですが、いずれも放っておくと、翌年には発芽率がかなり落ちてしまいます。来年も

確実に発芽させるためには、好適条件で貯蔵しておくことが必要です。

発芽力が落ちるのは、種子が呼吸によって消耗したり、病原菌が殖えたりするためです。これを防ぐには乾燥状態にすることが第一です。湿度を30%にすれば発芽力の低下が抑えられます。温度も低めのほうがよいです。

手軽な方法としておすすめしたいのは、のりやお茶の空き缶に、日光に当てよく乾かした種子を、お菓子などの乾燥剤(シリカゲルなど)とともに入れ、外気が入らないようにプラスチックテープで密封し、冷暗所に置くことです。

地力を高める堆肥づくりは冬の間に

地力は土地の生産力です。地力は栽培を重ねるにしたがって消耗するので、これをつねに増強してやる必要があります。その基本になるのが堆肥です。土壌を団粒構造にすることで水もちや排水がよくなり、微量成分を含んだ肥料分も与えられます。また、堆肥をえさとしている微生物のなかには、ホルモンを分泌し根の生長を助けるものや病原菌を抑えるものがおり、病害への抵抗力をつけるのに効果があります。

堆肥の材料には稲わら、落ち葉、枯れ草、家畜糞

が必要です。この中には糖類やタンパク質が含まれており、それを微生物が分解して堆肥となります。堆肥づくりはこれら微生物が働きやすい条件を上手に作り出すことにあります。

材料に水と窒素源(油粕、鶏糞、硫安など)を与え、適当な酸素量となるように踏み固めることに始まります。30cmほどの層になるよう何層にも高く積み上げ、堆肥づくりに励みましょう。

野菜の育て方 100種

●肥料などの分量は目安です。
「大さじ1杯」は、カレー用スプーンに1杯ほどの分量で、化成肥料の場合=約12g、油粕の場合=約10g、石灰の場合=約20g、過リン酸石灰の場合=約12g。なお、「小さじ」は大さじの半分弱です。また、（完熟）堆肥の「1握り」は約100〜130g。「1つまみ」は約3〜4gとなります。
●栽培時期については、関東・関西地区の平坦地を基準にしています。

果菜類・ナス科／原産地：南米アンデス山地

トマト

栄養の豊かさと用途の広がりで人気抜群の野菜です。ただし、強光を好み、病害虫もつきやすいので、日照、通風のよいところを選んで育てることがたいせつです。また、施肥や日常管理についても野菜の栽培としてはもっとも技術習得と気配りを必要とします。

品種 大玉系では『桃太郎』『麗夏』『サンロード』、ミニ系では『サンチェリー』『ミニキャロル』などがあります。このほかにミディ系、色も赤や黄の品種があります。

栽培のポイント 店頭に並ぶ苗は小苗が多いので、そのまま畑に植えると勢いがつきすぎ、第1花房

栽培カレンダー

1月	2	3	4	5	6	7	8	9	10	11	12

トンネル栽培
露地栽培
高冷地抑制栽培

●種まき ○植えつけ ⌒トンネル被覆 ━収穫

の着果がしにくくなります。第1花房を落としてしまうと、草勢が乱れ、その上の着果も不良となります。したがって、一回り大きな鉢に移し、大苗に育ててから畑に植え出し、1番花から確実に実どまりさせましょう。ただし、ミニトマトは小苗で植えてもだいじょうぶです。追肥は1番果が径4～5cmに肥大してから。わき芽かきは遅れず入念に。アブラムシ、疫病は早期発見、防除に努めます。

1 苗づくり

購入苗の場合
小鉢の場合が多いので鉢替えして再育苗する

育苗用土を足す

4～4.5号鉢

自家育苗する場合
育苗箱に条まきする。温度は25～28℃を保つ

本葉1枚のころ4号鉢に植え替える

できあがった苗。本葉8～9枚で1～2花開花

2 畑の準備

〈1株当たり〉
堆肥　3～4握り
油粕　大さじ4杯
化成肥料　大さじ2杯

畝の高さ15～17cm
水はけの悪い畑、重たい土壌では思いきって高畝にする

90cm
20cm
30cm
180cm

3 支柱立て・植えつけ

❶支柱立て
植えてから畝を踏み固めないように先に立てておく

テープはいちいち切らず、できるだけ長く連結したほうがしっかり縛れる

斜めに筋交いを入れて補強する

50cm

フィルムマルチをするときは支柱立ての前に敷いておく

❷植え穴掘り

❸植えつけ
花房が通路側に向くように植えつける

4 誘引・芽かき

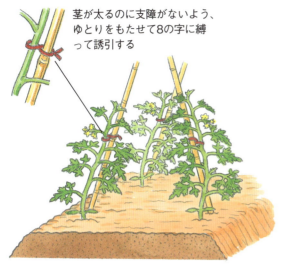

茎が太るのに支障がないよう、ゆとりをもたせて8の字に縛って誘引する

わき芽は小さいときに指先でかき取る。ウイルス病が汁液伝染するおそれがあるので、はさみは使わない

5 着果処理

大玉トマトはホルモンを散布すれば確実に実どまりする。トマトトーン50〜100倍液（高温期は薄く）。ミニトマトは放任でもよくとまる

花房ごとに1〜2花咲いたときに、霧吹きでさっと1〜2回かける。先端の若い芽にはかけないように注意

ホルモン効果には及ばないが、棒でたたくと少ない花粉でもよくつく

6 追肥・薬剤散布

第1回追肥
果実がゴルフボール大になったとき
第2〜3回追肥
1回め以降、15日間隔で

〈1株当たり〉
化成肥料　大さじ1杯
油粕　大さじ2杯

薬剤は早めに散布し、早期防除に努める

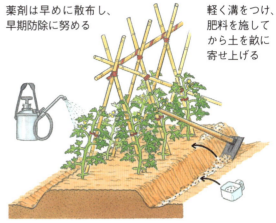

軽く溝をつけ、肥料を施してから土を畝に寄せ上げる

7 摘芯・摘果

花房

収穫目標段数の上2葉を残して摘芯する。最上段の花房が開花し始めたころが適期

目標段数
●大玉トマト
めざしたい段数
6〜7段
●ミニトマト
できるだけ多段どり

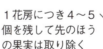

1花房につき4〜5個を残して先のほうの果実は取り除く

形が悪い果実は取り除く

8 収穫

開花後約60日（夏は35日）で色づく。完熟させてから収穫し、ほんものの味を楽しむ。ミニトマトは裂果しやすいのでとり遅れないようにする
→保存・利用法は221ページ参照

31

ナス

漬けてよし、焼いてよし、煮物、揚げ物、生食にも向く重宝な野菜です。とりたての色つやのよい果実を味わえるのは、家庭菜園ならでは。管理がよければ、7月下旬に更新剪定をし、中秋までも長く多収できるのも魅力です。

品種 長卵形の『千両二号』『黒帝』、長形の『筑陽』などが代表的ですが、地方品種も多く、『水ナス』『小丸ナス』『庄屋大長』『仙台長』などおすすめのものもたくさんあります。

栽培のポイント 高温性なので植え急ぎは禁物です。早植えには、マルチと併せてトンネルやホットキャップなどを用い、十分な保温対策を講じま

しょう。多肥を好むので、肥切れさせないよう元肥入れや追肥を入念に行います。また整枝や込み合った葉の摘除に留意し、果実に日がさすようにして、着色をうながします。

つねに葉色や花の着きぐあい、花型を観察し、栄養不良の兆しが見えたり、草勢が衰え果形の乱れや落果がめだってきたら、まず若どりして疲れの回復をはかり、その後、追肥で勢いづけることがたいせつです。

栽培カレンダー

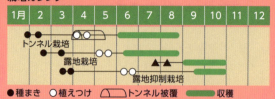

1月	2	3	4	5	6	7	8	9	10	11	12

トンネル栽培
露地栽培
露地抑制栽培

●種まき　○植えつけ　⌒トンネル被覆　━収穫
▲更新剪定

1 苗づくり

購入苗の場合
小鉢の場合が多いので、大きめの鉢に植え替え、再育苗する

株間を十分に与えてしっかりした苗に仕上げる

4〜4.5号鉢

定植時の苗の姿

葉が厚くて色が濃い

茎が太くて色が濃い

双葉が着いている

1番花が咲き始めている

自家育苗する場合
28〜30℃に保つ

本葉1枚のころ4号鉢に植える

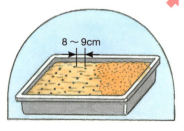

8〜9cm

条間は8〜9cm、種と種の間は0.5〜0.8cm間隔に種子をまく

2 畑の準備

〈1株当たり〉
堆肥　3〜4握り
油粕　大さじ3杯
化成肥料　大さじ1杯

元肥溝の上に土を盛り上げ畝をつくる

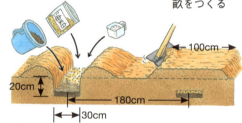

100cm
20cm
180cm
30cm

3 植えつけ

晴天の暖かい日を選んで畑に植える

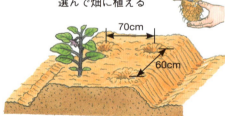

70cm
60cm

黒色ポリフィルムをマルチすると地温上昇、保湿、除草に有効。肥料の流亡も防げる

4 支柱立て・誘引

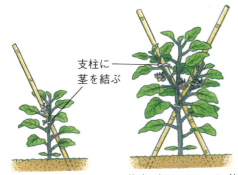

支柱に
茎を結ぶ

支柱を斜めに立てる

草丈が30〜40cmに伸びたころ、交差させてもう1本立てる

5 整枝

主枝を伸ばす

側枝を伸ばす　伸ばす

❶主枝
❷側枝
❸側枝

取る　　　取る

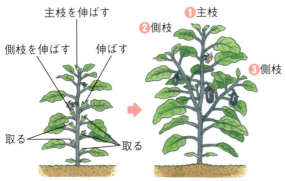

3本整枝の仕上がり図
葉が込み合ってきたら、老葉は摘除して通風をよくし、果実に日が当たらないことのないようにする

6 病害虫防除

アブラムシ、オオニジュウヤホシテントウ、ダニ類などがつきやすい。葉色に注意して発生初期に、葉の表裏に入念に薬剤を散布する

7 追肥

第1回追肥
〈1株当たり〉
化成肥料　大さじ1杯
株元から約10cm離れたところに点々と。マルチのあるときは指先で穴をあけて施す

第2回以降の追肥
〈1株当たり〉
油粕　大さじ2杯
化成肥料　大さじ2杯

15〜20日に1回、栄養状態をみながら与える

〈栄養診断の目を養おう〉

順調な育ち
花の上方に数枚の葉が着いている

健全花（長花柱花）
色が濃い
花柱
（雌しべ）
葯（雄しべ）

雄しべよりも雌しべのほうが長い

栄養不良の育ち
花が先端のほうに着いている

不良花（短花柱花）
色が淡い

葯に囲まれて短い花柱がある。雄しべよりも雌しべのほうが短い

8 収穫

開花後15〜20日くらい。
大きくなったらはさみで切り取る。
一度にたくさん収穫できるような場合、小さめの果実でとり、株の負担を軽くする

9 更新剪定

なり疲れしてきたら枝を大きく切り戻し、肥料を与えて勢いを回復し、秋ナスどりをねらう

〈1株当たり〉
完熟堆肥　3握り
化成肥料　大さじ2杯

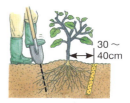

30〜
40cm

株の周囲を鍬やスコップで深く耕しながら肥料を施す

→保存・利用法は221ページ参照

ピーマン

栽培カレンダー

1月	2	3	4	5	6	7	8	9	10	11	12	
												トンネル栽培
												露地栽培

● 種まき　○ 植えつけ　⌒ トンネル被覆　━ 収穫

　トウガラシの仲間ですが、辛みがなく大型果のもので、ビタミンCやカロテンが豊富です。果菜のなかでは強健なほうで育てやすく、夏の暑さに耐え、秋の徐々に寒くなる気候にも順応し、降霜時まで収穫できます。

　品種　緑色種としては『エース』『京ゆたか』『にしき』などがあります。小果の甘トウガラシの『シシトウ』や『伏見甘長』『翠臣』などは、ピーマン渡来以前の日本土着種から改良されたもの。利用法は違っても育て方は同じです。

　栽培のポイント　高温性（夜の適温18〜20℃）なので、育苗時から定植・活着時にかけて低温にあうと育ちがたいへん悪くなります。したがって、苗床の保温・加温に注意し、植えつけは暖かくなってから行います。

　茎が細いので風に弱く、とくに果実が多く着くと枝折れしやすいので、支柱立てと誘引は入念に。育ち盛りに入り、果実がいっせいにたくさん着いたときは、若どりし、草勢の回復をはかります。アブラムシ、ヨトウムシが発生しやすいので、早めに薬剤散布を行いましょう。

1　苗づくり

自家育苗する場合
育苗箱に4〜5mm
間隔に条まきする

本葉1枚のころ4号の
ポリ鉢に移植する

定植時の苗の姿
1〜2花開花するまで
育苗し、大苗にして十
分暖かくなってから畑
に植え出すのがよい

購入苗の場合
新しい用土を補う

小さいときの生育はきわめ
て遅いので、小鉢の購入苗
は4号鉢に植え替え育成する

苗床をトンネルで保温する場合、日中35℃以上に
温度を上げないように換気する
発芽　28〜30℃
生育　地温22〜25℃　気温15〜30℃

2　元肥入れ

〈溝の長さ1m当たり〉
油粕　大さじ7杯
堆肥　3〜4握り
化成肥料　大さじ5杯

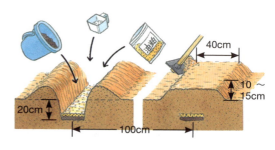

3 植えつけ

マルチをする前に
十分水をやっておく

植えつけの2～3日
前から畝に十分水を
やり、ポリフィルム
を畝の全面に覆って、
土を温めておく

かみそりで十文字に
切り目を入れる

4 整枝・支柱立て

❶主枝
❷側枝
❸側枝

下のほうか
ら早く出た
側枝はかき
取る

ナスと同じく主枝
＋側枝＋側枝の3本
立てにする

ピーマンは枝が弱
く、風で折れやす
いので、支柱立て
は早めに

3本整枝の仕上がり図

育つにつれて
支柱を増やし、
枝を固定する

誘引
茎が太れるように
ゆとりをもたせて
8の字に縛る

5 追肥

第1回
植えつけ10日後
〈1株当たり〉
油粕　2～3つまみ

第2回
第1回から20日後
〈1株当たり〉
化成肥料　大さじ1杯
油粕　大さじ1杯
株元から10cmくらい離
して

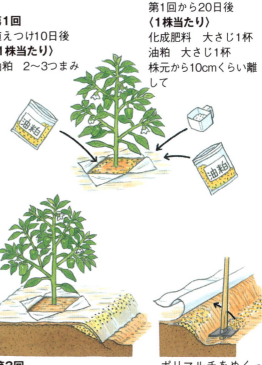

第3回
第2回から20日後
第2回と同量
株元から10cmくらい離して

ポリマルチをめくっ
て肥料を施し、鍬で
通路の土をやわらげ
て畝に寄せ上げる

6 収穫

ピーマン

たくさんなりすぎて草
勢が弱ったときは、若
どりをして回復させる

甘トウガラシ

5～6cm

小果のうちに収穫する
のが良品多収のコツ

最盛期にはかなり
大きくしても、調
理法を工夫すれば
家庭用なら十分に
利用できる

→保存・利用法は221ページ参照

カラーピーマン

1月	2	3	4	5	6	7	8	9	10	11	12	
												トンネル栽培
												露地栽培

●種まき　○植えつけ　⌒トンネル被覆　━収穫

品種 パプリカ、ジャンボピーマン、くさび型・小型ピーマンなどの品種群があり、じつに多彩ですが、家庭菜園では中型果の「セニョリータレッド」「セニョリータオレンジ」「セニョリータゴールド」「ワンダーベル」(赤)「ゴールデンベル」(黄)、長形で色が変化する「バナナピーマン」などが手に入れやすい好適品種です。市販されている苗は単にカラーピーマンなどと称しているものが多いので、よく確かめてから求めることがたいせつです。いちばん確かなのは、カタログから通販されているものを求め、自分で苗を育てることです。

栽培のポイント ふつうのピーマンに準じて育てますが、完熟して発色するまでには長い日数（盛夏でも開花してから40〜50日）を要するので、ふつうのピーマンよりも栽培はかなり難しくなります。元肥を十分に与え、追肥を定期的にし、肥切れさせないことが重要です。また、大型果の品種は枝折れしやすいので、支柱立てと誘引を入念に行い、摘果して果数を制限しましょう。

1 苗づくり

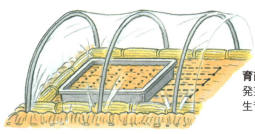

育苗目標温度
発芽　28〜30℃
生育　地温22〜25℃
　　　気温15〜30℃

本葉1枚のころ4号のポリ鉢に移植する

日中35℃以上に気温を上げないように換気する

購入苗の場合

大きい鉢に上げ、新しい用土を補う

茎が太めでしっかりしている

よくできあがった苗

2 元肥入れ

〈1株当たり〉
堆肥　2〜3握り
油粕　大さじ2杯

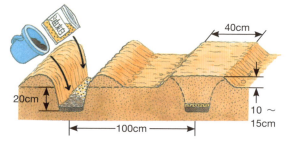

40cm

20cm

100cm

10〜15cm

3 植えつけ

マルチする前に十分灌水しておく

植えつけの2～3日前から畝に十分水をやり、ポリフィルムを畝の全面に覆って、土を温めておく

早どりのためには、植えつけ後、トンネル被覆を

かみそりなどで十文字に切り目を入れ、苗を植える

50cm

4 支柱立て・誘引

主枝と勢いのよい側枝2本を残して3本立てにする

ピーマンは枝が弱く、風で折れたり倒れたりしやすいので、支柱立ては早めに

茎が太るようにゆとりをもたせて8の字に縛る

育つにつれて支柱を増やし、枝を固定する

5 追肥

第1回〈1株当たり〉
化成肥料　小さじ1杯
油粕　小さじ1杯

花が盛んに咲き始めたころ、肥料をマルチの穴に施す

第2回
〈1株当たり〉
化成肥料　大さじ1杯
油粕　大さじ2杯

ポリマルチをめくり上げて肥料を施し、鍬で通路の土をやわらげて畝に寄せ上げる。マルチを元に戻しておく

第3回以降

第2回の要領で、15～20日に1回を目安に施す

6 灌水・敷きわら

梅雨明け後、マルチの上にわらを敷き、地温の上がりすぎを防ぐ

夏の乾燥には弱いので、乾く畑ではときどき灌水をする

7 害虫防除

アブラムシ、タバコガなどにやられやすい

先端部によくかかるように

葉の裏によくかかるように

殺虫剤を早めに散布して防ぐ

8 収穫

完熟果が甘くておいしいのは、赤、黄、オレンジ色。ほかにも茶、黒、紫、白がある

→保存・利用法は221ページ参照

トウガラシ

辛み用の野菜で、暑さ寒さをはね返す活力源や、防腐殺菌などに古くから重宝されています。ポルトガル人が伝えたとされることから『ナンバン』とも呼ばれています。

品種 乾果を辛みに使うものに『鷹の爪』『本鷹』『タバスコ』などがあり、葉を食用とするものに『伏見辛』『日光とうがらし』などがあります。未成熟果用には『伏見辛』が適しています。また、観賞用の彩り豊かな品種もたくさんあり、楽しみは広がります。

栽培のポイント 高温性で生育適温は25〜30℃なので、十分暖かくなってから栽培を始めてくだ

さい。秋の低温にはよく耐え、晩秋まで収穫したり、観賞したりできます。

根は繊細で、低温や過湿に弱いので、元肥によい堆肥を十分に施し、ポリマルチをして地温を高め、初期生育を促進するよう心がけます。また、降雨後、畑に水たまりをつくらないよう、排水に注意しましょう。

茎は細く、風で倒れやすいので、果実がたくさん着く前に支柱を立てます。

栽培カレンダー

1月	2	3	4	5	6	7	8	9	10	11	12

●種まき ○植えつけ ▬収穫

1 苗づくり

日中は20〜30℃、夜間は15℃以上が目標。地温は25℃内外とする

ビニールトンネル

8cm
1cm

わらなど断熱材　農業用電熱線　夜間は保温材をかける

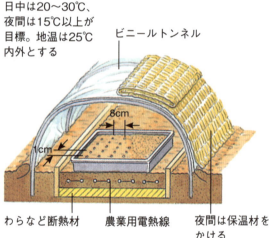

本葉1枚のとき3号鉢に上げる

高温性で育ちが遅いので、育苗はかなりむずかしい。一般的には、できあがった苗を買い求めて栽培するのがよい

できあがった苗。本葉6〜7枚

2 元肥入れ

〈畝の長さ1m当たり〉
化成肥料　大さじ3杯
油粕　大さじ5杯
堆肥　3〜4握り

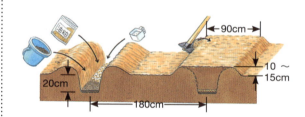

90cm
20cm
10〜15cm
180cm

3 植えつけ

マルチをする前にたっぷり灌水しておく

植えつけの2〜3日前から畝にたっぷり水をやり、畝全面にポリフィルムを覆って、土を温めておく

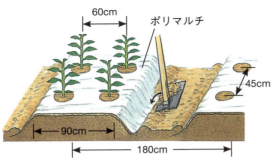

60cm

ポリマルチ

45cm

90cm

180cm

マルチの裾はしっかり土をかける

4 支柱立て・整枝

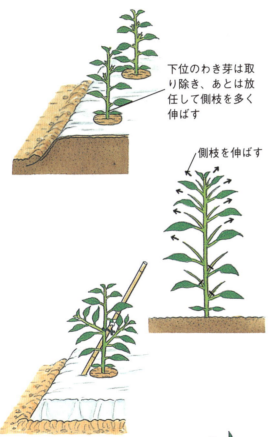

下位のわき芽は取り除き、あとは放任して側枝を多く伸ばす

側枝を伸ばす

枝が弱く、風で折れたり、倒れたりしやすいので、支柱立ては早めに

側枝

主枝

結ぶ

側枝

5 追肥

第1回
定植半月後に株のまわりに肥料をばらまき、軽く土に混ぜる

花が盛んに咲き始めたころ、油粕を1株当たり2〜3つまみ、マルチの穴に施す

第2回以降
〈1株当たり〉
油粕　大さじ3杯
化成肥料　大さじ2杯

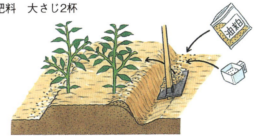

1回めの後、15〜20日後に1回くらい、畝の両側に肥料をばらまき、土に混ぜて畝に寄せる

6 収穫・貯蔵

葉トウガラシ
果実が4〜5cmになったころ、株ごと引き抜いて収穫し、葉をむしり取って、つくだ煮、漬け物などに利用する

成熟果
開花後50〜60日たち、果実が真っ赤に色づいたころ、株ごと引き抜いて収穫する

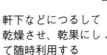

軒下などにつるして乾燥させ、乾果にして随時利用する

キュウリ

栽培カレンダー

	1月	2	3	4	5	6	7	8	9	10	11	12
トンネル栽培（育苗）			●	○								
ホットキャップ栽培（じかまき）				▲								
露地栽培（育苗）			●		○							
露地栽培（じかまき）					●							

●種まき　○植えつけ　⌒トンネル被覆　━収穫
∧ホットキャップ被覆

さわやかな緑と香味、心地よい歯ざわりが魅力の野菜です。風や乾燥には弱いので、その対策を怠らないよう入念に管理して育てます。

品種　『南極一号』『北星』『夏すずみ』『ステータス』などが育てやすい代表種です。食味のよいものに『近成四葉』『さちかぜ』『四川』などがあります。

栽培のポイント　土壌病害、とくに大敵の蔓割病が発生しやすいので、接ぎ木苗（連作も可能）を用いるのが無難です。根の酸素要求量がもっとも大きい野菜のため、良質の堆肥を十分に施し、肥切れさせないよう追肥を入念にします。

生育がたいへん早いので、できるだけ身近なところで気を配りながら育てるのがよく、誘引、摘芯は遅れないよう入念に行います。こまめな手入れがむずかしいようなら、低支柱にしてみるのもよいでしょう。

草勢や着果数を見ながら、収穫の大きさを変えることもたいせつです。多く着果したときは小さいうちに収穫し、着果負担を軽くして草勢の回復を早めます。

1 苗づくり

3号のポリ鉢に種を3粒まく

本葉1枚のころ1本立てにする

本葉3〜4枚の苗に仕上げる

苗床をトンネルで保温する場合、日中は30℃以上にならないよう換気する。夜間はこもなどをかけ、寒いところでは電熱加温する

購入苗の場合、本葉3〜4枚に育った市販の苗を購入して育てる

2 畑の準備

〈1㎡当たり〉
油粕　大さじ5杯
堆肥　5〜6握り
化成肥料　大さじ3杯

元肥を全面にばらまいて鍬で15〜20cmの深さによく耕す

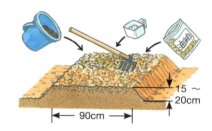

15〜20cm

90cm

通路の土を畝の上に盛り上げて平らにする

通路は広めにとる

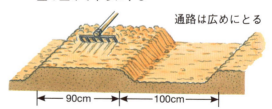

90cm　100cm

3 支柱立て

通常の支柱の場合
支柱を立てたら植え穴を掘っておく

低支柱の場合
手間をかけないで栽培するのによい

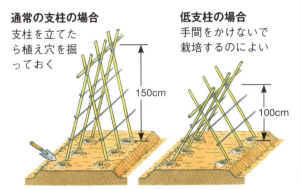

150cm

100cm

横に2～3段、側枝を支えるポリひもを張る

4 植えつけ

株のまわりに十分灌水（かんすい）する

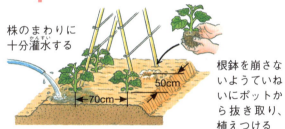

70cm
50cm

根鉢を崩さないようていねいにポットから抜き取り、植えつける

5 誘引

通常の支柱の場合
蔓の伸びはきわめて早いので、垂れ下がらないうちに早めに誘引する

伸びてきた子蔓（こづる）はひもに誘引する

主枝は1.5mくらいの高さで摘む

低支柱の場合
親・小・孫蔓とも摘芯しないで伸ばす

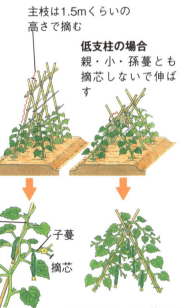

親蔓
摘芯
子蔓
子蔓
摘芯

子蔓、孫蔓は本葉2枚を残し、その先で摘芯する

垂れ下がったら蔓を支柱、ひもに引っかけるだけで摘芯しない

6 病害虫防除

葉に角斑のつくベト病はとくに大敵。育ちの悪い株の不健全な葉に多発する

葉の表裏にかかるようていねいに薬剤を散布する

7 追肥

〈各回とも1株当たり〉
油粕　大さじ1杯
化成肥料　大さじ1杯

15～20日おきに追肥して、肥切れさせないように育てる。根の伸びている範囲をよくとらえて施すことがコツ

2～3回めは軽く溝をつくり、肥料を施してから土を畝に寄せ上げる。4回めはベッドの両わきにばらまく

1回めは株のまわりに施し、軽く土と混合する

8 収穫

幼果から大果まで食べられるので、好みや草勢に応じて大きさを変えて楽しむ

雄花
料理の添え物に

花マルキュウリ
（花着きがよすぎるときに）開花中のもの

もろきゅう
長さ10～12cm

通常の大きさ
長さ22～23cm、100～120g。さらに大きくして酢の物にするのもよい

→保存・利用法は222ページ参照

カボチャ

カロテンやビタミン類が多く含まれ、栄養豊富な健康野菜。たいへん強健で、吸肥力が強く、少ない肥料でよく育ち、連作障害も出にくく、もっとも育てやすい果菜類です。ただし、大きく繁茂するので狭い畑には不向きです。

品種　大きく分けて、日本種、西洋種、ペポ種があります。黒皮の『会津早生』『宮崎早生』、白皮の『白菊座』、いぼのある『ちりめん』などは日本種です。現在、おもに作られている『えびす』『みやこ』『近成芳香』などは、西洋種から改良されたものです。

栽培のポイント　果菜類のなかではもっとも低温、

栽培カレンダー

1月	2	3	4	5	6	7	8	9	10	11	12	
												トンネル栽培
												露地早熟栽培
												ホットキャップ栽培
												ホットキャップ栽培（じかまき）

●種まき　○植えつけ　⌒トンネル被覆　━収穫
ﾍﾟﾍ ホットキャップ被覆

高温に耐え、土壌病害にも強く、やせた土地でも十分栽培できます。その反面、多湿地では疫病が発生することがあり、とくに多肥では蔓ぼけして着果しにくいので、排水をよくし、肥料の与えすぎに注意しましょう。

蔓がよく伸びるので、生育前期の整枝、誘引を入念にし、込み合わないよう蔓を配置します。訪花昆虫の少ない早い時期に咲いた花は人工授粉をして、確実に実どまりさせましょう。

1 苗づくり

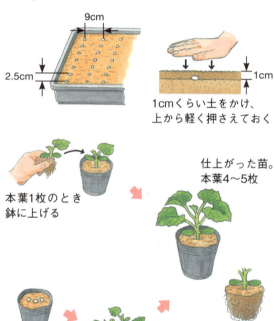

1cmくらい土をかけ、上から軽く押さえておく

本葉1枚のとき鉢に上げる

仕上がった苗。本葉4〜5枚

少ない本数なら鉢に直接種まきをしても簡単に育てることができる

本葉1枚のころ1本立てにする

抜いてみて根が全体に回り、崩れにくくなった状態がよい

早い時期にはビニールトンネルをつくり、夜間はこもなどをかけて保温に努める

2 元肥入れ・畝づくり

〈畝の長さ1m当たり〉
油粕　大さじ5杯
堆肥　4〜5握り

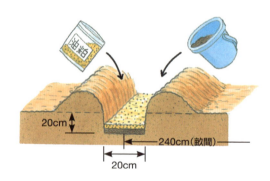

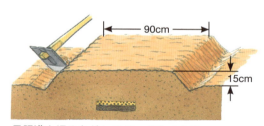

元肥溝を埋めもどしてベッドをつくる

3 植えつけ

植えつけた後、株のまわりに
たっぷり水を与える

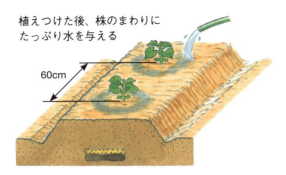

60cm

ホットキャップ

**ポリフィルム
または紙の袋**

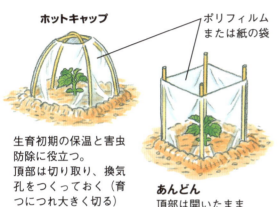

生育初期の保温と害虫
防除に役立つ。
頂部は切り取り、換気
孔をつくっておく（育
つにつれ大きく切る）

あんどん
頂部は開いたまま

4 整枝

親蔓1本、子蔓1本
を伸ばし、ほかの子
蔓はかき取る

親蔓

子蔓

蔓は畝の両側へ、
畝に直角に配置し
て込み合いを防ぐ

竹の棒などを
さして固定

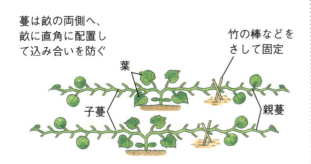

葉

子蔓

親蔓

5 追肥

第1回
蔓の長さ50～60cmのとき、
畝の両側に化成肥料を施す
〈1株当たり〉
化成肥料　大さじ2杯

第2回
果実が湯飲み茶碗大
のころ、株間のとこ
ろどころに化成肥料
を少しばらまく

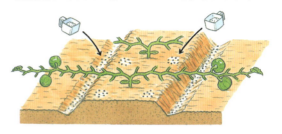

6 人工授粉

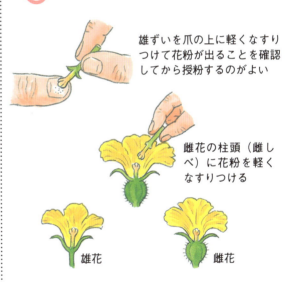

雄ずいを爪の上に軽くなすり
つけて花粉が出ることを確認
してから授粉するのがよい

雌花の柱頭（雌し
べ）に花粉を軽く
なすりつける

雄花

雌花

7 収穫

開花後45～50日
たって果実が登熟
し、爪がたてにく
いくらいに硬くな
ったときを見計ら
って収穫する。と
り遅れると味を損
なう

爪をたててみる

→保存・利用法は222ページ参照

ズッキーニ

ペポカボチャの一種で、キュウリ大の幼果を利用します。カボチャのように広い畑を必要とせず、また、栽培管理も容易なので、家庭菜園向きの野菜といえるでしょう。大きく太りすぎた果実はバーベキューに用いるのに好適です。

品種 緑色種の『グリーントスカ』『ダイナー』『ブラックトスカ』などが代表的です。黄色種も人気で、『ゴールドトスカ』『オーラム』などがあります。

栽培のポイント 苗が市販されていない場合も多く、早めに種子を買い求めて自家育苗でよい苗を確保するのがおすすめです。

栽培カレンダー

1月	2	3	4	5	6	7	8	9	10	11	12
		●—○—			早まき栽培						
			●—○—								

● 種まき　○ 植えつけ　━ 収穫

多湿を嫌うので排水をよくし、畝全体にポリフィルムをマルチするとよい結果が得られます。また、葉が大きいため、風に振り回されやすく、蔓（つる）が反転したり、折れたりして、傷口から病原菌が侵入したりしやすいので、かならず短い支柱を立てて固定しましょう。

雌花は短縮した茎の各節に着き、開花後の肥大は早く、数日で収穫できるので、とり遅れないよう注意してください。

1 苗づくり

早まきの場合

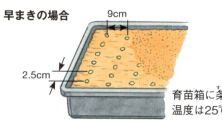

9cm
2.5cm

育苗箱に条（すじ）まきする。温度は25℃に保つ

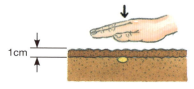

1cm

種は大きいので、土を1cmぐらいかけて、上から軽く押さえる

本葉1枚のころ、3号鉢に鉢上げする

普通まきの場合
暖かくなってからなら、3号鉢に直接種をまく

できあがりの苗
本葉4～5枚

4月下旬ころまではビニールトンネルで、夜間は上に保温材（古い毛布など）をかけて保温する

2 元肥入れ

〈溝の長さ1m当たり〉
化成肥料　大さじ2杯
油粕　大さじ3杯
堆肥　4～5握り

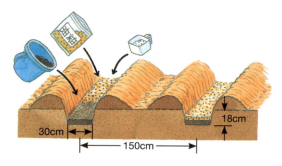

30cm
150cm
18cm

3 植えつけ

①畝づくり

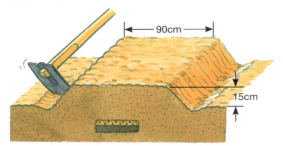

90cm

15cm

元肥溝を埋め戻して畝をつくる。
湿りけの多い畑では畝を高くする

②畝全面に黒色ポリフィルムをマルチする

裾はしっかり土
で押さえておく

暖かい日を選んで畑に植える

④植えつけ

③フィルムに植え穴をあける

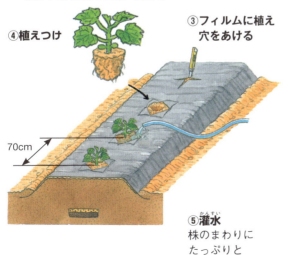

70cm

⑤灌水
株のまわりに
たっぷりと

4 追肥

第1回追肥
植えつけ半月後、株の近
くのところどころに指先
で穴をあけ、肥料を施す
〈1株当たり〉
化成肥料　大さじ1杯

第2回追肥
収穫始めのころ、フィルム
の裾をめくり上げて追肥す
る。終わったら元に戻す

風が強いところでは、
蔓が振り回されないよ
うに短い支柱を交差さ
せて立てて固定する

第3回以降の追肥
半月ごとに株のまわりや畝間に
ばらまき、土と混ぜる

5 収穫

一般的なもの

花ズッキーニ

開花前にとる。
煮物などに

緑色の品種

黄色の品種

煮物（ラタトゥイ
ユなど）、サラダ、
揚げ物、漬け物
など用途は広い

大きく太らせたもの

開花期に人工交配すれば、
尻部の肉こけが少なくなる。
鉄板焼き、天ぷらなどに

→保存・利用法は222ページ参照

スイカ

果糖やブドウ糖を多く含み、暑さで疲れた体を癒してくれる果実的野菜です。野菜のなかではもっとも強光を好み、生育適温も高い（夜温15℃以上）ので、日当たりのよい場所で、十分暖かくなってから栽培に取りかかります。

連作障害（おもに蔓割病）が出やすいので、できるだけ耐病性の台木（おもにユウガオ）に接ぎ木した苗を用いるようにします。

品種 大玉種では『縞王』『瑞祥』などが、小玉種では『こだま』『紅こだま』など多様な品種があります。変わったところでは、黒色の『ブラックボール』『タヒチ』や長円形の『ラグビーボール』などもあります。

栽培カレンダー

1月	2	3	4	5	6	7	8	9	10	11	12	
		●	○‥‥∧		━━	━━						ホットキャップ栽培
			●	○		━━	━━					露地早熟栽培

● 種まき　○ 植えつけ　∧ベ ホットキャップ被覆　━━ 収穫

栽培のポイント 元肥は控えめにし、実どまりして果実が肥大してから追肥するようにします。早い時期には訪花昆虫が少ないので、人工授粉して着果をうながします。

ホットキャップは生育初期の保温と害虫の飛来から守る効果が大きいので、ぜひとも利用したいもの。梅雨時の炭疽病は大敵、出始めに薬剤を散布し、防除することがたいせつです。

1 苗づくり

苗床はピーマン（34ページ）に準じて保温・加温する

9cm
2cm

育苗箱に種をまき、25〜30℃の温度を与えて発芽させる

本葉1枚のころ3号のポリ鉢に移植する

本葉5〜6枚の苗に仕上げる

接ぎ木の場合
市販の接ぎ木苗を利用すると連作障害に耐えるので、毎年同じ畑に作付けすることが可能

挿し接ぎ

穂木　スイカ

台木　ユウガオなど

2 元肥入れ

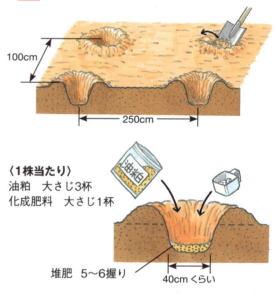

100cm
250cm

〈1株当たり〉
油粕　大さじ3杯
化成肥料　大さじ1杯

堆肥　5〜6握り

40cm くらい

15〜20日前に土を盛り上げて鞍築しておく

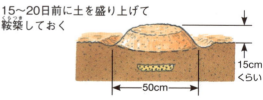

15cm くらい
50cm

3 植えつけ

晴天の暖かい日を選んで畑に植える

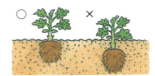

深植えにしないこと。とくに接ぎ木苗は接合部がなるべく地面より高くなるように

ホットキャップの高さに伸びるまで被覆しておく。乾いてきたら上の穴からときどき灌水する

頂部の穴をしだいに大きくあけて換気する

4 整枝・誘引

摘芯
子蔓 → 子蔓
子蔓 ← 子蔓
→ 子蔓

5〜6節で摘芯し、勢いのよい子蔓3本を伸ばす

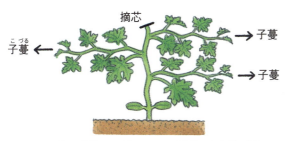

1本　　　　　2本
2本　　　　　1本
1本　　　　　2本

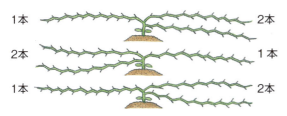

左右に振り分け誘引し、蔓の込み合いを防ぐ

5 追肥・敷きわら

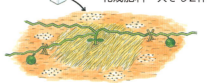

〈1株当たり〉
化成肥料　大さじ2杯以下

果実がこぶし大になったころ、ところどころに化成肥料をばらまく

気温が高まり蔓が伸び始めたら、2〜3回に分けて敷きわらを敷く

6 人工授粉

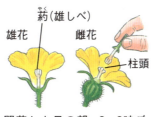

葯（雄しべ）
雄花　　　雌花
柱頭

開花した日の朝、8〜9時ごろまでに雄花の花弁を取り除き、葯をむき出しにして雌花の柱頭に軽くなすりつける

交配日をラベルに記しておく

7 収穫

開花後50〜55日たったら試しどりして食べてみる。熟していれば同じ日付のものはみな熟度がよい

交配日のラベルがついていない場合は、次のような外観、打音で見分けて収穫する。
・果形…肩の張りがよくなる。花落ち部分がへこみ、
　　　　周辺の張りが出てくる
・色沢…若いつやが失せ、光沢が鈍くなる
・触感…花落ち部を指先で押すと、弾力が感じられる
・打音…指の腹でたたくと濁音（ポテポテ）を発する
・巻きひげ…果実の着いている節から出た巻きひげが枯れる

→利用法は223ページ参照

メロン

夏を代表する果実的野菜ですが、その分、栽培のむずかしさは格別です。したがって、適地を選び、入念な管理を怠らず、しっかりと取り組むことがたいせつです。

品種　味が安定するよう改良されたF₁メロンが一般的です。『プリンスPF6号』、白皮の『アリス』などは、大敵のウドン粉病の抵抗性があり、育てやすく、黄色種の『金太郎』『金銘』などは彩りを楽しむのにもよいでしょう。支柱立て栽培には、ネットのある『アールスナイト』『ボーナス2号』などが好適です。

栽培のポイント　果菜類のうちではもっとも高温好みなので、十分暖かくなってから畑に植え出し、保温・マルチ用のフィルムを有効に利用します。

地這い栽培は、子蔓3本伸ばして1株5〜6果どり、支柱立て栽培は、主枝1本伸ばして1株1個の優品をねらうものです。いずれも整枝を入念にして目標の着果節に確実に着果させます。収穫まで健全な葉を着けないと糖度がのらないので、病害虫防除はとくに入念に。

栽培カレンダー

1月	2	3	4	5	6	7	8	9	10	11	12

ホットキャップ栽培
露地栽培

●種まき　○植えつけ　∧ホットキャップ被覆　▬収穫

1 苗づくり

気温は、日中20〜30℃、夜間は18℃以上が目標

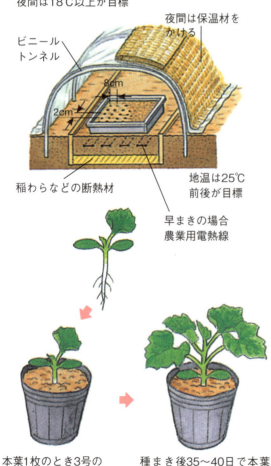

夜間は保温材をかける

ビニールトンネル

8cm
2cm

稲わらなどの断熱材

地温は25℃前後が目標

早まきの場合
農業用電熱線

本葉1枚のとき3号のポリ鉢に移植

種まき後35〜40日で本葉4〜5枚の苗に仕上げる

2 畑の準備

前作が終わりしだい、できるだけ早く石灰をまき、20cmほどの深さによく耕しておく

石灰

元肥は植えつけの半月くらい前に
〈畝の長さ1m当たり〉
化成肥料　大さじ2杯
堆肥　4〜5握り
油粕　大さじ2杯

30cm

3 植えつけ

畝全体にポリフィルムをマルチして
地温の上昇をはかる

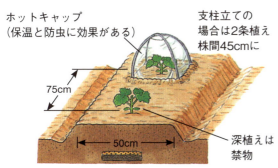

ホットキャップ
（保温と防虫に効果がある）

支柱立ての
場合は2条植え
株間45cmに

75cm

50cm

深植えは
禁物

4 摘芯・整枝

支柱立て栽培の場合

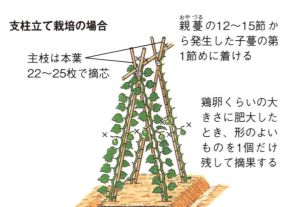

主枝は本葉
22〜25枚で摘芯

親蔓の12〜15節から発生した子蔓の第1節めに着ける

鶏卵くらいの大きさに肥大したとき、形のよいものを1個だけ残して摘果する

地這い栽培の場合

子蔓

子蔓

親蔓

孫蔓　雌花

親蔓は本葉5〜6枚で摘芯
し、子蔓の発生をうながす

子蔓は本葉10〜12枚で摘
芯し、孫蔓（着果枝）の発
生をうながす

×印は摘芯位置を示す

大果品種は1株4〜5個
小果品種は1株7〜8個着けるように

5 人工授粉・追肥

開花日に人工授粉し、
開花日を記入したラベルを付けておく

第1回
1番果が鶏卵大に肥大したころ、
畝の両側にまき土寄せする
〈1株当たり〉
化成肥料　大さじ2杯
油粕　大さじ4杯

蔓は1本・2本を
交互に振り分ける

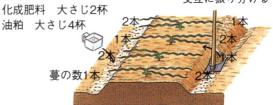

2本

1本

1本

2本

2本

1本

2本

蔓の数1本

第1回追肥

第2回
1回めの追肥から15〜20日後、1回めと同量
蔓の先あたりに追肥をし、その後に敷きわらをする

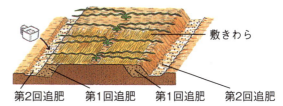

敷きわら

第2回追肥　　第1回追肥　　第1回追肥　　第2回追肥

（追肥量は支柱立て栽培の場合も地這いと同じ）

6 収穫

5/20

開花日を記入したラベルの日付を
見て収穫適期を判断する

開花後40〜45日たったころ、
1〜2個試しどりしてみてから、
ほかのものを収穫する

→保存法は223ページ参照

シロウリ

メロンの変種ですが、果実が成熟しても糖形成されず、甘くはなりません。厚くて緻密(ちみつ)な果肉は漬け物に好適です。主な用途が漬け物のため、多くは加工品向けに栽培されていましたが、近年、その特徴が再認識され、家庭菜園でも愛好者が増えています。

品種 『東京早生越瓜(わせこしうり)』『東京大白瓜』『桂大白瓜』『さぬき白瓜』などのほかに、青い縞の入る『青大長縞瓜』など、地域によってさまざまな品種があります。

栽培のポイント 高温性で強い光線を好み、夏の暑さや乾きにはかなり強いのですが、低温には弱い作物です。寒い地域では露地栽培は期間が短くなるため、トンネル保温を必要とします。

雌花の着生が孫蔓(まごづる)主体になるので、そろった孫蔓を多く発生させるように、親蔓、子蔓の摘芯が必要です。そして、子蔓から孫蔓が必要以上に伸びないように、雌花が着いた先を入念に摘芯(てきしん)します。蔓数が多くなるのでバランスよく配置し、その下には敷きわらをします。

栽培カレンダー

1月	2	3	4	5	6	7	8	9	10	11	12	
		●○	∩		━	━						トンネル栽培（育苗）
	●●	○○			━	━	━					露地栽培（育苗）
		●			━	━	━					じかまき

●種まき　○植えつけ　∩トンネル被覆　━収穫

1 苗づくり

3号のポリ鉢に種を3〜4粒まく

本葉1枚のころ、間引いて1本立てに

本葉4〜5枚の苗に育て、畑に植えつける

3〜4月の育苗はトンネル掛けする

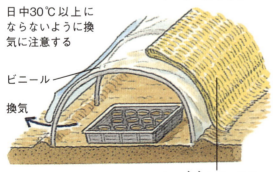

日中30℃以上にならないように換気に注意する

ビニール

換気

夜はこもなどで保温し、15〜16℃以上に保つ

2 畑の準備

〈溝の長さ1m当たり〉
油粕　大さじ6杯
堆肥　5〜6握り
化成肥料　大さじ4杯

勢いのよい子蔓、孫蔓を出させるには、元肥によい堆肥を十分に施す

60cm
100cm
160cm

3 植えつけ

子蔓、孫蔓を四方に伸ばすので、株間は広めにとる

低温に弱いので、多収のためにはトンネル栽培にし、収穫期間を長くするとよい

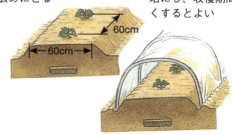

60cm
60cm

4 摘芯

植えつけ後盛んに伸び出してきたら、本葉5枚を残してその先を摘む

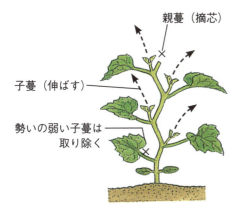

親蔓（摘芯）

子蔓（伸ばす）

勢いの弱い子蔓は取り除く

5 追肥・敷きわら

第1回
蔓が盛んに伸びだしたころ、畝の片側にばらまき土寄せする。肥料を施した後に敷きわらをする

〈畝の長さ1m当たり〉
化成肥料　大さじ4杯

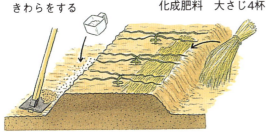

第2回
子蔓が畝から外へ伸びだしたころ、1回めの反対側に。施肥量は第1回と同じ

6 整枝・摘芯（子蔓・孫蔓）

伸びてきた4本の子蔓を両側に均等に配置させて伸ばす

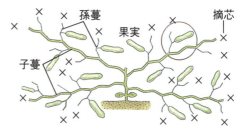

孫蔓　果実　摘芯

子蔓

子蔓は本葉8～10枚を残し、その先を摘む

注：茎が折れているところにはいずれも葉が着くが、イラストでは省略してある

孫蔓は本葉2枚を残し、その先を摘む

孫蔓の葉

孫蔓

雌花

子蔓の葉

子蔓

7 収穫・利用

利用しやすい大きさに育ってきたら順次収穫する

青果用（浅漬けなど）
　1本100～200g
加工用（粕漬けなど）
　1本800g～1kg
果肉が軟らかくなるまで待ち、熟果（糖はのらず甘くならない）として収穫すれば、三杯酢で楽しむこともできる

貝殻などでわたを出す

2つ割りにして塩で仮漬けし、日陰で乾かしてから酒粕かみそで本漬けする

丸のまま糠漬けなどに

ニガウリ

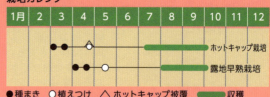

1月	2	3	4	5	6	7	8	9	10	11	12

ホットキャップ栽培

露地早熟栽培

●種まき　○植えつけ　∧ホットキャップ被覆　　収穫

特有の苦みとコリコリとした歯ざわりのある個性の強い野菜。ビタミンCに富み、カロテン、ミネラル、そして繊維質が多く、夏の健胃、発汗増進に効果があります。沖縄、南鹿児島では古くから欠かせない野菜でしたが、現在では愛好者が全国に急増しています。

品種　長果種と短果種とがあり、果色も緑と白とがあります。長果の『さつま大長れいし』『こいみどり』『太みどり』『太れいし』、短果の『白れいし』『台湾白』などが代表的です。

栽培のポイント　高温性のため露地で自然に発芽するのを待つと、盛夏を過ぎてからが収穫盛りに

なってしまいます。トンネル、加温などで早めに育苗を開始し、栽培時期を早めることをおすすめします。

蔓は細く、数メートルにも伸びるので、支柱を立てたり、フェンスなどを利用して誘引します。よく巻きつくので、初めに蔓を方向づけておけば、だいじょうぶです。緑色種は果実が色濃くなったころ、白色種は表面のこぶが十分に膨らんできたころが、収穫の適期です。

1 苗づくり

一昼夜吸水させる

種子の一部に傷をつける

3号のポリ鉢に3〜4粒ずつ種をまく。
覆土の厚さは1cmくらい

1cm

低温に弱く、幼苗時の生育がきわめて遅いので、できるだけ保温・加温して育苗する

ビニールトンネル

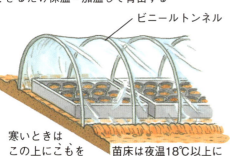

寒いときはこの上にこもをかける

苗床は夜温18℃以上に保つように電熱加温する

本葉3〜4枚の苗に仕上げて畑に植える

本葉2枚のころ
1本立てに

本葉1枚のころ間引いて
2本立てに

2 元肥・畑の準備

〈1株当たり〉
堆肥　4～5握り
油粕　大さじ1杯

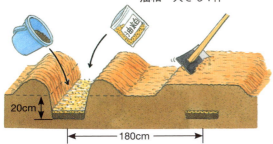

20cm

180cm

3 植えつけ

植えつけた後、
株のまわりに灌水(かんすい)する

80cm

100cm

4 支柱立て・誘引

蔓は巻きひげを伸ばしてよくからみつくので、初期に1～2回縛り、あとはおおまかに方向を決めて配置するだけでよい

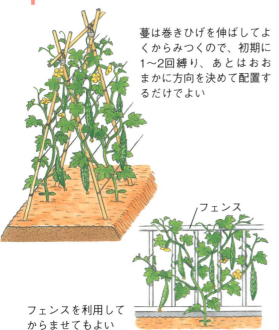

フェンス

フェンスを利用してからませてもよい

5 追肥

第1回
親蔓が50cm以上に伸びたころ
化成肥料を株のまわりに少量施す

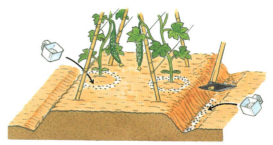

第2回以降
収穫盛りに入ったころ、化成肥料を2～3回通路側に施す。
いずれも1株当たり大さじ1杯

6 収穫と利用

緑色種は果実が緑になり、白色種は表面のこぶが十分膨らんできたら収穫する

果梗は細いが硬いのではさみで切り取る

半分に切り、種子を取り出してから斜め薄切りに

ゴーヤチャンプルーに

天ぷらに

そのまま糠漬けに

水にさらしてよくもみ、水けを切る

酢みそ和えに

カツオ節、しょうゆをかけて酒のつまみに

→保存法は223ページ参照

トウガン

栽培カレンダー

1月	2	3	4	5	6	7	8	9	10	11	12

●種まき　○植えつけ　∧ホットキャップ被覆　▬収穫

露地早熟栽培　ホットキャップ栽培

　盛夏にとれるのに、「冬瓜」と呼ばれるのは、遅く熟した晩秋のものが格別で、冬から翌春までも楽しめるためとされています。淡泊な持ち味と透明感のある淡緑の果肉色が、多くの食材と合い、また、低カロリーなことが最近の食嗜好に沿って、人気が高まってきました。

品種　『早生とうがん』『小とうがん』『長とうがん』『琉球とうがん』などがありますが、品種数はわりと少ないです。一般に早生種は小果、晩生種は大型の長円筒形をしています。

栽培のポイント　耐暑性、耐寒性が強く、土質に対する適応性も広く、比較的育てやすい野菜です

が、ウリ類のなかでは生育期間が長いほうなので、関東以西の温暖地の栽培に適しています。雌花の着きが少ないので、摘芯と整枝を適切に行い、子蔓の17〜18節以上の雌花に、人工授粉して確実な着果をはかります。

　果実が肥大し始めるまでは、孫蔓のかき取りを入念にして、蔓の込み合いを防ぐこともたいせつです。肥料は控えめに施し、蔓ぼけさせないように留意しましょう。

1 苗づくり

種子は皮が硬くて吸水しにくいので、10〜12時間水に浸して十分吸水させてからまく

水

3号のポリ鉢に種を3粒まく

ビニールトンネル

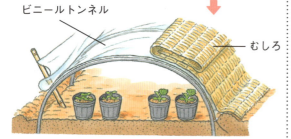

むしろ

本葉1枚のとき1本立てに

夜は18℃以下にならないように保温。日中は30℃以上にしないよう換気

本葉4〜5枚の苗に仕上げる

2 元肥入れ

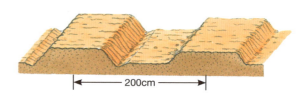

200cm

〈1㎡当たり〉
堆肥　4〜5握り
油粕　大さじ2杯

元肥は畝全体にまいて約15cmの深さによく耕す

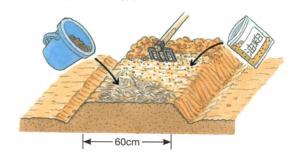

60cm

3 植えつけ

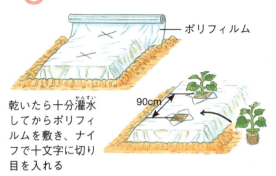

乾いたら十分灌水してからポリフィルムを敷き、ナイフで十字に切り目を入れる

90cm

ポリフィルム

〈ホットキャップ栽培の場合〉

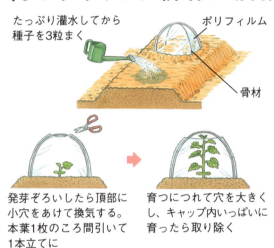

たっぷり灌水してから種子を3粒まく

ポリフィルム

骨材

発芽ぞろいしたら頂部に小穴をあけて換気する。本葉1枚のころ間引いて1本立てに

育つにつれて穴を大きくし、キャップ内いっぱいに育ったら取り除く

4 整枝

親蔓は4〜5節で摘芯し、伸びのよい子蔓を4本伸ばす

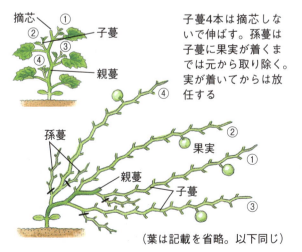

摘芯
① ② ③ ④
子蔓
親蔓

子蔓4本は摘芯しないで伸ばす。孫蔓は子蔓に果実が着くまでは元から取り除く。実が着いてからは放任する

孫蔓
果実 ②
① 親蔓
子蔓 ③
④

（葉は記載を省略。以下同じ）

5 敷きわら

蔓が伸び、這い始めたら、まず株元付近だけにわらを敷く

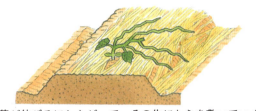

蔓が伸びるにしたがって、その先にわらを敷いていく

6 追肥

〈1株当たり〉
化成肥料　大さじ2杯

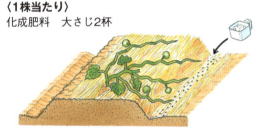

果実がピンポン玉くらいに太り始めたら追肥する。育ちぐあいをみて、肥料が足りないようなら、半月後にもう1回、同様に追肥する

7 収穫

〈若どり〉
開花後25〜30日

〈完熟どり〉
開花後45〜50日

いずれの品種も果実の表面の白毛が落ち、果肉が締まってきたころが収穫適期となる

→保存法は223ページ参照

ヘチマ

棚づくりにして日よけにし、ぶら下がった果実を観賞する、日本古来の夏の風物詩です。熟果の繊維はスポンジ、汁液は薬用や天然化粧水に利用できますが、幼果は猛暑のなかでの風味ある野菜として、食されます。

品種　短果系として『ダルマ』『鶴首』、長果系として『六尺ヘチマ』『三尺ヘチマ』『太ヘチマ』などがあります。同属で種を異にする『十角ヘチマ』（トカドヘチマ）は、とりわけ食用に供されることが多い品種です。

栽培のポイント　3号ポリ鉢に直接種をまき、ビニールフィルムで保温して育苗するか、市販の苗

を求めて栽培します。生育適温は20～30℃と高く、夏の高温や強い日ざしに耐えてよく生育します。概して土壌水分に富む土壌でよく育ちますが、過湿には案外弱いので、排水をよくして育てることがたいせつです。

蔓（つる）の伸びは旺盛なので棚はしっかりつくります。誘引（ゆういん）は、生育初期に先が垂れないよう、ところどころ結んでおき、主な枝を適宜配置するだけでよいでしょう。

栽培カレンダー

1月	2	3	4	5	6	7	8	9	10	11	12

露地栽培（育苗）
露地栽培（じかまき）

●種まき　○植えつけ　━━━ 収穫

1 苗づくり

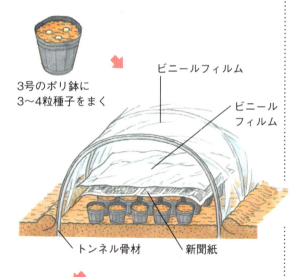

3号のポリ鉢に
3～4粒種子をまく

ビニールフィルム

ビニールフィルム

トンネル骨材　　新聞紙

本葉が開き始めのころ間引いて1本立てとする

本葉3～4枚の苗に仕上げる

市販の苗を購入してもよい

2 畑の準備

〈1株当たり〉
化成肥料　大さじ2杯
堆肥　4～5握り
油粕　大さじ3杯

植えつけ約1か月くらい前に植え穴を掘り、元肥を入れて土を盛り上げ、畝をつくり上げておく

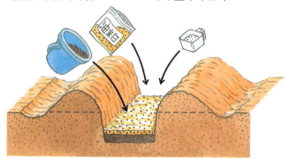

3 植えつけ

鉢土の上に少し土がかかるくらいの深さに植える。深植えしないこと

排水の悪い畑ではできるだけ高畝にして水たまりが生じないようにする

4 支柱立て

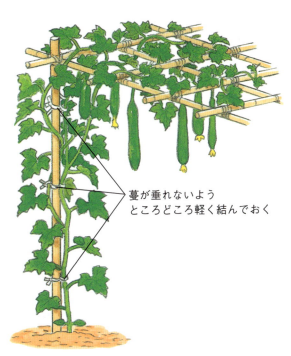

蔓が垂れないよう
ところどころ軽く結んでおく

蔓は全長6〜8mにも伸び、分枝も盛んなので、
支柱は風に耐えるようしっかり立てる

5 追肥

第1回
蔓が50〜60cmに伸びたころ、株のまわりに
〈1株当たり〉
油粕　大さじ2杯
化成肥料　大さじ1杯

第2回以降
果実が盛んに肥大し始めてから20〜25日おきに
1株当たり油粕大さじ2杯を畝の片側に施し、土
に混ぜる

6 収穫・利用

食用にする場合
初期には開花後14〜15日、盛夏には7〜8日の育ち盛り
の幼果を収穫する

繊維を採る場合 開花後40〜50日たち果梗が茶褐色にな
ったころ収穫する

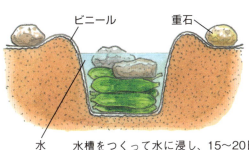

ビニール　　重石

水
水槽をつくって水に浸し、15〜20日た
ち外皮が腐ったら引き上げ外皮を取り、
手のひらにたたきつけて中の種を振り出
し、陽光に当ててよく乾かす

ダルマ

長ヘチマ

ハヤトウリ

1月	2	3	4	5	6	7	8	9	10	11	12

○植えつけ　━━━ 収穫

果実は300〜500gと大きく、1果に1個の大きな種子が入っています。

品種　大別して白色種と緑色種がありますが、品種の分化は見られません。

栽培のポイント　種子は果実のままで貯蔵し、翌春、植えつけます。深植えは禁物。蔓はきわめて旺盛に伸びるので、支柱はしっかりと立てましょう。果実は孫蔓に着きます。秋までに50〜100個も着き、手をかけなくてもたくさん収穫できます。

1 種果の準備

来年育てるには秋から準備が必要。10〜11月収穫のよく熟した果実を種果にする

1果に1個大きい種子が入っている。果実のままで貯蔵する

種子

2 畑の準備・植えつけ

〈1株当たり〉
油粕　大さじ5杯
堆肥　4〜5握り

1株の蔓が大きく広がるので植えつけ間隔は4×4m〜5×5mくらいにする。自家用なら1株植えておけば十分

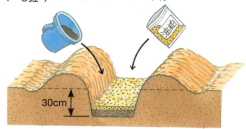

30cm

土、川砂

3月ころ素焼き鉢に植えつけ、芽が伸びてきたら畑に植えつけるのがよい

7〜10cmくらい

水をやる必要はない

地面

芽が7〜10cmくらいに伸び始め、晩霜のおそれがなくなったころ、果実を半分ほど上に出して植えつける

3 追肥・支柱立て

〈1株当たり〉
化成肥料　大さじ10杯
油粕　10握り

本葉6〜7枚で摘芯する

追肥は株のまわりに肥料をばらまき、土と混ぜる。蔓が盛んに伸びだしたころ1回やるだけでよい

支柱立て

孫蔓

孫蔓に果実が着く

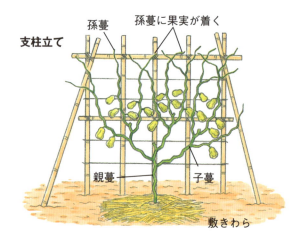

親蔓　　子蔓

敷きわら

4 収穫

秋、果実が肥大しきったものから順次収穫する。1株当たり50〜100個もとれる。

→利用法は223ページ参照

果菜類・ウリ科／原産地：北アフリカ・インド・タイなどの熱帯地方

ヒョウタン

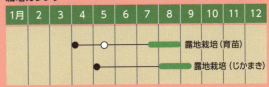

1月	2	3	4	5	6	7	8	9	10	11	12
											露地栽培（育苗）
											露地栽培（じかまき）

●種まき　○植えつけ　▬▬収穫

棚づくりにして夏の強い日ざしの日よけにするとともに、観賞するのも楽しいものです。食用には向きませんが、成熟果で酒器などの容器をつくったりして、楽しむこともできます。

品種　大ヒョウタン、観賞用としてかわいい小ヒョウタンに大別されます。

栽培のポイント　多湿のところを避ければ、下のほうの側枝をかき取り、棚に誘引するくらいで、簡単に栽培できます。小ヒョウタン（千成り）は、容器であんどん仕立てにして楽しめます。

1 苗づくり

3号のポリ鉢に
3〜4粒種子をまく

本葉が開き始めのころ
間引いて1本立てとする

本葉3〜4枚の
苗に仕上げる

市販の苗を購入してもよい

2 栽培管理

〈1株当たり〉
油粕　大さじ3杯
堆肥　3〜4握り

径30cm、深さ20cm
くらいの植え穴を掘り、
元肥を入れる

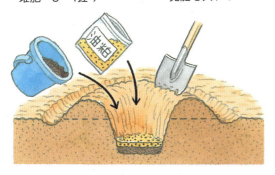

丈夫な棚をつくって誘引する

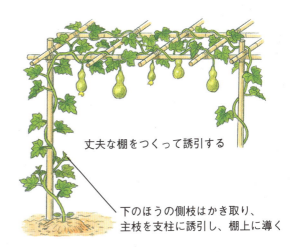

下のほうの側枝はかき取り、
主枝を支柱に誘引し、棚上に導く

3 収穫・加工

果実表面の細毛がまったくなくなり、爪の先ではじいて高い音が出るようになれば収穫適期

果梗をなるべく口が
小さくなるよう切り落とす

水中に10日くらい
つけておく

竹串・針金など

中の腐敗した部分を
ていねいに取り出し、
よく洗って乾かす

油を塗ってつやを出す。日がたつと
しだいに赤褐色のよい色つやが出る

イチゴ

1月	2	3	4	5	6	7	8	9	10	11	12

トンネル栽培

露地栽培

◉親株植えつけ　↓ランナー挿し　○植えつけ　⌒トンネル被覆
━━収穫

　多年生で栽培期間が長くかかり、苗づくりから始めると収穫までに1年以上もかかりますが、日をいっぱいに浴びた旬のイチゴの味は格別です。トンネル栽培すれば約1か月早どりでき、収穫期間を広げることができます。

品種　『宝交早生（わせ）』『ダナー』『ベルルージュ』などが育てやすいでしょう。四季なり型では、花色が美しい『タンゴ』などの趣味園芸向きのものも出回っています。

栽培のポイント　苗を自分で育てるには、病害に冒されていないよい親株を用い、ランナーを苗床に植えて、2〜3回移植します。夏の間は入念に水やりをします。

　イチゴの根は肥焼けを起こしやすいので、元肥は少なくとも植えつけ半月前には施し、追肥も株元から少し離れたところに与え、肥料が直接根に触れないよう注意します。

　イチゴは一定の寒さにあうまで休眠する性質があり、それを過ぎないと勢いよく生長し始めないため、マルチやトンネルは早くかけすぎないよう、適期を守ることがたいせつです。

1　苗づくり

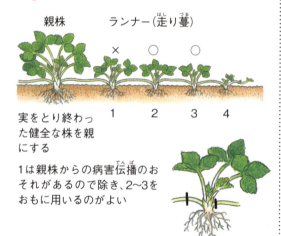

親株　　ランナー（走り蔓（はしりづる））
×　　○　　○
1　2　3　4

実をとり終わった健全な株を親にする

1は親株からの病害伝播（でんぱ）のおそれがあるので除き、2〜3をおもに用いるのがよい

親株側は2cm、他方はそれより短く切る
短く切った方向に花房が出る

6〜7月
苗床への
ランナー植えつけ

8〜9月
移植して株間を広げる

9cm　9cm　80cm
15cm　15cm

根は肥焼けを起こしやすいので、肥料は堆肥と油粕などを20日ぐらい前に施しておく。育ちぐあいをみて、1〜2回株間に少量の油粕を与える。灌水（かんすい）は晴天なら毎日行う

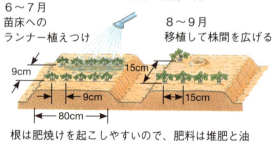

葉のつけねは必ず地上に出し、深植えしないこと

×深すぎ　○適当

10月　できあがった苗

健全な苗の見分け方

葉が厚くて緑が濃い

病斑などがついていない

根がよく張っている

植えつけ適期の10月にできあがった苗を入手し、畑に植えつけてもよい

2　元肥入れ

植えつけの
15〜20日前に与える

〈1㎡当たり〉
完熟堆肥　4〜5握り
油粕　大さじ2杯
化成肥料　大さじ1杯

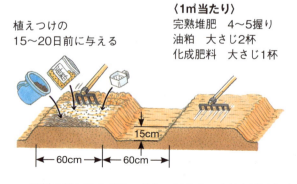

60cm　60cm　15cm

肥料を耕し込んだら、きれいに畝をつくりあげておく

3 植えつけ

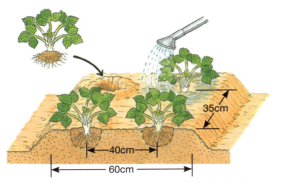

35cm

40cm

60cm

短く切ったランナーを花房の出る方向を畝の外側に向ける
植え終わったら、たっぷり灌水しておく

4 追肥

〈1株当たり〉
化成肥料　小さじ1杯
油粕　小さじ1杯

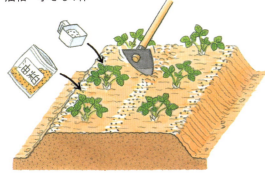

第1回
活着して盛んに生育し始めた11月上～中旬に株元から10～15cm離れたところに施し、軽く土に混ぜる

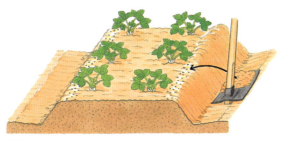

第2回
冬越しした2月上～中旬（マルチの前）、畝の肩の部分に肥料をばらまき、通路の土をかぶせる

5 マルチ・トンネル掛け

春先（2月ごろ）になり、新葉が少し伸び始めたころ

黒色ポリエチレンフィルム

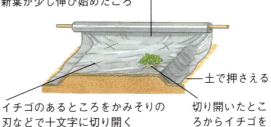

土で押さえる

イチゴのあるところをかみそりの刃などで十文字に切り開く

切り開いたところからイチゴをのぞかせる

トンネルは2月上旬ころにかけ始める。半月くらいは密閉し、イチゴが伸びだしたら側方の裾を少し開けて換気する。夜間は閉める

6 病害虫防除

葉に斑点がついたり、葉裏にダニがつき、なんとなく勢いが悪くなったりしたときは薬剤を散布して防ぐ

腐った実や変形果は早めに取り除く

上方の葉が伸び始めたら枯れた下葉は取り除く

7 収穫

朝もぎイチゴの味は格別

たくさんとれたら自家製のジャムに

トウモロコシ

栽培カレンダー

1月	2	3	4	5	6	7	8	9	10	11	12

露地栽培（育苗）
露地栽培（じかまき）

●種まき　○植えつけ　▬収穫

　もぎたての新鮮な味は格別で、まさに夏の家庭菜園の立役者です。また、野菜のなかではきわめて少ないイネ科作物なので、連作障害を避けるための畑のローテーションにも最適です。

品種　甘みの多いスイートコーンへと改良が盛んに行われています。近年、黄色の粒に白色が交じった、品質のよい『ピーターコーン』『カクテル』などが人気ですが、さらに黄、白に紫の粒が入る『ウッディーコーン』も登場しています。

栽培のポイント　高温、多日照を好むので、日当たりのよい場所を選んで栽培します。実入りをよくするには、頂部に咲く雄穂から出る花粉が雌穂によくつくよう、ある程度の株数をまとめて栽培することです。

　吸肥力が強いので、前作の肥料が残っている畑の場合は、施肥はあまり必要はありません。

　苗づくりして畑に植え出したり、畑にじかまきする場合には、マルチで地温を高め、できるだけ早く育てることがたいせつです。これは鳥害防止にもたいへん有効です。

1 畑の準備

〈1㎡当たり〉
石灰　大さじ3〜5杯
化成肥料　大さじ3杯

植えつけ、または種まきの1か月くらい前に肥料を畑全体にばらまき、よく耕しておく

できあがった苗。
本葉3〜4枚

2 苗づくり

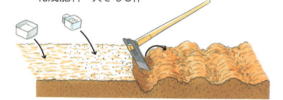

セルトレイまたはポリ鉢に
1鉢1粒まく。覆土の厚さは
約1cm

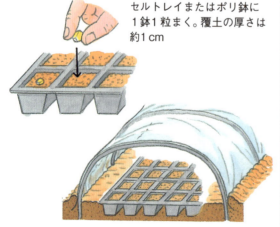

ビニールトンネルで保温する

3 植えつけ・種まき

育苗した場合

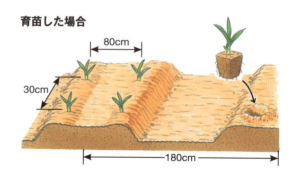

80cm
30cm
180cm

じかまきの場合
ポリフィルムでマルチし、穴をあけてじかまきする。
しない場合より約半月生育が早まる

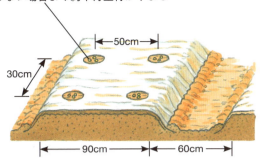

種は1か所に3粒まく。
覆土の厚さは2～3cm

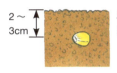

4 間引き

（じかまきの場合）
草丈が10～15cmに伸びたころ
間引いて1本立てとする

5 追肥・土寄せ

〈1株当たり〉
化成肥料　大さじ1杯

列の片側に
ばらまく

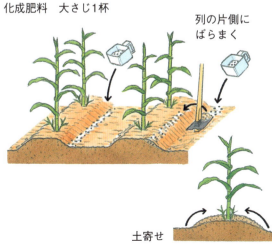

土寄せ

6 雌穂の整理

雄穂が先に咲く

花粉が雌穂の
絹糸につく

いちばん大
きい雌穂だ
けを残す

雌穂

下のほうの小さい
雌穂は取り除く

下のほうから出るわき芽は摘除せず、
そのまま伸ばして葉の光合成作用を利用する

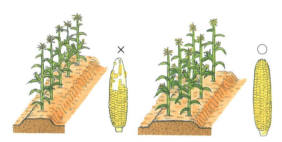

1列に長く植えるよりは数列に植えるほうが、
花粉がよくつき、実入りがよい

7 収穫

花粉がついて受精して
から3週間くらいたち、
毛が茶色に縮れたころ

つかむと中に手ごたえがある

手でつかんで、
元からもぎ取る

→保存・利用法は224ページ参照

エダマメ

ダイズの未熟な若マメの状態のものを収穫し、利用するときの呼び名。タンパク質、ビタミンが豊富で、アミノ酸と糖分のバランスもよく、塩ゆでのほか、豆ご飯、和え物、いため物、揚げ物など調理の幅が広い野菜です。

品種 早生種に『奥原早生』『夏到来』『富貴』『白獅子』、普通種に『白鳥』『中早生』などがあり、味のよい在来品種もあります。最近では、黒マメもエダマメとして用いられています。

栽培のポイント 早い栽培には砂質で地温の上がりやすい土壌を、盛夏に良品をとるには保水力のあるところを選びます。昼夜の温度格差が大きい

栽培カレンダー

1月	2	3	4	5	6	7	8	9	10	11	12

●種まき　○植えつけ　━━収穫

ところほど優品を産します。

土寄せは生育初期の発根をよくし、盛期からの倒伏防止のために欠かせません。最後の土寄せは開花するまでに終えるようにしましょう。

収穫の適期幅はきわめて狭いので、全果の熟度をよく判断して、遅れずに収穫することがたいせつです。鳥害を防ぐには、苗で畑に植えるか、じかまきなら発芽し、葉が緑化するまでネットをじかにかけるようにします。

1 苗づくり

育苗箱の場合

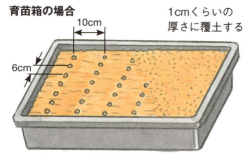

10cm
6cm
1cmくらいの厚さに覆土する

育苗箱に間隔を大きくあけて種をまく

発芽したところ

本葉3枚のころ株間が込みすぎないうちに定植する

セル成型育苗の場合

セルトレイ（128穴）に1粒ずつ指先で押し込み、種をまく

1cmほど覆土し、手のひらで軽く押さえておく

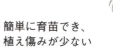

簡単に育苗でき、植え傷みが少ない

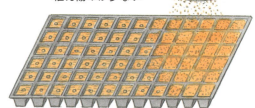

市販の専用の土を用いる

セルの中に根が十分張り、引き抜けるようになったら定植する

2 畑の準備

〈1㎡当たり〉
石灰　大さじ3〜4杯
完熟堆肥　4〜5握り
化成肥料　大さじ1杯

3 植えつけ・種まき

育苗の場合

じかまきの場合
1か所に3〜4粒まく

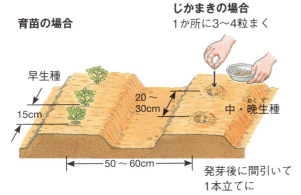

早生種

15cm

20〜30cm

中・晩生種

50〜60cm

発芽後に間引いて1本立てに

1か所に1本ずつ植える
（畝幅、株間は育苗・じかまき共通）

4 土寄せ

育苗の場合

植えつけてから15〜20日たったころと、その10日後の2回

じかまきの場合

本葉が出始めのころ、子葉が少し隠れるくらいに。半月後に第2回を

5 追肥

肥料が多すぎて過繁茂にならないよう、畑の肥沃度により量をかげんする

草丈17〜18cmに伸びたころ、葉色がうすく伸びが遅ければ、少量の化成肥料を株のまわりに施し、土寄せする

6 摘芯

本葉5〜6枚のころ摘芯し、わき芽の伸びをうながす

畑が肥沃で茎葉の伸びが旺盛になりやすいところでは摘芯する

7 収穫

実の膨らみがめだち、さやを押さえると子実が飛び出すころが適期

○

×

若すぎる

よくできたものは伸びたわき芽にもよくさやが着き、空ざやが少なく実が入っている

ラッカセイ

完熟すればピーナツですが、未熟なうちに早どりしてゆでて食べるのもおいしいものです。

日照が多く、高温の条件でよく育つため、寒冷地での栽培には不向きです。開花後、子房柄が伸び、地中に潜って結実するので、重粘多湿地を避け、排水をよくして育てます。

品種　大粒種で早生、ゆで豆用の『郷の香』、中生でゆで豆・成熟両用の『ナカテユタカ』、晩生成熟用の『千葉半立』などが代表的です。

栽培のポイント　種子用として売られているラッカセイを早めに準備し、育苗または畑にじかまきして栽培します。

栽培カレンダー

1月	2	3	4	5	6	7	8	9	10	11	12
普通栽培（じかまき）											
マルチ栽培（じかまき）											

●種まき　　収穫

石灰分が不足すると空ざやになりやすいので、石灰を施して畑を準備します。窒素分が効きすぎると蔓ぼけになりやすいので、とくに元肥は施さず、追肥も控えめにします。

分枝し株が広がってきたら、土寄せをして子房柄が土中へ潜り込むのを助けます。このとき、立ち性品種と這い性品種の蔓の広がり方のちがいを考えて適切に行うようにします。

さやがおおむね肥大したころ収穫します。

1 畑の準備

〈1㎡当たり〉
石灰　大さじ3〜5杯
種まき・植えつけの半月くらい前にまいて、畑をよく耕しておく

2 種まき・植えつけ

種子用としてさや付きのまま
保存しておいたものの子実を取り出す

とがったほうを指先でつまむと楽に割れる

水 — 布袋

一昼夜ほど種を水に浸して吸水させる

育苗する場合
72穴セルトレイに1粒ずつまく

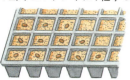

指先で1cm深さに挿し込む

本葉2枚の苗に仕上げる

マルチ栽培のときは、最初から畝を高めにつくっておき、土寄せはとくに行わない

植えつけ後、株のまわりに灌水する

フィルムに穴をあける

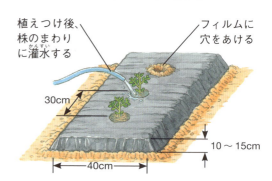

30cm

40cm

10〜15cm

じかまきする場合
1か所2〜3粒の種をまき、
4〜5cmになったら2本に間引く

マルチ栽培のときは、穴をあけて2〜3粒の種をまく

黒色ポリフィルム

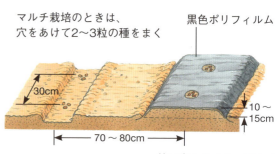

30cm

70〜80cm

10〜15cm

畝は高めにつくっておく

3 追肥

側枝が伸び始めたころ化成肥料を若干施す。できれば、カリ分の多いものを。窒素が効きすぎると蔓ぼけ状態になり、着莢が不良となる

マルチ栽培の場合は、フィルムに穴をあけて施す

株の側方に肥料をばらまき、竹べら、木の棒などで土に混ぜ込む

4 土寄せ

草丈が30～40cmに伸び、分枝してきたころ

立ち性品種の場合
株元付近の約15cmくらいの範囲に土を寄せる

這い性品種の場合
分枝した枝の周辺にやや広めに土を寄せる

開花後数日たつと子房柄が地面に向かって伸び始め、土中に潜入する。その後4～5日で子房が太り始める

子房柄

子房（さや）

マルチ用フィルム（0.02mm厚の薄いもの）なら子房柄は貫通して土中に入る

土中でさやが太ってきた状態

5 収穫

株のまわりに鍬を入れて試し掘りする。株を浮かせて引き抜くとよい

未熟子実どり
さやがおおむね肥大したころ

子実をさやごとゆでて、実を取り出して食べる

完熟子実どり
さやの網目がはっきりして肥大しきったころ

株ごと数日畑に広げてよく乾かす

さやのまま乾燥させ、食べるときに炒ってピーナツとして食べる

竹をコンテナに固定し、乾いた茎葉をたたきつけると、効率よくさやを外すことができる

インゲンマメ

生育期間が短く、極早生種ならわずか50日で収穫できます。関西で「三度豆」と呼ばれるのは、シーズン中に3回も種まきできることに由来します。

品種 蔓なし種（矮性）と蔓あり種（蔓性）があり、蔓なし種には『マスターピース』『江戸川』、近年改良された『アーロン』『セリーナ』『さつきみどり』『グリーンナー』などがあります。蔓あり種には『ケンタッキーワンダー』『尺五寸』、改良種の『舞姿』『オレゴン』などがあります。そのほか、平さや種の『モロッコ』など、特徴のある品種も多くあります。

栽培のポイント 霜にきわめて弱いので、早どりするには育苗や保温が必要。酸性土壌を嫌うので、畑には早めに石灰を施し、よく耕しておきます。

マメ科の植物のため、多くの肥料は必要としませんが、初期の育ちをよくするためには、元肥と早い時期の追肥を入念に施すことがたいせつです。ウイルス病にかかりやすいため、アブラムシの防除を怠らないようにしましょう。

栽培カレンダー

	1月	2	3	4	5	6	7	8	9	10	11	12
育苗・露地栽培（矮性）												
育苗・露地栽培（蔓性）												
じかまき・露地栽培（矮性）												
じかまき・露地栽培（蔓性）												

●種まき　○植えつけ　━収穫

---

1 苗づくり

3号の
ポリ鉢にまく

発芽したところ

本葉2枚のころ、間引いて2本立ちにする。葉のよじれたものはウイルス病感染のおそれがあるので取り除く

仕上がり苗
本葉4枚

早まきの場合は、育苗中期までビニールトンネルをかけて保温する

2 畑の準備

石灰
畑の表面に
ごく薄くまく

種まき・植えつけの
半月くらい前までに
畑をよく耕しておく

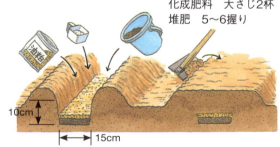

〈溝の長さ1m当たり〉
油粕　大さじ3杯
化成肥料　大さじ2杯
堆肥　5〜6握り

10cm

15cm

3 種まき・植えつけ

1か所に4～5粒種をまき、3cmの厚さに土をかぶせ、手のひらで軽く押さえる

じかまきの場合

蔓あり種

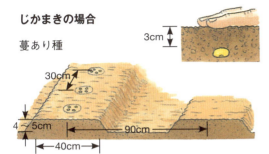

3cm

30cm
4～5cm
40cm
90cm

蔓なし種

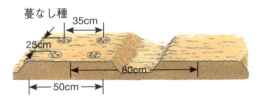

35cm
25cm
50cm
80cm

育苗の場合
2本立てのまま苗を植えつける

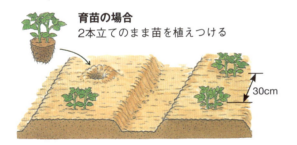

30cm

4 支柱立て・誘引

蔓あり種の場合（蔓なしは放任でよい）

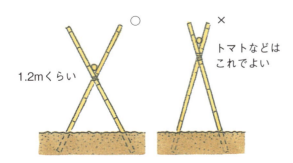

○

×
トマトなどはこれでよい

1.2mくらい

蔓が長く伸びるので、トマトやキュウリよりも低い位置で交差させ、傾斜を緩くして先のほうまで手が届きやすくする

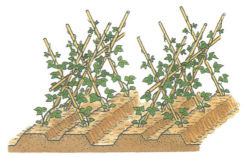

蔓先が垂れ下がらないよう支柱に誘引するだけでよく巻きつく。縛る必要はない

5 追肥

第1回
草丈が20cmくらいになったころ株のまわりに化成肥料をまき、除草鍬で軽く耕す

〈1株当たり〉
化成肥料　大さじ1杯

第2回
1回めの20日後くらいに通路側に化成肥料をばらまき、鍬で畝をつくる。葉色がよく生長が盛んなときはする必要はない

6 収穫

蔓なし種
開花後10～15ころ、子実の膨らみがさやに現れてきたら収穫する

蔓あり種
蔓なし種よりも実の膨らみが大きくなっても食味は落ちにくいので、収穫適期の幅はやや広い

→保存法は224ページ参照

エンドウ

和風料理に欠かせないサヤエンドウ、実エンドウをはじめ、さやと実の両方が食べられるスナックエンドウ、大さやで味のよい『仏国大莢』などいろいろな種類があり、さまざまな調理法で食卓をにぎわせてくれる野菜です。

品種　さや用として『白花絹莢』『伊豆赤花』『渥美白花』『絹小町』『夏駒』など、実エンドウとして『ウスイ』『南海緑』、スナック用として『スナック』『グルメ』などがあります。

栽培のポイント　連作障害の出やすい代表的な野菜です。いちど栽培した畑では少なくとも4～5年は栽培しないよう注意してください。

栽培カレンダー

1月	2	3	4	5	6	7	8	9	10	11	12

露地栽培（寒冷地）
露地栽培（温暖地）

● 種まき　　■ 収穫

酸性に弱いので、酸性畑ではかならず石灰を施し、よく耕してから栽培に取りかかることがたいせつです。あまり早くまくと、冬に入るまでに大きく育ちすぎて耐寒性が弱くなり、寒害を受けるおそれがあるので、まきどきを守るようにします。とくに寒冷地での早まきは危険です。また、肥切れさせないよう、追肥を怠らないでください。支柱は早めに立て、蔓がからまりやすいように工夫します。

1 畑の準備

種まきの少なくとも半月前くらいに畑の準備を行う

〈1㎡当たり〉
石灰　大さじ2～3杯
堆肥　5～6握り

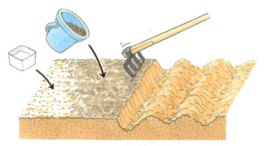

酸性に弱いので石灰を散布してから耕す

〈畝の長さ1m当たり〉
化成肥料　大さじ3杯

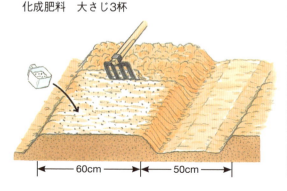

60cm　50cm

2 苗づくり

96～128穴のセルトレイに1穴2粒まき

発芽後2週間くらいで本葉2～3枚苗に仕上げる

3 種まき（じかまきの場合）

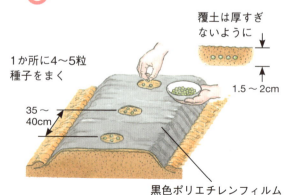

覆土は厚すぎないように

1か所に4～5粒種子をまく

1.5～2cm

35～40cm

黒色ポリエチレンフィルム

4 植えつけ（育苗の場合）

畑が乾いていたらマルチする前に
畦全面に灌水しておく

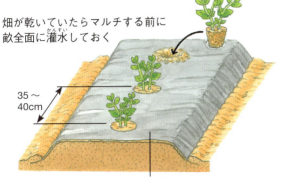

35〜
40cm

黒色ポリエチレンフィルム

5 支柱立て（1）

直立状態では、風に
振り回されてしまい
折れやすいので、竹
で押さえておく

十字に挿す

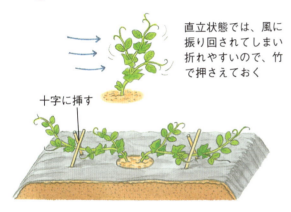

6 追肥

第1回
春先に勢いよく根が伸びだしたころ、マルチ
フィルムをめくって、畦の片側に肥料をまき、
土と混ぜ合わせながら畦を形づくる

〈1株当たり〉
化成肥料　大さじ1杯

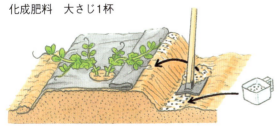

第2回
盛んに開花するようになったころ、畦の反対
側に前回と同じく追肥する

支柱

7 支柱立て（2）

支柱は小枝のあるささ竹やほた木がよいが、市
販の果菜用支柱竹（2m以内のもの）でもよい

生育盛期の姿

枝が少なければ、
わらをつるしてそ
れに蔓をからませ
る

支柱竹の場合は、
横に2〜3段ポリ
テープを張る

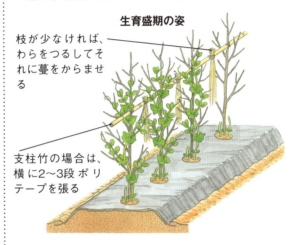

8 収穫

つま先でつまみ取り、
または、はさみを使
って切り取る

キヌサヤ
子実の膨らみが見
られるようになっ
た若さやのうちに

スナック
子実が太ってきた
ころ、さやがみず
みずしいうちに

大さや実どり
さやにしわが出始
め、子実の太りが
めだってきたころ

→保存・利用法は224ページ参照

ソラマメ

収穫は1か月足らずと短い期間ですが、それだけに季節感が味わえます。生育適温は15〜20℃ですが、幼苗期には寒さに強く、0℃になっても寒害を受けることはありません。さやが着くと低温に弱く、凍ると障害を受けます。

品種　晩生で大粒、品質のよい『陵西一寸』『河内一寸』、中・早生の改良種『仁徳一寸』『打越一寸』、早生で寒さに強い『房州早生』『熊本早生』『金比羅』などがあります。

栽培のポイント　10月中〜下旬（関東南部以西の場合）がまきどきですが、寒さを考え、暖地ほど早くまき、寒地では遅くまきます。

栽培カレンダー

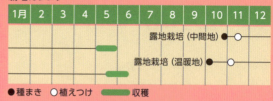

1月	2	3	4	5	6	7	8	9	10	11	12

露地栽培（中間地）●〜○

露地栽培（温暖地）●〜○

●種まき　○植えつけ　━収穫

種子が大きいので発芽には酸素と水分を多く必要とします。とくに、大粒系は発芽ぞろいが悪く失敗しやすいので、あまり深まきせず、おはぐろを斜め下に向けてまくことが重要です。鉢やセル育苗では水不足に留意しましょう。

また、近年ウイルス病の被害が増えているので、病害虫防除には十分な注意が必要です。マルチングはアブラムシの飛来を回避するので、発病抑制に効果的です。

1 畑の準備

畑が空きしだい肥料をまいてよく耕しておく

〈1㎡当たり〉
堆肥　4〜5握り
石灰　大さじ1〜2杯

化成肥料　少々

10〜15cm

45〜55cm　30〜40cm

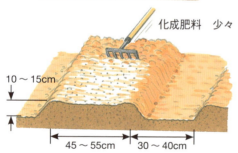

2 種まき・苗づくり

苗床に種をまき、育苗する方法

6cm

6cm

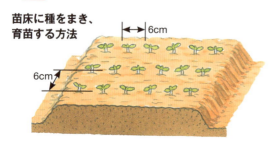

セルトレイに種をまき、育苗する方法

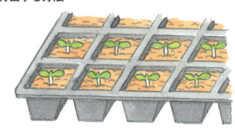

種が大きいので大きい穴のセルトレイ（72穴）を用いる

おはぐろ

種はおはぐろが斜め下を向くようにまく

葉

おはぐろ

根

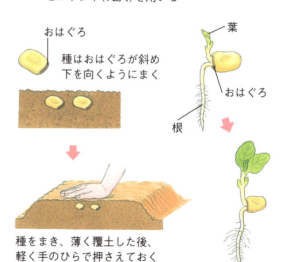

種をまき、薄く覆土した後、軽く手のひらで押さえておく

3 植えつけ

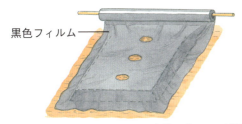

黒色フィルム

畝の上にポリエチレンフィルムを敷いたマルチ栽培とし、害虫防除、雑草防除、地温上昇をねらう

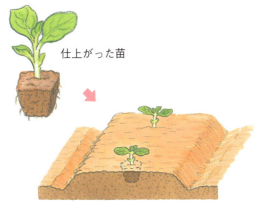

仕上がった苗

本葉2枚のころ本畑に植えつける。大きくなりすぎると植え傷みが大きい（マルチのイラストは省略）

4 土寄せ・追肥

放任しておくと分岐部分が地上に出て倒れやすくなるので土寄せをする。肥料不足の兆しがあれば、化成肥料を若干追肥する（マルチを外して作業する）

株元へ土を寄せて倒れないようにする

追肥
化成肥料　若干

5 害虫防除

アブラムシがつきやすいので、よく注意して早期に発見し、遅れずに薬剤散布を

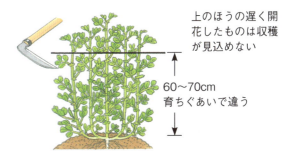

先端付近

下葉の裏

6 剪葉

春になって茎葉が伸びすぎると倒伏のおそれがあるので、その場合は上のほうを刈り取る

上のほうの遅く開花したものは収穫が見込めない

60〜70cm
育ちぐあいで違う

7 収穫

さやの背筋が黒褐色になって光沢が出始め、下に垂れてくるころが収穫の適期

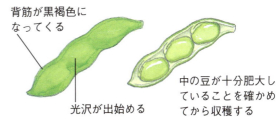

さやが下に垂れてくる

背筋が黒褐色になってくる

光沢が出始める

中の豆が十分肥大していることを確かめてから収穫する

→利用法は225ページ参照

オクラ

繊維質、カルシウムや鉄分などのミネラル、ビタミンA、B₁、B₂、Cを含み、栄養価の高い野菜です。夏から秋まで咲き続ける花も観賞用として大いに楽しめます。

品種　一般には果実の断面が五角で緑が濃くて色つやのよいものが好まれます。『アーリーファイブ』『グリーンエチュード』『レディーフィンガー』『ブルースカイ』などがおすすめです。

栽培のポイント　秋に徐々に訪れる低温にはよく耐えますが、育苗期から畑に植え出すころの低温にはきわめて弱く、油断をすると落葉して育ちがいっこうに進まないことがあります。したがって、

育苗中は保温に努め、植えつけは十分暖かくなってから行い、フィルムマルチをして地温を高めるよう心がけましょう。

生育盛りになると葉が大きくなり、下方の側枝が伸びたりして茎葉が込み合うので、下方の葉を適宜摘み取り、通風や採光をよくしてやる必要があります。

収穫は、果実が大きくなりすぎないうちに、早めに行い、とり残しのないよう注意します。

栽培カレンダー

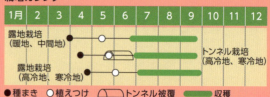

	1月	2	3	4	5	6	7	8	9	10	11	12

露地栽培（暖地、中間地）
露地栽培（高冷地、寒冷地）
トンネル栽培（高冷地、寒冷地）

● 種まき　○ 植えつけ　⌒ トンネル被覆　▬ 収穫

1 苗づくり

3号のポリ鉢に3〜4粒の種をまく

本葉2枚のころ、間引いて2本立てにする

本葉3〜4枚のころ、1本立てにして本葉5〜6枚の苗に仕上げる

寒い夜はこもなどをかけて保温する

ビニールフィルムトンネル

ビニールフィルム（発芽まで）

低温に弱いので、小さいうちは保温に努める

2 元肥入れ

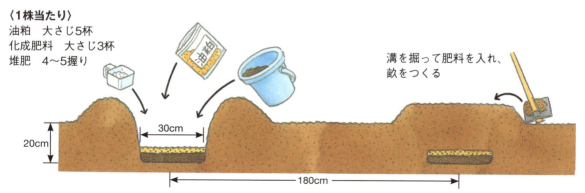

〈1株当たり〉
油粕　大さじ5杯
化成肥料　大さじ3杯
堆肥　4〜5握り

溝を掘って肥料を入れ、畝をつくる

20cm

30cm

180cm

3 植えつけ

トンネル栽培の場合はビニールで覆い、温めておく

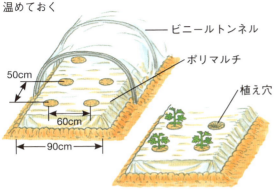

ビニールトンネル
ポリマルチ
植え穴
50cm
60cm
90cm

植えつけの数日前までに畝をつくり、ポリマルチをして地温を高めておく

4 追肥

植えつけ後20日、その後15〜20日に1回くらい追肥する

花が頂部に近いところで咲くのは栄養不良によって起こる。果実を思いきって若どりし、追肥をする

〈1株当たり〉
化成肥料 大さじ1杯

畝の肩から通路にかけて化成肥料をばらまき、土をやわらげながら畝に盛り上げる

〈プランター栽培〉

1株に着く花の数は少ないので、プランター栽培では1か所2株植えにしておくと果数が多くとれる。込み合ってきたら葉を適宜摘み取る

5 敷きわら

日光が強く土が乾燥するころには敷きわらをする

6 摘葉

下葉が込み合ってきたら、着果節以下1〜2枚残して、その下のほうの葉を取る

着果節

生育がとくに旺盛なときは、着果節以下の葉を全部取る

7 収穫

開花後7〜10日くらいで、長さ6〜7cmのころがいちばんおいしい収穫の適期

断面はきれいな五角のものが良品とされている

果梗は硬いので、かならずはさみで切り取る

→保存法は225ページ参照

ゴマ

栽培カレンダー

1月	2	3	4	5	6	7	8	9	10	11	12

マルチ栽培
普通栽培

●種まき　〜〜〜 フィルムマルチ　■収穫

エジプト、インドなどでは紀元前から栽培が行われ、日本への渡来も6世紀ころとされています。種子を利用するので、厳密には野菜ではありませんが、幅広く利用でき、栄養的にも優れているので、チャレンジしたいものです。

品種　白ゴマ、黒ゴマ、茶ゴマがあります。人気があるのは、含油量は少ないものの、香りが強くたくさん収穫できる黒ゴマです。

栽培のポイント　発芽には20℃以上の温度が必要なので、種まきは十分に暖かくなってからにします。畑は排水や日照のよいところを選びます。窒素分が多いと倒伏しやすいので、多肥を続けた野菜畑では施肥量を控えること。密植になりすぎると茎葉が軟弱に育ち、倒れやすくなり、また、よい花が着かなくなるので、間引きは遅れずに入念に行います。

茎に着いた果実の成熟は一律に進まないので、収穫の適期の判定は要注意。図で示したような状態になったら適期を逃さずに刈り取り、束ねて立てかけ、追熟させます。脱粒しやすいので、こぼれ種子の採集には工夫しましょう。

1 畑の準備

〈1㎡当たり〉
堆肥　6〜7握り
石灰　大さじ2〜3杯
化成肥料　大さじ3杯

畑は1か月ほど前に、肥料を全面にばらまいて15cmくらいの深さに耕しておく

ベッドまきの場合

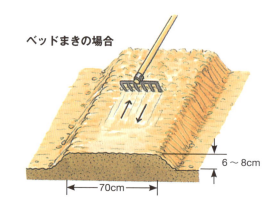

6〜8cm
70cm

2 まき溝・ベッドづくり

溝まきの場合

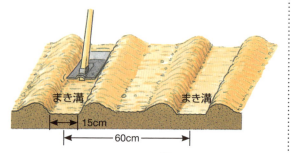

まき溝　　まき溝
15cm
60cm

5〜6cmの深さのまき溝を、鍬をていねいに動かして底面が平らになるようにつくる

3 種まき

溝まきの場合
1〜2cm間隔にまんべんなくまく

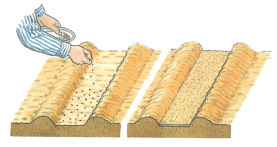

5〜7mmの厚さに覆土してから
鍬の背で軽く押さえる

ベッドまきの場合

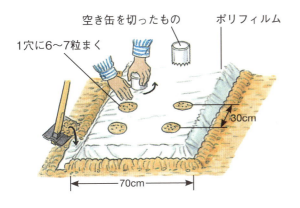

1穴に6〜7粒まく

空き缶を切ったもの

ポリフィルム

30cm

70cm

4 間引き

溝まきの場合

草丈2〜3cmのころ
5〜6cm間隔に

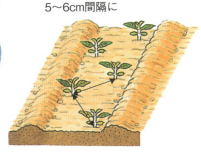

草丈7〜8cmのころ
15〜16cm間隔に

ベッドまきの場合

草丈7〜8cmのころ間引いて
2本立てにする

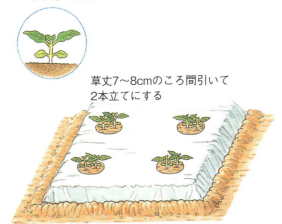

5 追肥

〈畝の長さ1m当たり〉
化成肥料　大さじ2杯

草丈が30〜40cmに伸びた
ころ、列の片側に軽く溝
をつくり、肥料をばらま
いてから土を寄せておく

6 収穫・調製

下葉が枯れ、殻が黄変し、
2〜3個裂け始めてきたこ
ろに根元から刈り取り、1
週間ほど追熟させる

殻が黄変し、
やがて裂け始める

根元から刈り取る

残っている
緑の葉は摘
み取る

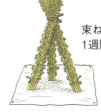

束ねた茎を交差させて立てかけ、
1週間ほど追熟させる

ほとんどの殻が割れ始めたこ
ろ、シートを敷き、その上に
種を落とし、選別してよく乾
燥させる。缶に入れて貯蔵し、
随時利用する

アーティチョーク

こぶし２つ分ほどある大型のつぼみのがくのつけ根の肉厚部や、「ボッタム」と呼ばれる中心部を、ゆでてそのまま、またはサラダやグラタンに利用します。草丈は1.5mほどに伸び、いちど植えれば、冬期に地上部は枯死しますが、春先ふたたび根株から萌芽するので、絶えることはなく５〜６年は同じ株で栽培できます。

品種 イギリス種の『セレクテッド ラージグリーン』、フランス種の『カミュド ブルターニュ』、アメリカ種の『グリーン ゾセーブ』などが代表的です。

栽培のポイント 苗はほとんど市販されていないため、種子を求めて自分で苗づくりから始めましょう。夏の終わりに株元から子株が出るので、それを分けて殖やすこともできます。

畑は排水のよいところを選びます。多年作なので、元肥と冬期の施肥には粗い堆肥を十分に施し、しっかりした根張りをさせます。風当たりの強いところでは支柱を立てます。アブラムシに注意し、早めに防除を。収穫は２年めからで、適期を逸しないようにしましょう。

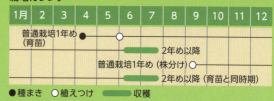

栽培カレンダー

	1月	2	3	4	5	6	7	8	9	10	11	12

普通栽培1年め（育苗）
2年め以降
普通栽培1年め（株分け）
2年め以降（育苗と同時期）

●種まき　○植えつけ　━ 収穫

1 苗づくり

育苗の場合

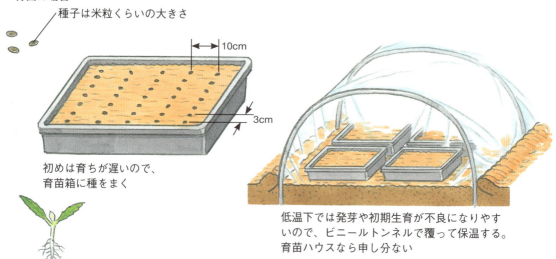

種子は米粒くらいの大きさ

10cm
3cm

初めは育ちが遅いので、育苗箱に種をまく

低温下では発芽や初期生育が不良になりやすいので、ビニールトンネルで覆って保温する。育苗ハウスなら申し分ない

本葉2枚のころ
3号のポリ鉢に移植する

本葉4〜5枚の苗に
仕上げて畑に植える

株分けの場合

9月ころ株のまわりに出る子株を採って植えてもよい

2 畑の準備・元肥入れ

植えつけ1か月前に石灰をまき、よく耕しておく

石灰

〈1株当たり〉
堆肥　バケツ½杯
油粕　大さじ5杯
化成肥料　大さじ2杯

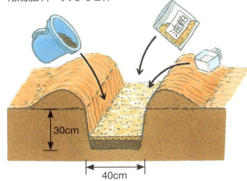

30cm

40cm

3 畝づくり・植えつけ

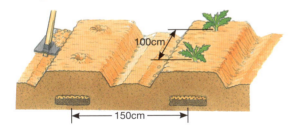

100cm

150cm

4 追肥

〈1株当たり〉
油粕　大さじ5杯

畝の肩にばらまき、
鍬で軽く耕し込む

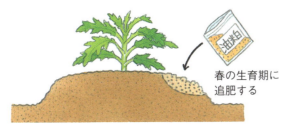

春の生育期に
追肥する

冬の休眠期の施肥

〈1株当たり〉
堆肥　5握り
油粕　大さじ5杯
化成肥料　大さじ2杯

寒さにあうと葉が枯れて、矮化（わいか）して越冬する

5 防除

殺虫剤

アブラムシ

春になると急に生長が進む。このころアブラムシが
つくので、発生初期に薬剤散布して防ぐ

6 収穫・利用

植えつけ2年めの6月ころ
つぼみが大きく膨らんだと
き、首の部分からはさみで
切り取って収穫する

初めてのときは少し早め
に収穫し、縦に割って中
を調べてみるとよい

がく

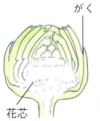

つぼみを丸のまま15分くらい
ゆで、がくを1片ずつはがして、
そのつけ根にある肉を食べる。
中心部の花芯（ボッタム）はフ
ォアグラやエビなどをのせて前
菜に、リンゴやセロリと合わせ
てサラダや詰め物の材料に

花芯

ゆでてここのところにあるわ
ずかな肉に、ソースなどをつ
けて歯でしごいて食べる

葉茎菜類・アブラナ科／原産地：地中海・大西洋沿岸地方

キャベツ

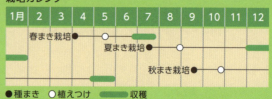

	1月	2	3	4	5	6	7	8	9	10	11	12
春まき栽培		●		○								
夏まき栽培					●		○					
秋まき栽培								●		○		

●種まき　○植えつけ　━━ 収穫

さまざまな料理で重宝するうえ、ビタミン類が豊富で、まさに健康野菜の王者です。

冷涼な気候を好みますが、栽培可能な適温の範囲は5〜25℃で耐寒性も強いため、北から南まで広く栽培できます。土質を選ばず、連作障害も出にくく、家庭菜園におすすめです。

品種　まく時期により適応する品種は大きく異なるので、十分留意して品種を選ぶことがたいせつです。夏まき年内どりには『早生秋宝』『彩風』など。夏まきで冬〜春どりなら、温暖地では『金系二〇一号』、ふつうなら『中早生』、寒冷地では『春福』『渡辺早生丸』など。春まき初夏どりには『YR五〇号』『夏山』『みさき』など、耐暑性のあるものが適しています。

栽培のポイント　夏まきの育苗では、涼しい場所選びと、強光を防ぐ遮光資材の活用が欠かせません。秋まき春どり栽培では、春のとう立ちが問題なので、品種とまきどきの選定を誤らないようにします。

ヨトウムシ、コナガなどがつきやすいので、早期発見、早期防除がとくに望まれます。

1 苗づくり

セル成型育苗（128穴）の場合
1穴に4〜5粒まく

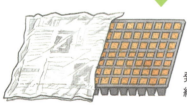

発芽するまで新聞紙をかけておく

間引き
本葉出始めのころ2〜3本に

本葉2枚のころ
1本立てにする

本葉4枚の苗に
仕上げる

鉢育苗の場合
少ない本数の場合ならポリ鉢にじかまきして育てる

鉢は網箱などに入れておくと移動などの管理がしやすい

1鉢4〜5粒まく

発芽がそろったら
間引いて3株に

本葉1〜2枚のころ
間引いて1株に

本葉5〜6枚の
苗に仕上げる

液肥

葉色を見て適宜
液肥を与える

2 畑の準備

畑が空きしだい、全面に石灰をまいて深く耕しておく

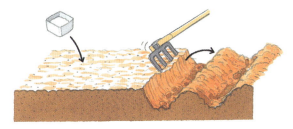

3 元肥入れ

〈溝の長さ1m当たり〉
堆肥　5〜6握り
化成肥料　大さじ2杯
油粕　大さじ2杯

畝づくり

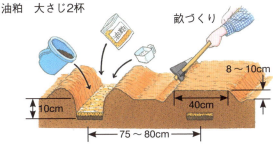

4 植えつけ

早生の品種
30〜40cm
中〜晩生の品種
40〜45cm

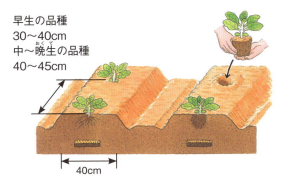

40cm

土が乾いてきたらたっぷりと水をやり、根鉢を崩さないよう、ていねいに苗を抜いて畑に植えつける

5 追肥

第1回〈1株当たり〉	第2回以降（施肥量は1回めと同じ）	20日後に1回めと反対側の畝に肥料をばらまき、土寄せする
化成肥料大さじ1杯		

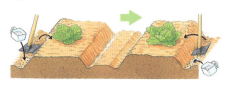

1回めは植えつけ後15〜20日めに、畝の片側に肥料をばらまいて土寄せする

最後の追肥は、結球し始めのころ、前回と反対側に同様に施す

6 害虫防除

早めに発見し、①、②の順に葉の裏、表にていねいに薬剤散布する

べた掛け資材で直接覆う。風で飛ばされないように留める工夫をする

7 収穫

手で押さえてみて硬く締まってきたら収穫適期

手で押さえて倒すようにし、株元へ包丁を入れて切る

収穫適期

裂球

とり遅れると裂球してしまうので要注意

春先に頭がとがってくるものは、冬に入るまでに大きく育ちすぎ、中で花茎が伸び、とう立ち寸前になっている。できるだけ早くとってしまう

とう立ちで失敗

→保存・利用法は225ページ参照

ブロッコリー

ビタミンC、カロテンや鉄分も含まれる緑黄色野菜の代表です。濃い緑と独特の風味は、鮮度がよいほどいっそう引き立ちます。

品種 品種は多彩で、極早生の『早生緑』『ハイツ』、中生の『緑嶺』『緑帝』『グリーンパラソル』、晩生で大型の『グリーンベール』『エンデバー』などがあります。それぞれまきどき、収穫時期、期間が大きく異なるので、特性を調べてから品種を決めることがたいせつです。

栽培のポイント 保水力のある有機質に富む土壌を好むので、良質の堆肥と油粕を十分に施すようにします。根は湿害に弱く、根腐れを起こし枯れ

栽培カレンダー

1月	2	3	4	5	6	7	8	9	10	11	12

春まき初夏どり栽培
夏まき・冬どり栽培（早生種）
（中～晩生種）

● 種まき　○ 植えつけ　▬ 収穫

やすいので、水たまりが生じないよう、畑の排水に留意しましょう。

早生種は7月上旬、中・晩生種は7月中～下旬に種まきするのが育てやすい作型です。

少しでも風通しのよい涼しい場所がよく、晴天日には日ざしを遮るため、90cmくらいの高さによしずや黒寒冷紗などを覆って温度が上がるのを防ぎます。セル育苗にすれば、容器ごと移動できる利点があります。

1 畑の準備

前作が片づいたら、石灰を散布して20～30cmの深さによく耕す

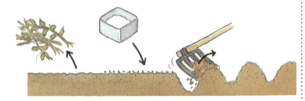

2 苗づくり

苗床で育苗する場合

稲わら
9cm

葉が重なり合わないよう順次間引く

本葉1～2枚のころベッドへ移植する

よしずまたは黒寒冷紗

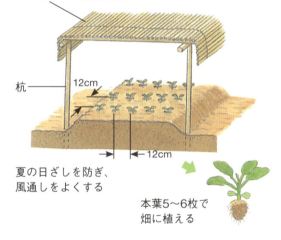

杭
12cm
12cm

夏の日ざしを防ぎ、風通しをよくする

本葉5～6枚で畑に植える

セル成型育苗の場合

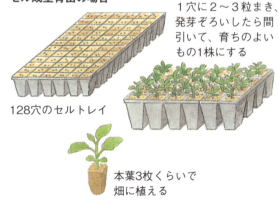

1穴に2～3粒まき、発芽ぞろいしたら間引いて、育ちのよいもの1株にする

128穴のセルトレイ

本葉3枚くらいで畑に植える

3 元肥入れ

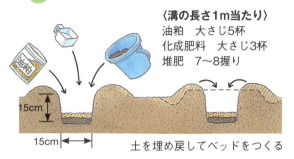

〈溝の長さ1m当たり〉
油粕　大さじ5杯
化成肥料　大さじ3杯
堆肥　7〜8握り

15cm

15cm

土を埋め戻してベッドをつくる

4 植えつけ

秋雨期を迎える作型では畑の周囲の排水に注意

深植えは禁物
株元が少し高くなるように

排水溝

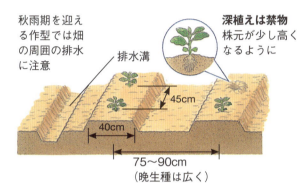

45cm

40cm

75〜90cm
（晩生種は広く）

5 追肥・中耕

第1回〈1株当たり〉
油粕　大さじ1杯
化成肥料　大さじ½杯

畝の片側に軽く溝を掘って施す。土をやわらげながら畝に寄せる

第2回以降
20〜30日ごとに3〜4回
〈1株当たり〉
化成肥料　大さじ1杯

支柱

前回と反対側に同様に施す

倒れやすい時期には支柱を立てる

6 害虫防除

後期に発生すると花蕾の中に入るので、多発しないうちに早めに防ぐ

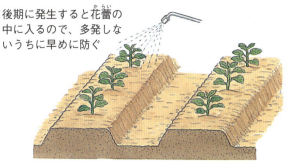

コナガ、ヨトウムシ、
アオムシなどがつきやすい

7 収穫

頂花蕾

包丁で切り取る

株のまわりに追肥して勢いをつけ、よい側花蕾を出させる

側花蕾

小さいが、まとめて使えば味に遜色はない

手やはさみで摘み取る

〈スティックブロッコリー〉(84ページ)

茎立ちを多くした改良品種。
長い間続けてたくさん収穫できる

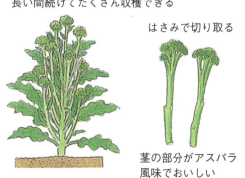

はさみで切り取る

茎の部分がアスパラ風味でおいしい

→保存・利用法は226ページ参照

スティックブロッコリー

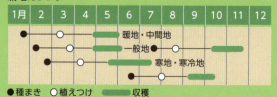

栽培カレンダー

	1月	2	3	4	5	6	7	8	9	10	11	12
暖地・中間地												
一般地												
寒地・寒冷地												

●種まき　○植えつけ　━━ 収穫

　花茎が長く伸び、先端に小型の花蕾（からい）を着ける新しいタイプのブロッコリー。茎は軟らかく、甘みがあり、ブロッコリーとはひと味違う風味です。暑さにも強くて育てやすく、比較的長い間収穫を楽しむことができます。

品種　『スティックセニョール』『スティックブロッコリー』などとして市販されています。

栽培のポイント　太くて良質の花茎をたくさん出させるには、元肥によい堆肥と有機質肥料を十分に施し、根張りをよくし、旺盛な育ちにします。盛んに生育するようになったら、中心部にやや大きめの頂花蕾がめだつようになり、そのまわりに多数の側花蕾が伸び上がってきます。この頂花蕾は早めに収穫し、側花蕾の伸びをうながすことがたいせつです。

　収穫期に入ったら、お礼肥（追肥）を怠りなく施します。また、夏に乾燥するようなら灌水（かんすい）や敷きわらを。分枝が多く、株の上方が重くなるので、風当たりの強いところでは支柱を立てます。アブラナ科好みの害虫がつきやすいので、早期発見、早期防除に努めてください。

1 苗づくり

少ない本数で足りるとき

5〜6粒

種が小さいので覆土は
1〜2mm厚さでていねいに

本葉2枚のころ間引いて1本立てにする

3号鉢

本葉4〜5枚になったころ畑に植える

まとまった本数が必要なとき

128穴のセルトレイが育てやすい。
3〜4粒まいて1セル1本立てに

トレイで葉が込み合わないうちに畑に植える

2 元肥入れ

〈溝の長さ1m当たり〉
堆肥　　5〜6握り
化成肥料　大さじ3杯
油粕　大さじ3杯

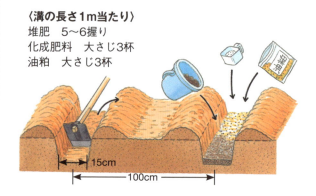

15cm
100cm

3 植えつけ

畑が乾いていたら株元に少し水をやる。春先にやりすぎると地温が下がって生育によくない

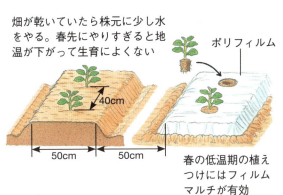

ポリフィルム

40cm

50cm　50cm

春の低温期の植えつけにはフィルムマルチが有効

4 追肥

第1回　　〈列の長さ1m当たり〉
化成肥料　大さじ1杯

草丈が15〜20cmになったころ、株の片側に施し、軽く土に耕し込む

第2回　　〈列の長さ1m当たり〉
化成肥料　大さじ2杯

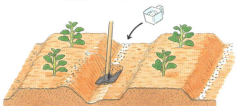

側枝が伸びだしたころ通路側に施し、ベッドに土を寄せ上げる

第3回以降　〈列の長さ1m当たり〉
化成肥料　大さじ2杯

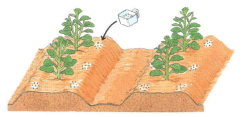

収穫盛りになったら10〜15日に1回、ベッドのところどころに肥料をばらまく

5 管理

茎が倒れやすいので、風当たりの強いところでは支柱を立てる

夏によい花蕾をたくさん出させるには、灌水、敷きわらをする

側花蕾の生長をうながすために、頂花蕾は径5cmほどのころに早めに収穫する

6 収穫・利用

次々に伸びてくる茎の伸びた側花蕾を収穫する

軟らかく折り取れるところで折り取り収穫する

スープ

サラダ

茎は軟らかく甘みがある。なかでもいため物など中華料理に合う

中華風いため物

カリフラワー

ブロッコリーの突然変異で白化したものです。色の白さと歯ざわりが身上で、和・洋・中各種料理に向いています。

品種 極早生に『白秋』、早生に『スノークラウン』『バロック』、中早生に『ブライダル』、晩生に『スノーマーチ』など。『ムラサキ』や『さんごしょう』など色の変わった品種もあります。

栽培のポイント 花蕾の発育適温は10〜15℃。高温になるとつぼみのそろわない異常花蕾になりやすいので、夏まきして秋冬どり栽培するのが最適です。春まきで加温育苗して初夏どりをねらうこともできます。

品種により早晩性が大きく異なるため、時期に合わせた品種の選定が重要です。品種の特性と種まき時期を調べて種子を求めてください。

夏まきは涼しい場所で発芽させ遮光、春まきは保温育苗を心がけます。キャベツの仲間のなかでは草勢が弱いほうなので、夏の栽培では灌水や敷きわらを入念に行い、初〜中期の生育をよくしてやることがたいせつです。害虫防除と降雨時の水はけに十分留意しましょう。

栽培カレンダー

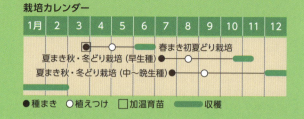

1月	2	3	4	5	6	7	8	9	10	11	12

春まき初夏どり栽培
夏まき秋・冬どり栽培（早生種）
夏まき秋・冬どり栽培（中〜晩生種）

●種まき　○植えつけ　□加温育苗　━━収穫

1 苗づくり

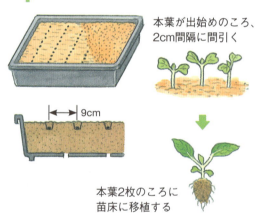

本葉が出始めのころ、2cm間隔に間引く

9cm

本葉2枚のころに苗床に移植する

少ない本数ならポリ鉢に直接種をまいて育苗する

育つにつれて間引きし、1本立ちに

夏の育苗

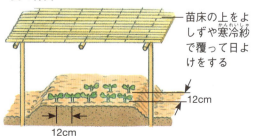

苗床の上をよしずや寒冷紗で覆って日よけをする

12cm

12cm

春先の育苗

ビニールトンネルで保温する

2 畑の準備

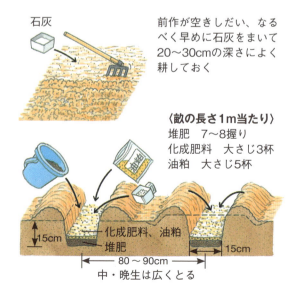

石灰

前作が空きしだい、なるべく早めに石灰をまいて20〜30cmの深さによく耕しておく

〈畝の長さ1m当たり〉
堆肥　7〜8握り
化成肥料　大さじ3杯
油粕　大さじ5杯

化成肥料、油粕
堆肥

15cm

80〜90cm
中・晩生は広くとる

15cm

3 植えつけ

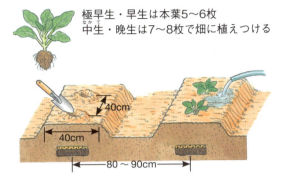

極早生・早生は本葉5～6枚
中生・晩生は7～8枚で畑に植えつける

40cm

40cm

80～90cm

植え終わったら株のまわりにたっぷり灌水する

〈苗の適した植え位置〉

○ 最適

株元が少し高くなる
くらいがよい

× 深植えすぎる

× 株元が低すぎる

4 追肥

肥料を施し、土をやわらげながら、
畝に盛り上げる

第1回
植えつけ20日後
〈1株当たり〉
化成肥料　大さじ1杯

第2回
前回から1か月後
〈1株当たり〉
化成肥料　大さじ2杯

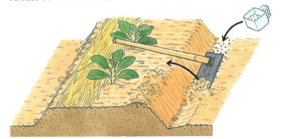

5 病害虫防除

コナガ、ヨトウムシ、アオムシ
などが大敵

見つけしだい、
早いうちに薬剤
を散布する

6 花蕾の保護管理

花蕾が直径7～8cmに
なったころ、防寒や花蕾
のよごれを防ぐ手だてを
する

防寒を必要とするとき
は、外葉を束ねて、わ
ら（プラスチックテー
プでもよい）で結ぶ

寒さがあまり厳しくな
いところでは、葉をち
ぎって帽子のように覆
うだけでもよい

7 収穫

花蕾が見え始めたら早生で
15日、晩生で30日くらい
で収穫できる

色や形の違う珍しい品種でも、花蕾が緻密で、
すきまが見えないうちが収穫適期

ムラサキ

さんごしょう

→利用法は226ページ参照

芽キャベツ

栽培カレンダー

	1月	2	3	4	5	6	7	8	9	10	11	12
露地栽培（寒冷地）						●――――○―――					収穫――――	
露地栽培（温暖地）	――	―――				●――○―――				収穫――		

● 種まき　○ 植えつけ　　━━ 収穫

　伸びた茎に着くわき芽が結球するように改良されたキャベツの変種で、ビタミンCはキャベツの約3倍と、栄養に富む野菜です。寒さにはわりあい強いものの、暑さには弱く、結球しにくくなります。

品種　品種はあまり分化しておらず、『子持』『早生子持』『ファミリーセブン』が代表種です。

栽培のポイント　茎に30〜40枚くらいの葉をつけ、太さが4〜5cm以上にならないとよい球をたくさん着けません。畑にはよい堆肥を十分施し、しっかりした草体を作りあげておきます。生育期間が長いので、肥切れさせないよう少なくとも3〜4回は追肥します。

　夏の高温乾燥に弱いので、敷きわらをします。また、大きく育つと倒れやすいので、風当たりの強いところでは支柱を立てて倒伏を防ぎます。

　加えて、生育に応じて下方から中段にかけての摘葉や、下方の結球しないわき芽、結球のゆるい球、小球を早めに取り除くことなどの管理も怠らないようにします。

1　苗づくり

育苗箱に種をまき、苗床に移植する

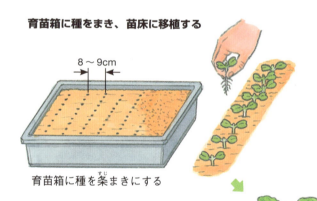

8〜9cm

育苗箱に種を条まきにする

発芽ぞろいしたら葉が重なり合わないよう1〜2回間引き、本葉2枚のころ苗床に移植する

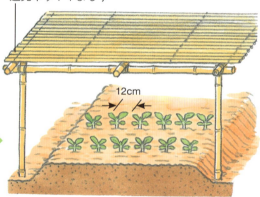

遮光ネットやよしず

12cm

晴天の日の強すぎる日ざしは遮光してやわらげる

少ない本数ならポリ鉢に直接種をまく

直径9cmのポリ鉢に5〜6粒まく

育つにつれて間引き、本葉2枚のころ1本立てに

本葉5〜6枚の苗に育てあげる

2 元肥入れ・畝づくり

〈溝の長さ1m当たり〉
堆肥　5〜6握り
化成肥料　大さじ2杯
油粕　大さじ4杯

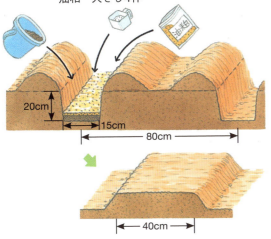

20cm
15cm
80cm

40cm

3 植えつけ

植え終わったら
株のまわりにた
っぷり水を
やる

倒れないように株元を
軽く押さえておく

4 追肥・支柱立て

第1回追肥
下方のわき芽が結球し始めた
ころ、畝の片側に軽く溝をつ
くって肥料を施し、土を返す
ようにして畝を形づくる

わき芽

〈畝の長さ1m当たり〉
化成肥料　大さじ3杯

第2回追肥
20〜25日後、第1回の反対側に同様に施
す。その後、生育に応じて2回くらい追肥
し、肥切れさせないように育てる

5 敷きわら

高温乾燥期に入ったら畝全面に
敷きわらをする

6 摘葉・わき芽処理

上のほうの葉10枚くら
いは最後まで残す

下のほうの老化した葉を
4〜5枚かき取る

結球が進むにつれて、
下のほうの勢いの弱っ
た葉から順次摘み取る

育ちの悪いわき芽は
早めにかき取る

7 収穫

不良

良

球径が2〜3cmに達したものを、
下部から順次もぎ取り収穫する。
結球がゆるい球などの不良球が
あれば早めに取り除く

→利用法は226ページ参照

プチヴェール

1月	2	3	4	5	6	7	8	9	10	11	12

露地栽培（豪雪地帯を除く寒冷地）

露地栽培（温暖地）

○ 植えつけ　　　　収穫

　長く伸びた茎の各葉脈に球形のわき芽が着くのがメキャベツですが、プチヴェールはこのわき芽が球にならず、一見小型のサラダナのようになったものです。秋から冬にかけて、数多くとり続けることができ、用途が広く、栄養価も高いので、家庭菜園向きの野菜です。

品種　プチヴェールとして市販されている苗を入手します。『プチヴェールルージュ』、『プチヴェールホワイト』などの新品種も。

栽培のポイント　元肥には堆肥や油粕を十分与え、茎を太く、草丈70〜80cmの大株に育てあげることが、よいわき芽をたくさんとるコツです。株元がやや盛り上がるようていねいに植えつけ、まわりに十分灌水（かんすい）します。

　活着し、下方の芽が伸び始めたころから追肥を行います。その後も芽の伸びや色ぐあいをみながら追肥を入念に行い、よいわき芽をたくさん出させるようにします。

　コナガ、アブラムシなどの初期防除も怠らないようにしましょう。べた掛け資材による飛来防止はたいへん有効です。

1 畑の準備

〈1㎡当たり〉
石灰　大さじ2〜3杯

前作を早めに片づけて石灰を散布して20〜30cmの深さによく耕す

〈溝の長さ1m当たり〉
堆肥　7〜8握り
油粕　大さじ5杯
化成肥料　大さじ3杯

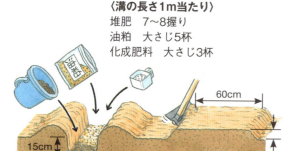

15cm　60cm　120cm　15cm　15cm

土を埋め戻してベッドをつくる

2 植えつけ

用土が乾いたらたっぷりと灌水し、購入した苗を根鉢を崩さないようていねいに畑に植えつける

①苗を植える

60cm

②灌水する
植え終わったら株のまわりにたっぷりと

3 害虫防除

コナガ、アブラムシなどが発生しやすい

早めに発見、薬剤散布をする

べた掛け資材を覆って飛来を防ぐと薬剤を大幅に節減できる

4 追肥・土寄せ

下方のわき芽が伸び始めたころから、畝の片側に軽く溝をつくって肥料を施し、土を返すようにして畝を形づくる

第1回
〈畝の長さ1m当たり〉
化成肥料　大さじ3杯
（2回め以降も同じ）

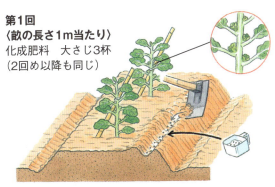

風当たりの強いところでは支柱を斜めに
立てて誘引（ゆういん）する

第2回
第1回から20日後。
1回めと反対側の畝に肥料をばらまき土寄せする

第3回
第2回から1か月後。
3回め以降は畝のところどころにばらまき、土に混ぜる

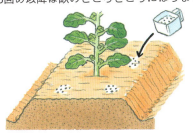

5 管理

夏に敷きわらをして
乾燥を防ぐ

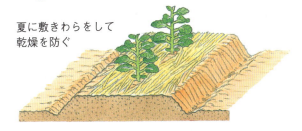

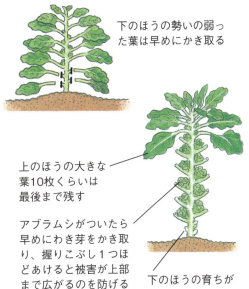

下のほうの勢いの弱った葉は早めにかき取る

上のほうの大きな
葉10枚くらいは
最後まで残す

アブラムシがついたら
早めにわき芽をかき取
り、握りこぶし1つほ
どあけると被害が上部
まで広がるのを防げる

下のほうの育ちが
悪いわき芽は早め
にかき取る

6 収穫・利用

わき芽が幅4〜5cmに肥大したら収穫適期。
結球が進むにつれて下のほうから順次摘み
取る。

1株70〜100個以上もとれる

サラダ　　　中華風いため物

そのままゆでて
弁当のおかずに
もおすすめ

コールラビー

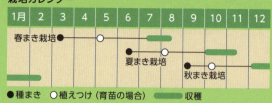

栽培カレンダー

	1月	2	3	4	5	6	7	8	9	10	11	12
春まき栽培			●		○							
夏まき栽培						●	○					
秋まき栽培								●	○			

●種まき　○植えつけ（育苗の場合）　━ 収穫

茎の基部が球状に膨らんだ珍しい形をしており、別名をカブカンラン、球形カンランといいます。葉キャベツから分化したもので、キャベツの原始形とされています。

ブロッコリーの茎に似たくせのない味で、歯ごたえがよく甘みがあり、使い方を工夫すれば、もっと親しめる野菜です。

品種　葉や球茎が白緑色の『グランドデューク』『サンバード』、赤紫色の『パープルバード』など、わずかな品種しか市販されていません。

栽培のポイント　冷涼な気候を好みますが、キャベツよりも低温や高温に耐えるので、野菜のうちでは栽培しやすいほうです。

通常は畑に条まきして、順次間引きし、十分に株間を与えるようにして栽培します。庭先やプランターなど少ない本数で足りるのであれば、ポリ鉢で育苗し、本葉5〜6枚になってから植えつけるとよいでしょう。

球茎が肥大するころになると、球の下方から横に出ている葉の働きは鈍ってしまうので、順次切り落とします。適期収穫を忘れずに。

1 畑の準備

〈1㎡当たり〉
完熟堆肥　7〜8握り
油粕　大さじ5杯
化成肥料　大さじ4杯

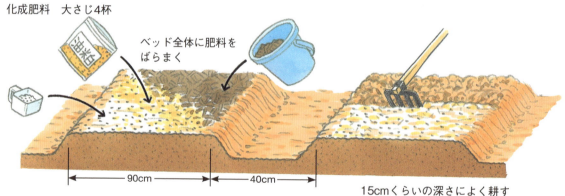

ベッド全体に肥料をばらまく

90cm　40cm

15cmくらいの深さによく耕す

2 種まき

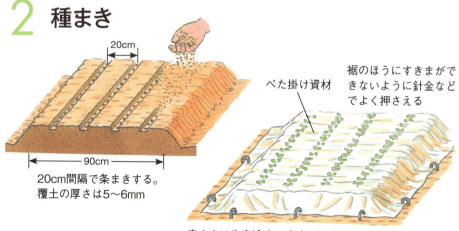

20cm

90cm

20cm間隔で条まきする。覆土の厚さは5〜6mm

べた掛け資材

裾のほうにすきまができないように針金などでよく押さえる

春まきは生育途中に害虫がつきやすいので、不織布（タフベルなど）をべた掛けするとよい

少ない本数なら鉢で苗づくりして植え出してもよい

育て方は芽キャベツ（88ページ）に準じる

3 間引き

葉が横に広がるので株間を広くとる

本葉1〜2枚のころ
3〜4cm株間に間
引く

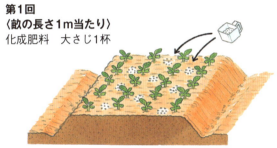

16〜
18cm

20cm

本葉4〜5枚のころ
最終株間に間引く

4 追肥

第1回
〈畝の長さ1m当たり〉
化成肥料　大さじ1杯

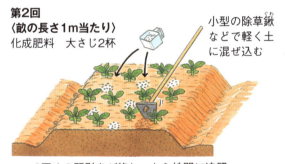

1回めの間引きが終わったら株間に追肥

第2回
〈畝の長さ1m当たり〉
化成肥料　大さじ2杯

小型の除草鍬
などで軽く土
に混ぜ込む

2回めの間引きが終わったら株間に追肥

〈鉢植えで姿を楽しむ〉

浅鉢や小型のプランターに15cm
間隔に2株〜数株植える

じゃまな葉をなくし、台
などの上に置いて球の形
がよく見えるようにする
と楽しみ多いものとなる

赤紫色、白緑色を取り合わせる
のもおもしろい

5 摘葉

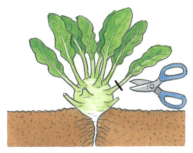

球の横から出た葉は2〜3cm残して切り
取り、球の肥大をうながす。上のほうの
成葉5〜6枚はかならず残す

6 収穫

球径が7〜8cmに肥大したころ
根元から引き抜いて収穫する

1cm

球の下部1cmくらい
は硬くて食べられな
いので切除する

新聞紙に包んで冷暗所に
置けば半月くらいはもつ

7 利用

糠漬け

皮をむき、薄く切って
塩もみしてサラダにも

このほかみそ汁、いた
め物、煮物などにも

スープ、シチュー

ハクサイ

繊維が軟らかく淡泊な味は漬け物、鍋物などに欠かせない冬野菜の主役。近年、人気の高いキムチにも欠かせない野菜です。

品種　大きく結球種、半結球種に分けることができます。結球種はさらに、葉が頭部で重なり合う抱被型と、重ならず向かい合う抱合型がありますが、多いのは抱被型です。代表的な品種は、早生では『黄ごころ』類、『耐病六十日』、中生では『オレンジクイン』『彩明』など。このほか半結球の『花心』『山東菜』、小型で歯切れのよい『サラダ』などもあります。

栽培のポイント　適温は15〜20℃で、その時期に最大の生長をさせる必要があるので、それを考慮した種まきが重要です。最適期は5〜7日間と考え、地域、品種に合ったまきどきを選びましょう。球は70〜100枚と多くの葉で構成されるため、大きな球を得るために肥料をよく効かせ、生育を早めることです。

アブラムシ、ヨトウムシ、コナガなどが大敵。薬剤防除が欠かせませんが、防虫ネットや、べた掛け資材の利用がおすすめです。

栽培カレンダー

1月	2	3	4	5	6	7	8	9	10	11	12

露地栽培（早生種）●○──────
露地栽培（中〜晩生種）●○──────

●種まき　○植えつけ　── 収穫

1 苗づくり

育苗床の場合
種まき　　　　　　　　　**発芽**

種まき後7〜8日、11〜12日の2回間引く

種まき後16〜18日（本葉4〜5枚）で畑に植える

発芽ぞろいのころ2本立てに間引く

本葉2枚のころ1本立てに間引く

葉が込み合わないうちに植える

本葉4〜5枚（小苗）

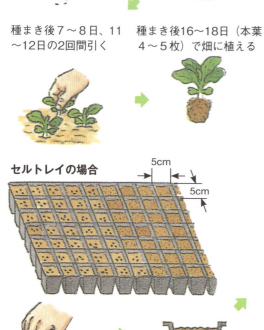

セルトレイの場合

5cm
5cm

指先でくぼみをつけて1穴に3粒まく

3mmの厚さに覆土する

2 畑の準備・元肥入れ

半月以上前に石灰をまいて深く耕しておく

〈畝の長さ1m当たり〉
化成肥料、油粕　各大さじ5杯
堆肥　7〜8握り

植えつけ日が近づいてきたら、畝全体にばらまき、15〜18cmの深さによく耕す

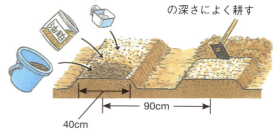

40cm
90cm

3 植えつけ

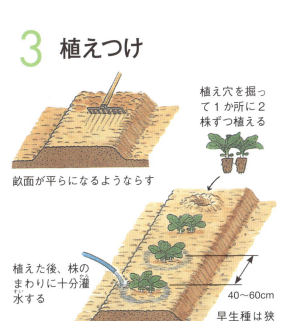

畝面が平らになるようならす

植え穴を掘って1か所に2株ずつ植える

植えた後、株のまわりに十分灌水する

40～60cm

早生種は狭く、中・晩生種は広く

4 間引き（株定め）

本葉6～7枚のころ、間引いて1本立てとする。
生育の遅れたものや葉の形・色の悪いものを除く

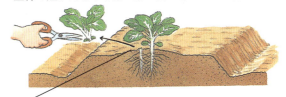

1株にした後で株元がぐらつかないように、少し土を寄せる

5 追肥

第1回
植えつけ20日後、株のまわりにばらまき、軽く土に混ぜる
〈1株当たり〉
化成肥料　大さじ1杯

第2回
1回めの20日後
畝の片側に施し、土寄せする。
1回めと同量

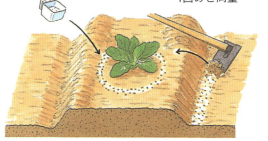

第3回
畝全体が葉で覆われる前
1回めと同量

株間のところどころに、葉を傷めないように注意してばらまく

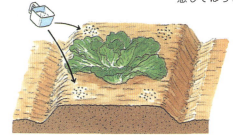

6 収穫

頭を押さえてみて硬く締まっていたら収穫してもよい

球を斜めに押し倒し、外葉との間に包丁を入れて切り取る

外葉を縛っておくと寒さによく耐えるので、遅くまで畑に置くことができる

〈病害虫防除〉

苗床や本畑を防虫ネットやべた掛け資材で覆って害虫を防ぐか、または殺虫剤を散布する

本畑のべた掛け資材は20～30日後に取り除く

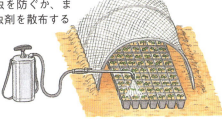

畝全面に反射性のフィルムを敷いてアブラムシの飛来を防ぎ、ウイルス病を回避する

黒色

銀色

→保存・利用法は226ページ参照

葉茎菜類・アブラナ科／原産地：ヨーロッパ

タケノコハクサイ

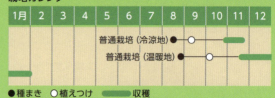

栽培カレンダー

1月	2	3	4	5	6	7	8	9	10	11	12
						普通栽培（冷涼地）●　○					
						普通栽培（温暖地）　　●　○					

●種まき　○植えつけ　━━収穫

　ハクサイの一種ですが、草姿は立ち性で、結球した形は長円筒形になるので、このような呼び名がついています。ふつうのハクサイのように葉がぎっちりと巻いていないので、1枚1枚はがしやすく、長形なので、巻き物に使うのにたいへん便利です。高熱で調理すると、軟らかくなるものの型くずれしないので、中華風の料理に好適です。

品種　ハクサイに比べて用途が狭いため定着せず、再導入されたので、品種はごく少なく、入手しやすいのは『緑塔紹菜』『チヒリ70』くらいです。

栽培のポイント　たくさんの葉数を確保し、品質のよいものを得るには、畑をよく耕し、元肥を十分に施して栽培することです。

　丈が高いので、風で倒れやすいため、風当たりの強い畑では周囲にネットを張るなど、防風対策に留意してください。

　苗は1か所2株植えにし、順調に育つことを確かめてから間引き、1本にします。ヨトウムシ、コナガなどの害虫防除には十分留意しましょう。

1　苗づくり

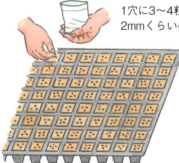

1穴に3〜4粒まく
2mmくらいの厚さに覆土する

128穴のセルトレイが便利。用土は育苗専用のものを使う

双葉のころ
3本に間引く

本葉2枚のころ
1本立てに

灌水を入念に。トレイの外縁が
乾きやすいので多めに与える

2　畑の準備・元肥入れ

種まきの半月前に畑を深く耕しておく

〈1㎡当たり〉
堆肥　4〜5握り
石灰　大さじ3杯

植えつけ日が近づいたら、ベッド全面に元肥を施し、深さ15〜18cmくらいによく耕し込む

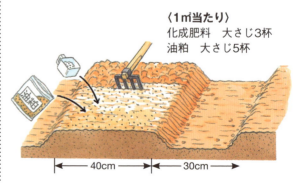

〈1㎡当たり〉
化成肥料　大さじ3杯
油粕　大さじ5杯

40cm　　30cm

3 植えつけ

植え穴を掘って1か所2株ずつ植えつける

植えた後、株のまわりに十分灌水する

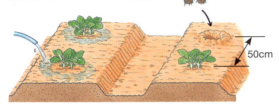

50cm

4 間引き（株定め）

植えつけ10〜12日後に育ちのよい株を残し1本立てにする

間引いた後で株元がぐらつかないように、少し土を寄せる

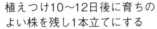

5 追肥

第2回
第1回追肥の後20日めくらいに
〈1株当たり〉
化成肥料
大さじ½杯

第1回
本葉5〜6枚のころ
〈1株当たり〉
化成肥料
大さじ½杯

通路に肥料をまいて鍬で土を畝に上げる。2回めは1回めの反対側に

第3回
中心部の葉が立ち上がり結球し始めるころ

〈1株当たり〉
化成肥料　大さじ1杯
株間のところどころにばらまく

6 害虫防除

苗床をべた掛け資材や寒冷紗（かんれいしゃ）で覆って害虫の飛来を防ぐか、または殺虫剤を散布する。本畑に植えつけた後も同じ

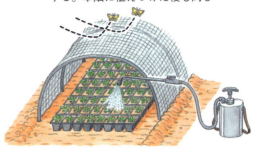

7 収穫・保存

頭部を押さえ、硬く締まった感じになったころが収穫の最適期。自家用ならそれ以前でもよい

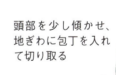

頭部を少し傾かせ、地ぎわに包丁を入れて切り取る

厳寒期に入る前の12月上旬ころ頭部を軽く結束し、寒害を防ぐ。長く利用するには軒下などに運び込む

収穫したものを新聞紙でくるんでおいただけでもかなり長くもつ

葉茎菜類・アブラナ科／原産地：中国・日本

コマツナ

在来のカブから分化した漬け菜の代表種。東京・小松川で誕生したので、小松菜と呼ばれています。

カルシウムは野菜のなかでも最多で、鉄分、ビタミンB・Cなどの栄養素も豊富。また、耐寒・耐暑性が強く、連作もかなりの回数可能なので、周年栽培するとたいへん重宝です。育て方もやさしいので、初心者にも真っ先におすすめしたい野菜のひとつです。

品種　葉身の形で長形から丸形まで多くありますが、丸葉で葉色の濃いものが好まれています。『丸葉小松菜』『ゴセキ晩生（おくて）』『みこま菜』『紋次郎』などがあります。

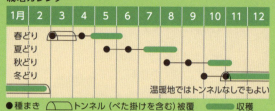

栽培カレンダー

	1月	2	3	4	5	6	7	8	9	10	11	12
春どり												
夏どり												
秋どり												
冬どり												

温暖地ではトンネルなしでもよい

●種まき　⌒トンネル（べた掛けを含む）被覆　━収穫

栽培のポイント　緑色野菜が不足する高温期は種まきしてから25〜30日、いちばん需要の多い冬には60〜70日で収穫となります。ねらう時期に合わせて、まきどきを決めることがたいせつです。

コナガやアオムシなどの害を受けやすいので、駆除に注意します。無農薬栽培のためにはべた掛け資材などの被覆が不可欠です。

1 畑の準備

畑全体に石灰と完熟堆肥をばらまいて、15〜20cmの深さによく耕しておく

〈1㎡当たり〉
堆肥　4〜5握り
石灰　大さじ2〜3杯

いろいろな葉形の品種があるが、無袴の丸葉形の人気が高い

長葉　中間　丸葉

2 元肥入れ

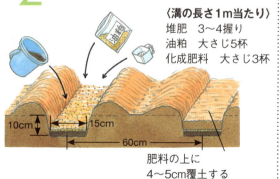

〈溝の長さ1m当たり〉
堆肥　3〜4握り
油粕　大さじ5杯
化成肥料　大さじ3杯

10cm　15cm
60cm

肥料の上に4〜5cm覆土する

3 種まき

溝まきの場合

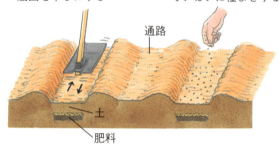

鍬（くわ）を前後に動かして底面を平らにする

溝全面にわたるよう、ていねいに種まきする

通路

土

肥料

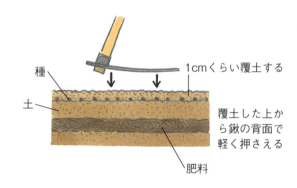

種
土

1cmくらい覆土する

覆土した上から鍬の背面で軽く押さえる

肥料

ベッドまきの場合

元肥はベッド全面に耕し込んでおく

やや中高になるようていねいにならす

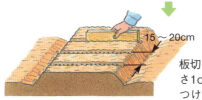

15〜20cm

板切れで幅2cm、深さ1cmくらいの溝をつけて種をまく

4 間引き

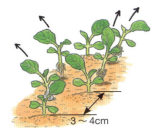

3〜4cm

本葉1〜2枚のころ3〜4cm間隔に間引く

間引いた小さい株も間引き葉として有効に利用する

5〜6cm

草丈7〜8cmのころ5〜6cm間隔に間引く

5 追肥・中耕

第1回 〈列の長さ1m当たり〉
化成肥料　大さじ1杯

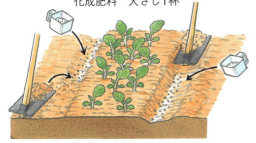

1〜2回とも間引きした後、列の側方に軽く溝を掘り、肥料を施す。その後、鍬で土をやわらげ、中耕しながら土寄せする

第2回
量は1回めと同じ

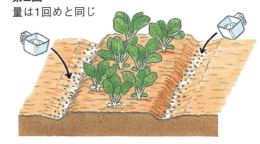

6 防寒

トンネル　日中30℃以上にならないよう換気する

フィルムに直径5cmくらいの穴をあける

フィルムを頂部で合わせるようにしておき、日中開く

裾には土をかけて風に飛ばされないように

べた掛け

風で飛ばされないように留めておく

べた掛け資材
長繊維・割繊維不織布など

7 収穫

かき取り収穫

抜き取り収穫

草丈20cm前後になったら抜き取り収穫する

サラダ用など少量でよければ下葉からかき取り収穫すれば、長い間楽しめる

→保存法は227ページ参照

タカナ

1月	2	3	4	5	6	7	8	9	10	11	12
						露地栽培（育苗）	●	○			
						露地栽培（じかまき）	●―●				

●種まき　○植えつけ　――― 収穫

　九州地方を主に、古くから栽培されている代表的な漬け菜です。冬から早春にかけて、とうの立ち始めたころのピリッとした辛みと香りは格別で、近ごろは全国的に愛好者が増えてきました。

品種　タカナの仲間には、『三池高菜』『カツオ菜』『ムラサキ高菜』『長崎高菜』『筑後高菜』『柳川高菜』などがあります。いずれも地方特有の在来品種です。

栽培のポイント　幼苗期には寒さや暑さに強いのですが、大きく育ってからは寒さに弱いので、とりわけ霜が厳しい地域では、冬になったら、べた掛けなどの保温資材で保護する必要があります。

　畑には良質の堆肥と有機質肥料を十分に施し、できるだけ大株に仕上げ、大きくて厚みのある葉を着けさせるようにしましょう。そのため追肥にも気を配る必要があります。

　年内に収穫する場合は株ごと刈り取りますが、年越しして春に収穫する場合は葉をかき取り、とう立ちしたら、とうも共に利用します。

1 畑の準備

〈畝の長さ1m当たり〉
化成肥料　大さじ3杯
堆肥　7～8握り
油粕　大さじ5杯

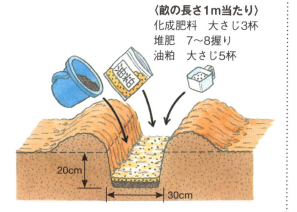

20cm

30cm

2 種まき・植えつけ

育苗の場合

3号のポリ鉢に4～5粒の種子をまく

少ない株数なら、ポリトロ、育苗箱などに入れておくと管理しやすい

育つにつれて逐次間引いて、本葉3枚のころ1本立てとする

本葉4～5枚になったら畑に植え出す

35～
40cm

じかまきの場合
幅7〜8cm、深さ3〜4cmの
まき溝を2列つくる

種子をばらまきする　　厚さ1cmに覆土する

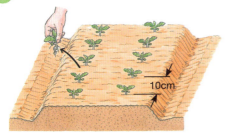

15cm
15cm
40cm
40cm
70cm

3 間引き（じかまきの場合）

本葉2〜3枚のころ株間10cmに間引く

10cm

4 追肥

第1回
本葉7〜8枚のころ、株のまわりに施す
〈1株当たり〉
化成肥料　大さじ½杯

第2回
葉が重なり始めたころ畝の両側に施し、通
路の土をやわらげながら畝に土を寄せる
〈1株当たり〉
化成肥料　大さじ1杯

5 防寒

べた掛け

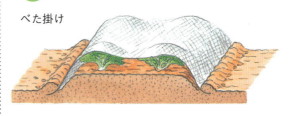

ビニールトンネル　　　日中は28〜30℃以上に
　　　　　　　　　　　ならないよう換気する

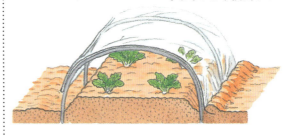

6 収穫

年内どりの場合は、株が十分大きくなったころ
根元から刈り取っていっせいに収穫する

春になれば株が大きくなるので、下のほうから
順に、葉をつけ根からかき取って長期間にわた
り収穫する
→利用法は227ページ参照

コブタカナ

大きく育つと肉厚になった葉の内側の茎部が肥厚して、こぶ状に突起するのでこの名があります。こぶの部分は軟らかく、外葉とともに漬けこむと、辛みと歯ざわりに特徴のある、風味に富んだ漬け物として楽しむことができます。

品種　品種の分化は見られません。『こぶ高菜』などで市販されている種子を求めます。

栽培のポイント　耐暑性、耐寒性ともにかなり強いので、8〜9月に種まきし、晩秋〜冬に収穫する作型がもっとも適しています。

じかまきの場合は、点まきとし、遅れないよう間引きします。育苗の場合は、本葉5〜6枚の苗を育て、株間を広めにとって定植します。いずれにしても良質の大きなこぶのタカナに育てあげるには、元肥によい堆肥を十分に与え、追肥を入念に行い、早いうちから生育をうながすことがたいせつです。

生育が進んできたら葉の内側のこぶの肥大ぐあいをよく観察し、膨らんできたら遅れずに収穫しましょう。はじめてのときは、試しどりして食味の判断をすることも必要です。

栽培カレンダー

	1月	2	3	4	5	6	7	8	9	10	11	12
露地栽培（育苗）								●	○			
露地栽培（じかまき）								●	●			

●種まき　○植えつけ　━━収穫

1 畑の準備・元肥入れ

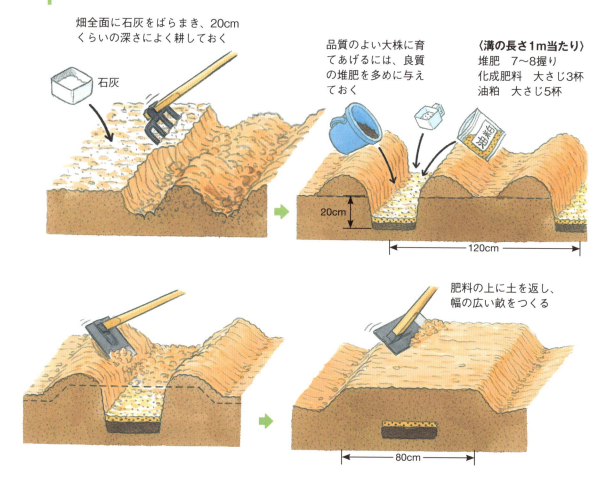

畑全面に石灰をばらまき、20cmくらいの深さによく耕しておく

石灰

品質のよい大株に育てあげるには、良質の堆肥を多めに与えておく

〈溝の長さ1m当たり〉
堆肥　7〜8握り
化成肥料　大さじ3杯
油粕　大さじ5杯

油粕

20cm

120cm

肥料の上に土を返し、幅の広い畝をつくる

80cm

2 種まき・植えつけ

じかまきの場合

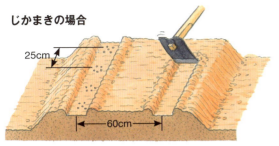

25cm

60cm

1か所5〜6粒の種をまき、発芽したら逐次間引き、よい株を1本だけにして育てる

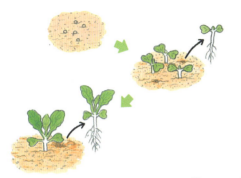

育苗の場合

3号ポリ鉢に4〜5粒まき、逐次間引いて1本立てとする

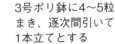

本葉5〜6枚になったら畑に植えつける

やや広めの株間に植え、大株に育てあげる

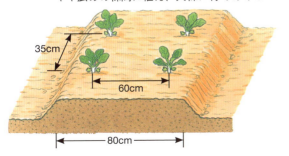

35cm

60cm

80cm

3 追肥・土寄せ

第1回
〈1株当たり〉
化成肥料　大さじ½杯

株のまわりに輪状に肥料をまき、軽く土に混ぜ込む

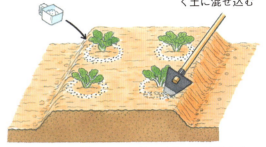

最後の間引きが終わったら株のまわりに追肥する

第2回
〈1株当たり〉
化成肥料　大さじ½杯
油粕　大さじ2杯

葉が株間いっぱいに広がり始めたころ畝の両側に追肥をし、通路の土をやわらげながら土寄せする

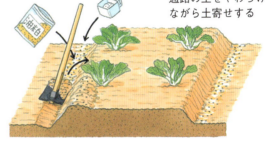

4 収穫

株が大きく育ち、葉の内側のこぶが大きくなったころが収穫の適期。こぶの径は通常2〜3cm、コブは長さ4〜6cmくらい

草丈30cmくらい

外葉とともに漬け物に。いため物にしてもよい

この肥大したところが軟らかくて独特の味わいがある

→利用法は227ページ参照

カラシナ

タカナの仲間ですが、葉は細めでしっかりしており、噛むと強い辛みがしみ出てきます。辛み成分はシニグリン、種子はからし粉の原料として用いられます。生育日数が短いので、果菜類などの前後作や間作にとり入れることもでき、輪作上、都合のよい野菜といえます。

品種　葉カラシナ、黄カラシナ、山塩菜などいくつかの品種群があります。また、中国から導入された雪埋菜（セリフォン）は、「千筋葉がらし」という名で国内で栽培されています。市販されているものとしては『葉からし菜』『黄からし菜』などがあります。

栽培カレンダー

1月	2	3	4	5	6	7	8	9	10	11	12

露地栽培（初夏まき）
露地栽培（春まき）
露地栽培（秋まき）

●種まき　　▬ 収穫

栽培のポイント　種子が小さいので、まき溝は底が平らになるようていねいにつくり、良好な発芽をはかります。株間については、若どり栽培のときは密植に、大株どりのときは疎植となるよう最終の間引きのときに判断します。

通常、草丈20cmくらいになったら収穫しますが、春になって収穫する場合には大きくして本来の味を楽しむとよいでしょう。とうが伸びてきたら全部収穫するようにします。

1 元肥入れ・まき溝づくり

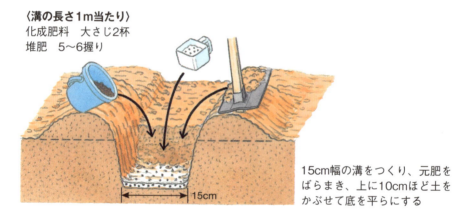

〈溝の長さ1m当たり〉
化成肥料　大さじ2杯
堆肥　5〜6握り

15cm

15cm幅の溝をつくり、元肥をばらまき、上に10cmほど土をかぶせて底を平らにする

2 種まき

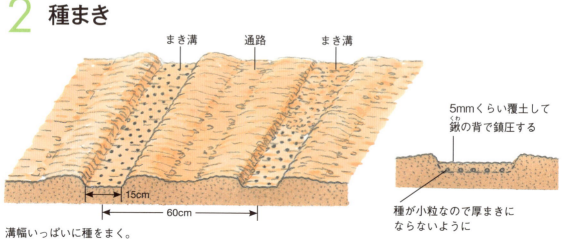

まき溝　　通路　　まき溝

15cm

60cm

溝幅いっぱいに種をまく。
種と種の間隔は2cmくらい

5mmくらい覆土して鍬の背で鎮圧する

種が小粒なので厚まきにならないように

3 間引き

第1回
本葉2〜3枚のころ
5〜6cm間隔に

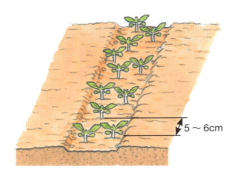

5〜6cm

第2回
本葉5〜6枚のころ

若どり

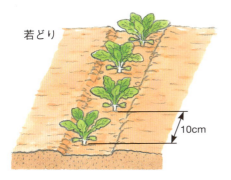

10cm

大株どり

若どり栽培のと
きは密植に、大
株どりのときは
疎植とする

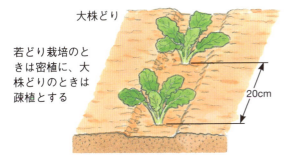

20cm

4 追肥

第1回
本葉5〜6枚のころ

〈溝の長さ1m当たり〉
化成肥料　大さじ2杯

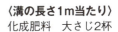

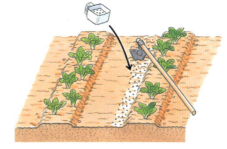

列の片側に肥料をばらまき、軽く土と混ぜる

第2回
草丈10〜12cmのころ

〈溝の長さ1m当たり〉
化成肥料　大さじ2杯

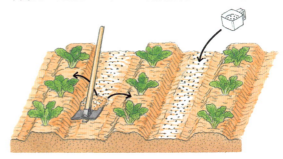

列の中央に肥料をばらまき、
耕しながら軽く土寄せする

5 収穫

草丈20cm以上になったら
収穫できる。春収穫のもの
は25〜30cmくらいの大き
めのものが風味に富む

春まきはとう立ちす
るので、とうが出始
めたら全部収穫する

→利用法は227ページ参照

ナバナ

栽培カレンダー

	1月	2	3	4	5	6	7	8	9	10	11	12
秋～冬どり								●	●			
冬～春どり（温暖地）									●	●		

● 種まき　　━━ 収穫

　早春の菜の花よりひとあし先に咲くように改良された品種で、花蕾を摘み取るものです。冬の寒風には弱いので、日当たりのよい暖かい場所を選んで育てましょう。

　品種　旬は温暖地でも2～3月がふつうですが、品種改良により秋からとう立ちし、開花するものもあります。年内どりとしては『秋華』『早陽一号』、冬～春どりには『花飾り』『花娘』『冬華』などがあります。

　栽培のポイント　元肥に良質の堆肥と油粕などの有機質肥料を十分に与え、肥切れさせないよう追肥します。つぼみの着いた芽先を摘むと下方のわき芽が伸び、株が大きくなるので、広い株間が必要になりますが、最初のころは密にし、少し収穫してから間引いて株間を広げれば畑を有効に使えます。

　アブラナ科の野菜に共通して、コナガの幼虫が大敵。アブラムシやヨトウムシなどにも注意し、見つけたらすぐに捕殺するか、薬剤を散布します。冬の防寒を兼ねて、べた掛け資材やネットなどを利用すれば、薬剤を節減できます。

1 畑の準備

石灰

予定の畑にはできるだけ早めに全面に石灰をまいて耕しておく

2 元肥入れ

〈1㎡当たり〉
化成肥料　大さじ4杯
油粕　大さじ5杯
堆肥　5～6握り

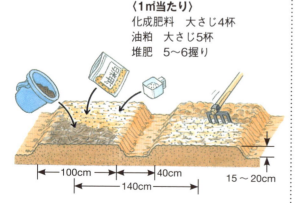

100cm　40cm
140cm
15～20cm

堆肥と肥料を全面にばらまき、15～20cmの深さによく耕す

3 苗づくり

1穴に4～5粒まく

128穴のセルトレイで苗をつくる

育つにつれて間引き、本葉2枚のころ1本立てにする

本葉4～5枚の苗に仕上げる

4 植えつけ

本葉4～5枚でセルトレイから引き抜けるようになったら畑に植える

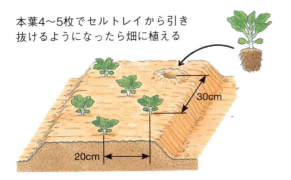

30cm

20cm

〈畑にじかまきする場合〉

[種まき]

2の元肥は同じ量をあらかじめ畑全面に鋤き込む

鍬幅よりやや広めのまき溝をつくる

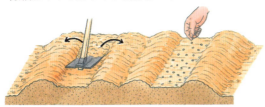

種子をまき溝全面にばらまき、厚さ1cmくらいに覆土する

[間引き]

7～8cm　30cm

第1回
本葉2枚のころ

第2回
本葉5～6枚のころ

[追肥]

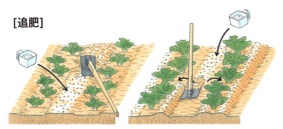

第1回
第2回間引き後
〈溝の長さ1m当たり〉
化成肥料　小さじ2杯

第2回以降
半月に1回
〈溝の長さ1m当たり〉
化成肥料　大さじ2杯

5 追肥

第1回
草丈10cmのころ
〈1株当たり〉
化成肥料　小さじ1杯

第2回以降
半月に1回くらい
〈1株当たり〉
化成肥料　大さじ1杯

株間のところどころに肥料をばらまき、土に混ぜ込む

畝の両側にばらまき、土とともに畝に寄せ上げる

6 害虫防除

アブラムシやコナガなどの害虫防除を怠らないこと

先端や下葉の裏にもよくかかるように

殺虫剤散布

アブラムシなどの飛来から守る

防虫ネットまたはべた掛け資材

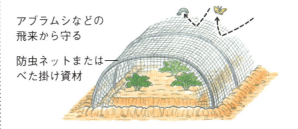

7 収穫

7～8cm

花蕾が大きく膨らみ、開花直前になったら、茎葉をつけて摘み取る

早どりせず、花蕾が大きく膨らむまで待って収穫する

開花してからでは収穫遅れ

→利用法は227ページ参照

クレソン

栽培カレンダー

	1月	2	3	4	5	6	7	8	9	10	11	12
種まき栽培			●	○								
挿し芽栽培			■	○	■	○						

●種まき　■挿し芽　○植えつけ　▬収穫

さわやかな辛みと適度の苦みがとくに肉料理に合う、ビタミンA・C、カルシウム、鉄分などを豊富に含んだ健康野菜です。

品種　オランダガラシ、ミズガラシ、クレスなどの名がありますが、どれも同じもので、各地に土着したものを用いて栽培されています。小川の水辺などに自生しているものを採取し、利用する例も多くあります。

栽培のポイント　多湿を好む多年生なので、水辺や湿地があれば最適です。灌水（かんすい）に留意すれば、畑や容器でも育てられます。

少量なら市販品を用いて苗を育てますが、大量の場合は種子をまき、鉢上げ移植して育てるようにします。身近に既成のクレソン園があったり、河辺などでよく茂っているところがあるなら、蔓（つる）先の立ち上がっているところを15cmほどの長さに切り取ってきて、50〜60cm間隔に植えつけ、蔓を伸ばすのもよいでしょう。

耐暑性、耐寒性ともに強く、よく育つので、栽培はいたって簡単ですが、寒い地域で冬に優品を得るにはビニールで保温して栽培します。

1 苗づくり

種子から育てる方法
種子を購入し、育苗箱に条（すじ）まきする

本葉1〜2枚のころ3号ポリ鉢に鉢上げする

7〜8cmの苗に育てる

市販品を挿し芽にする方法

コップに挿し、ときどき水を入れ替える

容易に発根してくる。発根したら鉢に移植する

各節からよく根が出るので、元苗を育て2節くらいに切断して苗にすることもできる

7〜8cmに伸びたら定植する

2 植えつけ

水辺に植える場合
条件としてはもっともよく、手間もかからず育てやすい

ベッドに植える場合
ベッドをつくり、15cm間隔に苗を植え、
たっぷり水をやっておく

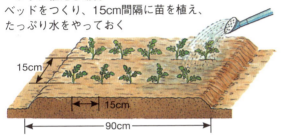

15cm

15cm

90cm

容器に植える場合
浅型の育苗箱またはプランター。
底が穴あきの育苗箱を選べば、
3の下図のように灌水できる

3 灌水

湿地を好むので生育中はつねにたっ
ぷり水をやり、旺盛に茂らせる

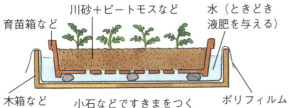

育苗箱など

川砂＋ピートモスなど

水（ときどき
液肥を与える）

木箱など

小石などですきまをつく
り、底から水が補給でき
るように工夫する

ポリフィルム

4 追肥

土の表面が硬くなったら竹べらなどで軽く耕す

液肥

油粕

蔓が伸びてきて葉の緑が淡いようなら、灌水のとき液
肥を与えたり、油粕を少々株間にばらまいたりする

花

実

春には先端にかわ
いい小さな白色の
十字花を咲かせる

5 収穫

蔓先の軟らかな部分だけを
指先で摘み取る

肉料理のつけ合わせにぴったりだが、
おひたしや和え物にしてもよい

ルッコラ

葉や花にゴマの香りとさわやかな辛さ、軽い苦みがあり、サラダやいため物に向いています。

品種　『オデッセイ』『エルーカ』『コモンルコラ』などがありますが、品種の数は少なく、単に「ルッコラ」、または「ロケットサラダ」などの名で種子が市販されているので、それを利用します。

栽培のポイント　種子は小粒ですがよく発芽するので、畑にじかまきしてもわりあいよく育ちます。生育も早く、短期間で収穫でき、野菜のなかでも栽培はしやすいほうです。

耐寒性はかなり強く、温暖地では露地でも十分越冬し、収穫が続けられますが、春にはとう立ちしてきます。一方、高温にはあまり強くないので、夏季にはべた掛け資材で遮光栽培したほうが良品が得られます。

また、多湿にも弱いので、雨季に良品を得るには雨よけ栽培にしたほうがよいでしょう。

葉や葉柄はもろく、折れやすいので強風が当たらないよう留意し、アブラナ科の大敵である害虫を寄せつけないよう注意しましょう。

栽培カレンダー

1月	2	3	4	5	6	7	8	9	10	11	12

春どり栽培
夏どり栽培
秋どり栽培
冬どり栽培

●種まき　　トンネル被覆　　収穫

1 畑の準備・種まき

ベッドまきの場合
〈1㎡当たり〉
堆肥　7〜8握り
油粕　大さじ5杯

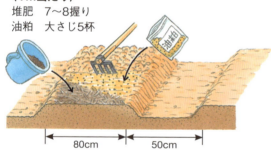

80cm　50cm

板切れで幅2cm、深さ1cmくらいの溝をつけて種をまく

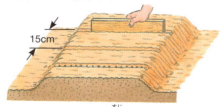

15cm

種は1〜1.5cm間隔で条まきに。覆土は0.7〜1cm。本葉2枚のころ間引いて株間4〜5cmにする

溝まきの場合
〈溝の長さ1m当たり〉
堆肥　3〜4握り
油粕　大さじ2杯

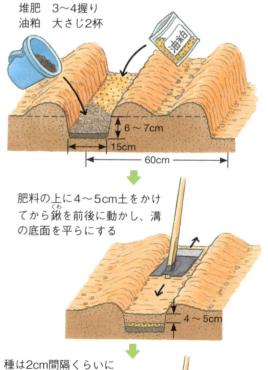

6〜7cm
15cm
60cm

肥料の上に4〜5cm土をかけてから鍬を前後に動かし、溝の底面を平らにする

4〜5cm

種は2cm間隔くらいにばらまく

覆土は0.7〜1cmの厚さにし、その上から鍬の背面で軽く鎮圧する。
本葉2枚のころ間引いて4〜5cm間隔にする

2 追肥・中耕

ベッドまきの場合
第1回 〈1列当たり〉
化成肥料　大さじ½杯

本葉3～4枚のころ列間に
まいて竹べらで土に混ぜる

竹べら

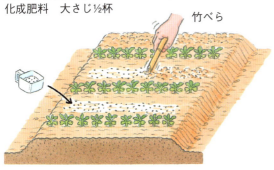

第2回
草丈10cmくらいのころ、1回めに準じて行う

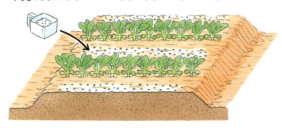

溝まきの場合
〈畝の長さ1m当たり〉
化成肥料　大さじ2杯

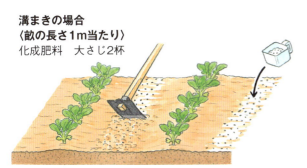

畝間にばらまいて鍬で中耕しながら土に耕し込む

3 害虫防除

べた掛け資材
または防虫ネット

夏の高温対策としてもよい

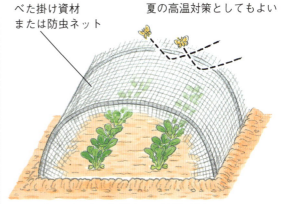

育ちが早く、収穫までの日数が短いので、
農薬を使わなくても十分作れる

4 収穫

葉の長さが15cm
以上に伸びたら収
穫できる

株ごと引き抜き収穫

少量ずつ利用する
場合には、葉を摘
み取り収穫する。
新芽やわき芽が再
生してくる

少量なら鉢利用で簡単に作れる。
浅型の素焼き鉢に園芸用土を入れ、ときおり液肥
を与えて育てる。収穫は込み合わないうち早めに

→利用法は227ページ参照

チンゲンサイ

近年導入された中国野菜のなかで、もっとも普及したものです。独特の風味があり、煮くずれせず、歯ざわりがよいことが人気の秘密です。

冷涼な気候を好みますが、耐寒性、耐暑性があり、簡単な保温や遮光被覆で早春から秋まで栽培できます。低温にあうと花芽ができ、とうが立つので、春早くまくときはトンネルで保温し、15℃以下にならないようにします。

品種 中国には性質や形の異なる多くの品種があり、これを栽培しやすいように改良した優良品種が市販されています。代表的なものは『青帝』『青美』『長陽』『謝謝』などです。

栽培カレンダー

1月	2	3	4	5	6	7	8	9	10	11	12

春まき栽培
夏まき栽培
秋まき栽培
この間はいつでもまける
この間はいつでも収穫できる

● 種まき　　収穫

栽培のポイント 少ない株数なら、ポリ鉢や育苗箱で苗を育て、畑にベッドをつくって植えます。ある程度まとまった株数を育てる場合は、畑にまき溝をつくり、じかまきするのが能率的です。じかまきでは葉が重なり合わないように間引き、しっかりとした株に育てます。

害虫は早めの防除がたいせつですが、とくに多く発生する春から夏には、防暑を兼ねて、べた掛け資材で被覆するのが効果的です。

1 畑の準備

予定畑にはなるべく早く石灰をまいて耕しておく

〈1㎡当たり〉
油粕　大さじ3杯
化成肥料　大さじ5杯
完熟堆肥　5～6握り

種まきが近づいたら、元肥を全面にばらまいて、15cmくらいの深さによく耕し込む

2 種まき・植えつけ

育苗の場合

少ない株数の場合、ポリ鉢にじかまきして苗に育てあげる

3号ポリ鉢

4～5粒まく

本葉1枚のころ、1本立てに

本葉4～5枚のころ、畑に植える

あるいは、芽キャベツ（88ページ）に準じて育苗箱に条まきし、本葉2～3枚のころベッドに植え、本葉4～5枚の苗に育てあげてから畑に植えつける

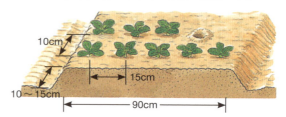

10cm
15cm
10～15cm
90cm

じかまきの場合

深さ4〜5cmの
まき溝をつくる

2〜3cm間隔になるよ
うに、溝の全面に種を
ばらまく

15cm
12cm
80cm
40cm

種の上に1cmほど土をかける

3 保温

12〜13℃以下の低温
にあうと花芽ができ、
とう立ちするので、春
早くまくときや秋遅く
まで収穫するときなど
は、ビニールトンネル
で保温する

とう立ち
春、低温にあうと、
とうが立つ

日中は30℃以上に昇温しないよう換気する

4 害虫防除

春と秋には害虫が発生しやす
いので、早いうちに捕殺する
か、殺虫剤をかけて防ぐ

葉の裏も入念に

薄い割繊維不織布などのべた掛け資材
を葉の上に直接覆うと、農薬を使わず
に害虫が防げる。夏の栽培では強い光
を遮り、防暑効果も期待できる

5 間引き

じかまきの場合、育つにつれて2回
間引きする。最終株間を広くとり、
株張りのよい株に育てる

7〜8cm

徒長
株間が狭くて込み
すぎたとき

第1回
本葉2枚のころ、
株間7〜8cmに

第2回
本葉5〜6枚のころ、
株間20cmくらいに

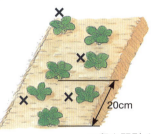

20cm

×印を間引く

6 追肥

第1回
本葉4〜5枚のころ、畝間に
ばらまき、軽く土に混ぜ込む
〈1㎡当たり〉
化成肥料　大さじ3杯

第2回
第1回追肥の半月後に、
株間にばらまく
〈1㎡当たり〉
化成肥料　大さじ4杯

7 収穫

種まき後、春は45〜55日、夏は35〜45
日、秋は50〜65日くらいで150gほどの
ものが収穫できる

下のほうが膨らみ、葉に
厚みのあるものが良品

ミニチンゲンサイ
若どりし、丸のまま
煮物などに用いる

→利用法は227ページ参照

オータムポエム

栽培カレンダー

	1月	2	3	4	5	6	7	8	9	10	11	12
露地栽培												

● 種まき　　　■ 収穫

　抽台（とう立ち）茎と葉、その先に着く花蕾を食べる野菜です。次々に分枝し、長い間収穫できるので、秋の家庭菜園にとり入れるとたいへん重宝です。寒い地域ではハウス栽培にすると品質のよいものをたくさん収穫できます。

　品種　比較的新しい野菜で、『オータムポエム』が名称であり、品種名でもあります。

　栽培のポイント　耐寒性はあまり強くないので、厳寒期に入ると草勢が弱くなり、収穫できなくなってしまいます。そのため、盛夏が過ぎ、涼気が訪れたらすぐに種をまきます。

　良質の太い抽台茎をたくさんとるには、よい堆肥を十分に施し、肥切れさせないように、入念に追肥することがたいせつです。最初に伸びてきた花蕾は早めに収穫し、続いて伸び出してくるわき芽を数多く伸ばすようにします。

　コナガ、アブラムシなどの害虫防除を怠らないように心がけましょう。

　収穫は、抽台茎が15〜20cmに伸び、花が1〜2花咲いたころです。とり遅れないように注意しなければなりません。

1 畑の準備・元肥入れ

〈1㎡当たり〉
堆肥　4〜5握り
石灰大さじ　2〜3杯

前作が片づきしだい、堆肥・石灰をばらまいてよく耕しておく

種まきの前に

〈溝の長さ1m当たり〉
化成肥料　大さじ3杯
油粕　大さじ5杯
完熟堆肥　4〜5握り

15cm

15cm

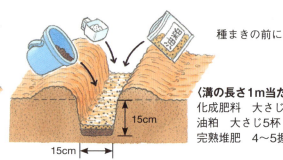

2 種まき

土を返して底面がきれいな平らになるように、まき溝をつくる

2〜3cm間隔に種をばらまきする

通路

5mmくらい覆土して鍬の背で鎮圧する

15cm

60cm

少ない本数の場合は、鉢で苗づくりして本畑に植える

3号ポリ鉢に4〜5粒まく

本葉2枚のころ1本立てに

本葉4〜5枚の苗に仕上げる

3 間引き

第1回
本葉2〜3枚のころ
7〜8cmに

第2回
本葉7〜8枚のころ
最終株間の30cmに
する

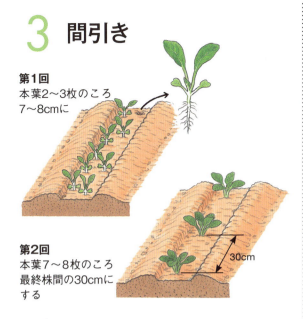

30cm

4 追肥

第1回
本葉5〜6枚のころ、列
の片側に肥料をばらまき、
軽く土と混ぜる

〈列の長さ1m当たり〉
化成肥料　大さじ2杯

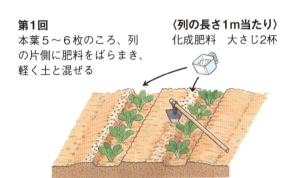

第2回
草丈10〜12cmのころ、
列の中央に肥料をばら
まき、中耕しながら軽く
土寄せする

〈列の長さ1m当たり〉
化成肥料　大さじ2杯

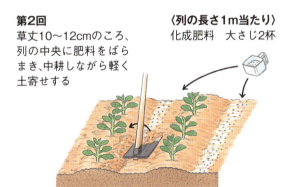

第3回以降
収穫が始まるころから
半月ごとに追肥する。
量は第2回と同じ

5 摘芯（てきしん）

最初にとう立ちした茎は
早めに切り取って収穫する

わき芽

勢いのよいわき芽を
たくさん出させる

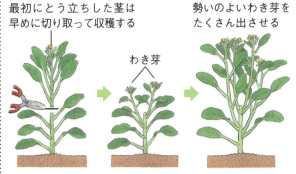

6 収穫

20〜25cm

抽台茎が20〜25cmに伸び、
花が1〜2花開いた状態のも
のを摘み取る

花蕾が葉先より伸び、複数
花が咲いたらもう収穫遅れ

7 利用法

おひたし

天ぷら

中華スープ

いため物
（炒り卵入り）

サラダ

ベーコン巻き

コウサイタイ

栽培カレンダー

1月	2	3	4	5	6	7	8	9	10	11	12

● 種まき　○ 植えつけ　━━ 収穫

「紅菜苔」の名のごとく、春先から次々ととう立ちしてくる紅紫色の花茎を利用する野菜です。多少ぬめりがあって、アスパラガスに似た特有の香りと濃黄色の花は、ひとあし先に春を感じさせてくれます。暑さに弱いですが、低温には比較的よく耐えて育ちます。

品種　中国の揚子江中流地帯で古くから栽培されている野菜で、日本への渡来も早かったのですが、普及しませんでした。再導入されましたが、品種の分化は見られません。

栽培のポイント　秋まきし、冬から春にかけて収穫します。鉛筆の太さくらいの良品をたくさん収穫するには、元肥に良質の堆肥を十分に施し、肥切れさせないようにして、分枝を盛んにすることがたいせつです。土壌の乾燥にたいしてあまり強くないので、とう立ちし始めるころから、畑が乾いていたら灌水（かんすい）を行い、また、育ちが十分でなければ液肥を与えます。

黄色の花が1〜2花咲いたら、折り取って収穫します。花がたくさん咲くまでおくと、株が弱ります。下方の黄化葉は適宜摘除します。

1 元肥入れ

〈溝の長さ1m当たり〉
化成肥料　大さじ3杯
堆肥　4〜5握り
油粕　大さじ5杯

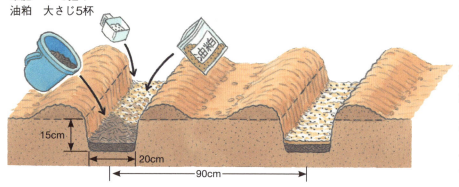

15cm

20cm

90cm

多めの石灰をまき、全面を耕しておいた畑に元肥を入れる

茎の太い良品を収穫するには、良質の堆肥を十分に施すことがたいせつ

2 畑の準備

〈ベッドに苗を植えつける場合〉
やや中高になるように
ベッドをつくり、表面をならす

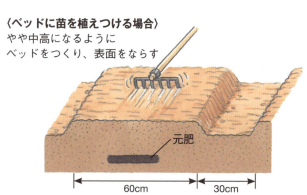

元肥

60cm　30cm

〈畑にじかまきする場合〉
広い面積で作るにはじかまきするほうが手数が省ける。そろって発芽、生育させるために、まき溝の底面を平らにていねいにつくる

通路

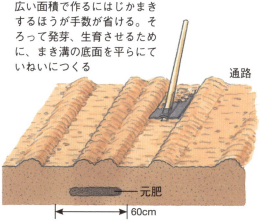

元肥

60cm

3 苗づくり

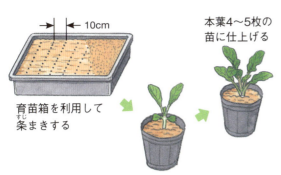

10cm

育苗箱を利用して
条まきする

本葉2枚のころ
3号のポリ鉢に
上げる

本葉4〜5枚の
苗に仕上げる

4 植えつけ・種まき

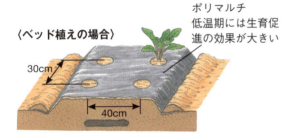

〈ベッド植えの場合〉

ポリマルチ
低温期には生育促
進の効果が大きい

30cm

40cm

〈畑にじかまきする場合〉

種まき　　覆土・鎮圧　　間引き　　1本に

30cm

5 摘芯

てきしん

主茎は花が咲いたら早めに収穫して
わき芽の発生をうながす

6 追肥・土寄せ

最初のとうを摘み取ったころ。
株間にばらまいて軽く土と混ぜる

第1回
〈1株当たり〉
油粕　大さじ½杯

第2回
第1回から15〜20日め。畝の両側にまいて、
鍬で混ぜながら土寄せする
くわ
〈1株当たり〉
油粕　大さじ1杯

7 収穫・利用

折る

約20cm

ふたたびとうが伸びて
きて1〜2花咲いたころ
が収穫の好適期。株元
に近くポキッと折れる
ところから折ってとる

収穫が遅れ、花がたく
さん咲いてしまうと株
が弱り良品がとれない

粕漬け

4〜5cmに切って
油いために

ゆでてマヨネーズや
しょうゆで和える

葉茎菜類・アブラナ科／原産地：中国

タアサイ

葉が押しつぶされたように縮み、濃い緑ですが、繊維が少なく歯切れよく、煮くずれしない、独特の性質をもっています。春から夏にかけては立ち性、秋から冬にかけては地面を這うような開張性と、季節によってその姿を変えます。

品種　通称「タアサイ」として市販されているものを用います。『緑彩一号』は立ち性、『緑彩二号』は開張性として改良された品種です。

栽培のポイント　春まきで40〜45日、秋まきで50〜60日で収穫できます。8〜9月にまき、晩秋から冬にかけて収穫するのが一般的で、寒さや霜にあった味のたいへんよいものが得られます。

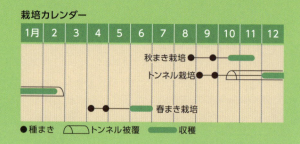

栽培カレンダー

	1月	2	3	4	5	6	7	8	9	10	11	12

●種まき　　トンネル被覆　　収穫

また、夏には雨よけや遮光、冬には保温し、若どりすれば軟弱野菜として収穫の幅を大きく広げることができます。遅れずに間引きし、追肥と防虫を怠らないようにしましょう。

自家用の場合は問題ありませんが、ロゼット状に広がったものは直売所などへの運搬がむずかしいものです。このようなときには浅めの段ボール箱に2〜3段重ねて積むようにします。

1 畑の準備

〈1㎡当たり〉
化成肥料　大さじ5杯
油粕　大さじ7杯

畑に石灰と堆肥をまいて20〜30cmの深さによく耕す

ベッドをつくり、肥料を全面にまいてうない込む

2 種まき

1か所4〜5粒ずつ点まきにする

瓶の底を軽く押しつけ植え穴をつくる

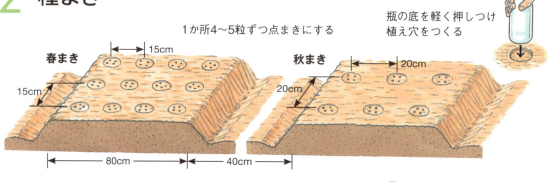

春まき
15cm
15cm
80cm　40cm

秋まき
20cm
20cm

春まきは温度が上がるにつれて立ち性になるので、株間を詰める

秋まきは寒くなると葉が重なって株が広がるので、株間は広くとる

3 間引き

本葉1～2枚で2本立て、5～6枚で1本立てにする

葉色がよく、しわがあり、葉肉の厚いものを残す

4 追肥

第1回
〈1㎡当たり〉
化成肥料　大さじ3杯

本葉4～5枚のころ肥料を畝間にばらまき、軽く土に混ぜ込む

第2回
1回めと同量

第1回の半月後に肥料を畝間にばらまく

5 病害虫防除

春、秋など害虫の食害が多いので、薬剤散布による防除を怠らないように。不織布などをべた掛けすれば、無農薬でも防虫効果がある

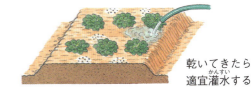

6 管理

乾いてきたら適宜灌水する

11月以降はトンネルで保温すると良質のものが早くとれる。日中は小穴から換気する。寒いところでは夜間にこも掛けも必要

7 収穫

春まきで種まき後40～45日、秋まきで50～60日。葉組みのしっかりした大株になったら収穫適期

しわが多いものが良品（冬の姿）

夏（立ち性）

冬（開張性）

保温すれば半立ち性になる

→利用法は227ページ参照

葉ダイコン

ダイコンの葉はビタミンが豊富で、早くから利用されてきましたが、葉だけを利用目的として栽培されるのが葉ダイコンです。生育期間は夏で20日、冬で50日と短く、栽培も簡単。用途も漬け物、和え物、いため物、湯通ししてサラダにと幅広く、家庭菜園向きの野菜です。

品種　『小瀬菜だいこん』は古くからある葉用の品種で、宮城県のふるさと野菜になっています。市販品種に『葉美人』『葉宝』『ハットリくん』『葉太郎』『彩菜』などがあります。

葉ダイコンとして改良された品種は、ふつうのダイコンよりも葉が立ち性で、収穫・調製しやすく、茸毛（じょうもう）が少なく食べやすくなっています。

栽培のポイント　堆肥を畑全面にまいて耕し、追肥をして肥切れのないようにし、また、間引きを入念にし、込みすぎないように育てます。夏は雨よけハウスやべた掛け資材を利用すれば、葉ものの少ない時期に、得がたい青菜が食べられます。冬にもトンネル保温やハウス利用することで、みずみずしい葉ものが得られ、ほとんど周年的に生産することができます。

栽培カレンダー

	1月	2	3	4	5	6	7	8	9	10	11	12
春どり												
夏どり												
秋どり												
冬どり												

●種まき　トンネル（覆下を含む）　被覆　収穫

1 元肥入れ

〈1㎡当たり〉
完熟堆肥　4～5握り
化成肥料　大さじ3杯
油粕　大さじ5杯

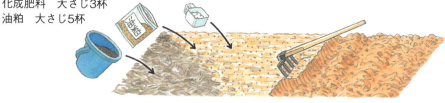

種まきの5～7日前に畑全面に堆肥、肥料をばらまき、15～20cmの深さによく耕す

2 畑の準備・種まき

ベッドまき
表面をていねいにならす

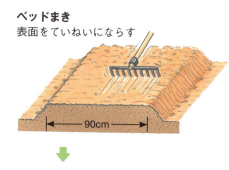

←90cm→

板切れで幅2cm、深さ1cmくらいの溝をつける

18cm

1.5～2cm間隔に種をまく

溝まき
レーキや鍬（くわ）などで畑全面を平らにならす

まき溝　通路

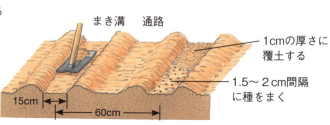

1cmの厚さに覆土する

1.5～2cm間隔に種をまく

15cm　60cm

鍬幅よりやや広めの溝を掘り、底面をていねいにならす

3 間引き

第1回 発芽ぞろいのころ、込み合ったところを間引く

第2回 本葉3枚のとき3cm間隔に

第3回 最終株間を7〜8cmに

4 追肥

ベッドまきの場合
〈1列当たり〉
化成肥料　大さじ½杯
列の間にばらまき、竹べらなどで土に混ぜ込む

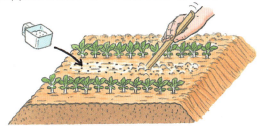

溝まきの場合
第1回
〈溝の長さ1m当たり〉
化成肥料　大さじ2杯
畝の片側にまき、土寄せする

第2回
前回と反対側の通路に同じ量の肥料をばらまいて、軽く耕し、株元に土を寄せておく

5 保温・防寒

ビニールまたはポリフィルム

暖かくなるにしたがって裾を開けて換気する

春早くまくときにはトンネルを覆って防寒する

べた掛け資材（割繊維不織布）などで直接葉上を覆う

6 害虫防除

シンクイムシ、アブラムシなどが大敵。早めに薬剤散布して防ぐ

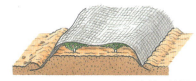

保温・防寒を兼ねてべた掛け資材で被覆してもよい

7 収穫・利用

草丈25cm以上に育ったら、株元から引き抜き収穫して利用する

バターいため

漬け物やサラダに

おひたし

ミズナ

京菜とも呼ばれ、日本だけで栽培されている独特な漬け菜で、しゃきしゃきした歯切れのよさと煮くずれしない特長があります。古来、浅漬けや鍋物、煮物など、とくに関西で多く使われていましたが、サラダやトッピングにと生食も増え、全国的に広がり、海外での人気も出て需要が伸びた野菜です。

品種　栽培の起源は京都にあり、在来種が維持されていますが、市販品種としては『白茎千筋京水菜』『九葉壬生菜』『晩生壬生菜』『新磯子京菜』『緑扇二号京菜』などがあります。早晩生、葉の濃淡など品種により特色があります。

栽培カレンダー

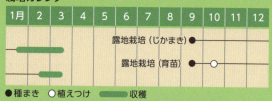

1月	2	3	4	5	6	7	8	9	10	11	12

露地栽培（じかまき）●
露地栽培（育苗）○

●種まき　○植えつけ　　収穫

栽培のポイント　本来の大株の優品を得るには600〜1000枚もの細葉を育てるので、やや重い土の、水分に富む畑が最適です。

近年多く使われるようになった小株ものは適地の幅が広がり、どこでも育てられますが、いずれにしても元肥に良質の堆肥を十分に施し、有機質肥料を多めに追肥し、肥切れさせないようにします。ウイルス病に弱いので、アブラムシ防除に留意しましょう。

1 畑の準備

〈1㎡当たり〉
堆肥　7〜8握り
化成肥料　大さじ3杯
油粕　大さじ5杯

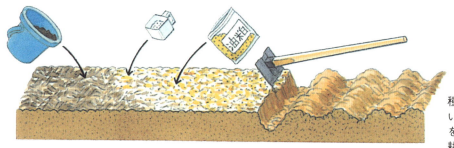

種まきの半月くらい前、全面に肥料をばらまいてよく耕しておく

2 苗づくり

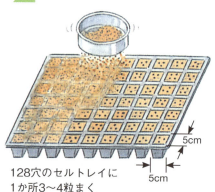

128穴のセルトレイに
1か所3〜4粒まく

本葉2枚のころ間引いて
1本立てに

できあがった苗。
本葉4〜5枚

育つにつれ
間引いて1
本立てに

少ない本数なら3号の
ポリ鉢に4〜5粒まく

3 元肥入れ

〈溝の長さ1m当たり〉
堆肥　4〜5握り
化成肥料　大さじ2杯
油粕　大さじ5杯

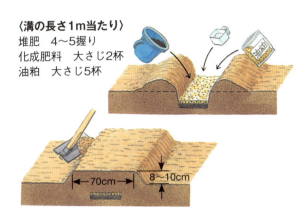

←70cm→　8〜10cm

4 植えつけ

植え穴をあけ、
苗を植えつける

寒い地域ではマルチが有効

植え穴　ポリエチレンフィルム

40cm

40cm

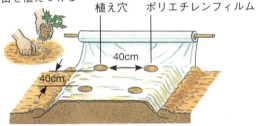

若いとき、小さな株で収穫する場合には
15×15cmくらいの密植にする

乾くと良品ができないので
乾いたら十分に水をやる

〈じかまきの場合〉

幅2〜8cm、深さ1〜1.5cmの
まき溝を2列つけ、種をまく

1か所4〜5粒
まく

40cm

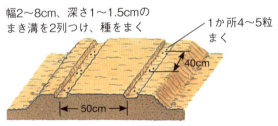

←50cm→

地下水位の高い畑ではベッド
（上げ床）にするのがよい

育つにつれて間引いて1本立てに

5 追肥

第1回
草丈15〜17cmくらい
に伸びたころ、株のま
わりのところどころに
肥料をまき、土に耕し
込む

〈1株当たり〉
化成肥料　大さじ1杯
（密植栽培するときは
小さじ½杯）

第2回
葉が重なり始めたころ
畝の両側に追肥をし、
通路の土をやわらげな
がら畝に土を寄せる

〈1株当たり〉
化成肥料　大さじ1杯
（密植栽培するときは
大さじ½杯）

6 害虫防除

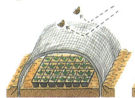

有翅のアブラムシ、
コナガ、ヨトウムシ
などが大敵

苗床や畑を防虫ネッ
トやべた掛け資材で
覆うか、または殺虫
剤を散布する

7 収穫・利用

株が大きく育ったら、逐次
株元から切り取り収穫する

浅漬け　　鍋物

サラダ

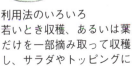

利用法のいろいろ
若いとき収穫、あるいは葉
だけを一部摘み取って収穫
し、サラダやトッピングに

ミツバ

日本、中国、朝鮮半島などに自生していますが、野菜として利用しているのは日本と中国ぐらいです。色の鮮やかさと香味、歯ざわりのよさから日本料理に欠かせません。育て方により青ミツバ、根ミツバ、切りミツバなどがありますが、家庭園芸には前二者がおすすめです。

品種　関東系では『柳川一・二号』『大利根一号』『増森白茎』、関西系では『大阪白軸』『白茎三ツ葉』などがあります。

栽培のポイント　半日陰を好み、夏の強い光や高温下では育ちが悪くなるので、適地を選ぶか、草丈の高い野菜の間で作り、夏は遮光して育てるな

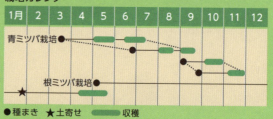

栽培カレンダー

	1月	2	3	4	5	6	7	8	9	10	11	12
青ミツバ栽培												
根ミツバ栽培												

●種まき　★土寄せ　　収穫

どの配慮が必要です。

連作を嫌うので、畑では、3〜4年ミツバを育てたことのない畑で栽培します。

発芽に光を必要とする好光性があるので、種まき後の覆土はごく薄くします。春の気温が低く経過すると花芽分化し、とう立ちしてくることがあります。その場合は、とうを摘み取り、わき芽の生長をうながして、大きな株に育てましょう。

1　畑の準備

〈1㎡当たり〉
石灰　大さじ3杯
堆肥　4〜5握り

種まきの1か月くらい前にまいて耕しておく

2　元肥入れ

溝まきの場合
（おもに根ミツバ栽培。青ミツバにもよい）

〈溝の長さ1m当たり〉
化成肥料　大さじ3杯
油粕　大さじ5杯

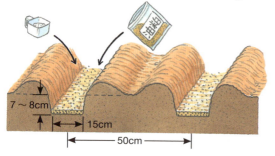

7〜8cm
15cm
50cm

3　まき溝づくり

溝まきの場合
元肥の上に土をかけ、鍬幅のまき溝をつくる

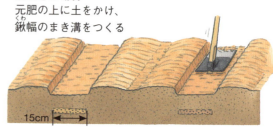

15cm

溝底が平らになるようていねいに

ベッドまきの場合

板切れで押さえて幅2〜3cm、深さ0.5cmくらいの溝をつける

〈1㎡当たり〉
化成肥料　大さじ3杯
油粕　大さじ5杯

肥料は全面に耕し込んでおく

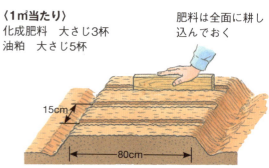

15cm
80cm

4 種まき

まき溝全面に均一にまき、種がやっと見えなくなるくらいにごく薄く土をかけ、板切れや鍬の背で軽く押さえておく

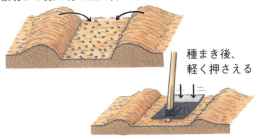

種まき後、軽く押さえる

5 間引き・除草

何回か間引いて、7〜8cmの株間にする

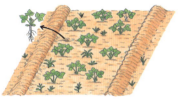

ミツバが小さいうちは草がよく伸びる。除草は入念に

春まきでは低温に感応して多少とう立ちすることがある。早めにとうを摘み取り、わき芽の生長をうながす

6 追肥

溝まきの場合
溝の脇にまき、軽く土に混ぜる

〈溝の長さ1m当たり〉
化成肥料　大さじ2杯

ベッドまきの場合

第1回
草丈5〜6cmのころ株間にまき、軽く土に混ぜる

〈1列当たり〉
化成肥料
大さじ½杯

竹べら

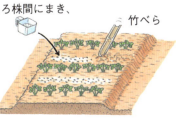

第2回
草丈10cmくらいのころ
1回めと同量

7 土寄せ

根ミツバの場合
1〜2月に枯れ葉を取り除き、土を盛り上げて覆土する

冬

10cm

春

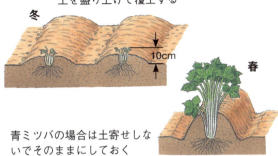

青ミツバの場合は土寄せしないでそのままにしておく

8 収穫

根ミツバ
軟白部が10cmくらいに伸びたころ根株を掘りあげて収穫する

鍬で根元から掘り取る

青ミツバ

20〜25cm

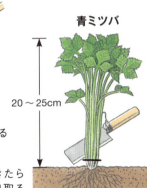

丈が伸びてきたらそのつど刈り取る

根株の再利用
ミツバは再生力が強いので、葉を利用した後の根を活用する

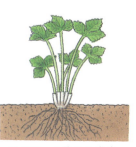

鉢に4〜5cm間隔に植えると間もなく再生葉が出る

刈り取った後からすぐに新しい葉が伸びだしてくるので、これをふたたび利用する

→利用法は228ページ参照

レタス

レタスの仲間はいろいろありますが、一般的なのは、パリッとした歯ざわりの玉レタス（クリスプヘッド型）です。サラダだけでなく、スープやおひたしなどにも利用できます。

品種 『サリナス88』『バークレー』『エムラップ』『シスコ』『シリウス』などが優良品種です。

栽培のポイント 栽培の適温は18〜23℃で、冷涼な気候でよく育ちます。一方、暑さには弱く、とくに27〜28℃になると正常な結球は期待できません。

高温長日下で種まきするととう立ちしやすいので、夏まきはとくにまきどきに注意します。

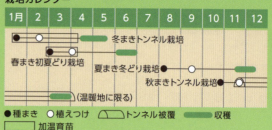

栽培カレンダー

1月	2	3	4	5	6	7	8	9	10	11	12

冬まきトンネル栽培
春まき初夏どり栽培
夏まき冬どり栽培
秋まきトンネル栽培
（温暖地に限る）

● 種まき ○ 植えつけ ⌒トンネル被覆 ▬ 収穫
□ 加温育苗

小さいうちは寒さによく耐えますが、結球期に入ると凍害を受けやすいので、作型選びが重要です。

一般向きなのは夏まき冬どり栽培ですが、高温下での育苗になるので、芽出しと、発芽後の管理を入念にし、幼苗期には、育苗箱を木陰の風通しのよい場所に置くとよいでしょう。

ポリマルチが効果的です。この場合の追肥は、株間に指先で穴をあけ、肥料を施します。

1 苗づくり

7〜8cm

種子は6〜8mm間隔にまく。覆土はやっと種子が見えなくなる程度に、ふるいでごく薄くする

本葉1枚のころ葉が触れ合わないくらいに間引く

本葉2枚のころ苗床に移植する

9cm

9cm

少ない本数ならポリ鉢利用が便利

本葉4〜5枚の苗に仕上げる

夏まきの場合
種はガーゼなどに包んで一昼夜水につけた後、ガーゼに広げて包み直し、涼しいところ（18〜20℃）で芽出しをしてからまくとよく発芽する

2 元肥入れ

〈1㎡当たり〉
堆肥　5～6握り
油粕　大さじ5杯
化成肥料　大さじ5杯

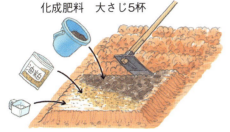

あらかじめ石灰をまき、耕しておいた畑に
元肥を施し、20cmくらいの深さに耕す

3 ベッドづくり

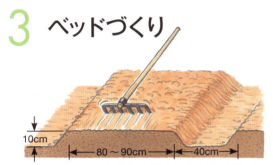

10cm
80～90cm　40cm

ベッドの中央がやや高くなるようにていね
いにならして、水はけをよくする

4 植えつけ

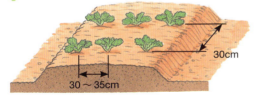

30cm
30～35cm

ベッド上に3列植えつける
ポリマルチをする場合はベッド全面に被覆し、
植える位置に指先で穴をあけて苗を植えつける

5 灌水
かんすい

植えたら株元に灌水をする。乾きやすい畑では
半月に1回くらいたっぷり水をやる

6 追肥

第1回
植えつけ2～3週間後
株間に肥料をばらまき、
竹べらや棒で土に混ぜる

〈1㎡当たり〉
化成肥料
大さじ3杯
（第1回、2回とも）

第2回
中央の葉が巻き始めたころ、
1回めと同じ要領で与える

7 保温（秋・冬まきの場合）

トンネル頂部に小さな穴をあけて自然換
気する。気温が上がるにつれて穴数を増
やす。25℃以上にならないよう注意

換気不足の高温障害
による変形球

8 収穫

頂部を手のひらで軽く押さえてみて、球が
硬く締まったころ、球の下方から切り取る

→保存法は228ページ参照

リーフレタス

ほかのレタス群（玉レタス、立ちレタス、茎レタス）より育ちが早く、暑さ、寒さにもわりあい強く、栽培が容易です。彩りや味に特色のある品種も多く、家庭菜園で人気の野菜です。

品種　古くからある『ウェアヘッド』、サニーレタス系の『レッドファイアー』『レッドウェーブ』『ブロンズ』のほか、葉形や色、食味に特徴のある『グリーンオーク』『レッドオーク』『フリンジーグリーン』『フリンジーレッド』などもあります。各種が混合されて売られている『ガーデンレタスミックス』は、手軽に楽しめるおすすめ品です。

栽培のポイント　まきどきの幅が広く、種もわり

あいよく発芽するので、玉レタスと比べると栽培は簡単です。酸性土壌にやや弱いので、畑を耕すときには石灰を施すことがたいせつです。

よい苗をつくるには、覆土はごく薄くし、込み合わないように間引き、移植します。各色ミックスのものは、葉形や色をよく見て各色を多彩に残すようにしましょう。

栽培カレンダー

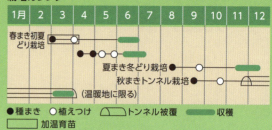

	1月	2	3	4	5	6	7	8	9	10	11	12
春まき初夏どり栽培			● ○	● ○	● ○	▬	▬					
夏まき冬どり栽培								●	○		▬	▬
秋まきトンネル栽培									●	○	⌒	
（温暖地に限る）		▬	▬									

●種まき　○植えつけ　⌒トンネル被覆　▬収穫　▭加温育苗

1 苗づくり

種は5〜8mm間隔にまく

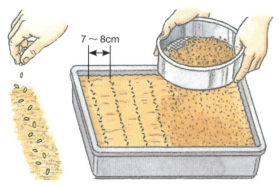

種が見えなくなる程度にふるいでごく薄く土をかける

本葉1枚のころ、葉が触れ合わないくらいに間引く

本葉2枚のころ、苗床へ移植する

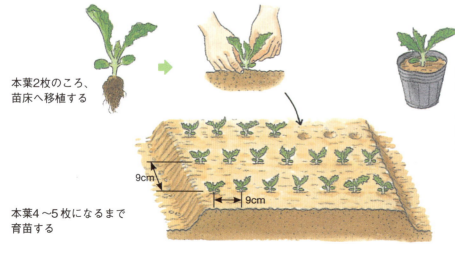

9cm

9cm

本葉4〜5枚になるまで育苗する

少ない本数なら、3号ポリ鉢に4〜5粒種まきして、本葉出始めのころから2〜3回間引きし、本葉3〜4枚のころ1本立てにして育てる

2 畑の準備

〈1㎡当たり〉
堆肥　5〜6握り
化成肥料　大さじ5杯
油粕　大さじ5杯

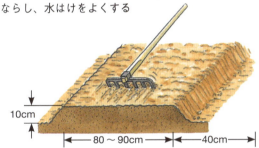

ベッドの中央がやや高くなるようにていねいに
ならし、水はけをよくする

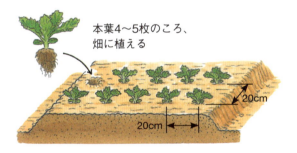

10cm

← 80〜90cm → ← 40cm →

3 植えつけ

本葉4〜5枚のころ、
畑に植える

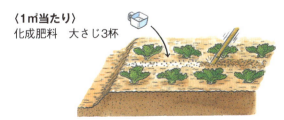

20cm

20cm

4 追肥

植えつけ2〜3週間後と、
その半月後の2回施す

〈1㎡当たり〉
化成肥料　大さじ3杯

株間に肥料をばらまき、竹べらや棒で土に混ぜる

5 収穫

いっせい収穫
中のほうの葉が内側に巻き始めた
ら収穫適期。葉数は25枚くらい
ある。収穫は株元から切り取る

プリーツレタス

赤ちりめん

サラダナ

かき取り収穫
少量ずつ長期間収穫し続ける
には、外側の葉から順次かき
取りながら収穫するとよい

多様な色合いや歯ざわりが
食卓をにぎわせる

〈プランターや育苗箱での栽培に最適〉

育苗箱でガーデンレタスミックスを
栽培した例（15株程度）

35cm

50cm

長方形のプランターで赤と緑のリーフレタスを
栽培した例（10株程度）

25cm

58cm

→保存法は228ページ参照

サンチュ

サンチュは朝鮮半島での呼び名で、わが国では葉をかき取り利用することから、古くから「かきチシャ」と呼んでいます。また、肉などを包んで食べることから「包菜」の名もあります。

下葉から順次かき取りながら長い間収穫できます。また、耐暑性、耐寒性があり、とくに夏の高温下でもよく育つので、作りやすく、家庭菜園には好適です。

品種 『チマサンチュ』『アオチマ』『カルビーレッド』などが代表的な品種です。

栽培のポイント 初期の育ちが弱く、遅いので、育苗箱によい用土を入れて種まきし、健苗をつくりあげましょう。よい葉を次々ととり続けるには、肥切れさせないよう、元肥には良質の堆肥を十分施し、追肥を入念に行うことがたいせつです。

下方の葉から順次かき取り利用するため、収穫の仕方がたいへん重要です。いちどにあまり葉をとりすぎると、あとの草勢が弱くなってしまうので、残っている葉の数や葉色を見ながらかき取る葉の枚数と頻度を決めましょう。

栽培カレンダー

	1月	2	3	4	5	6	7	8	9	10	11	12
春まき初夏どり栽培												
夏まき冬どり栽培												
秋まきトンネル栽培												

● 種まき　○ 植えつけ　トンネル被覆　収穫　ハウス育苗

1 苗づくり

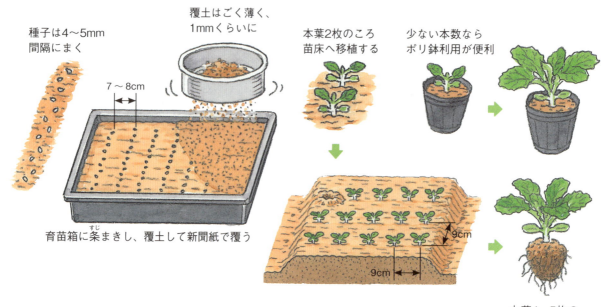

種子は4〜5mm間隔にまく

覆土はごく薄く、1mmくらいに

7〜8cm

育苗箱に条まきし、覆土して新聞紙で覆う

本葉2枚のころ苗床へ移植する

9cm　9cm

少ない本数ならポリ鉢利用が便利

本葉4〜5枚の苗に仕上げる

2 元肥入れ

〈溝の長さ1m当たり〉
堆肥　5〜6握り
油粕　大さじ5杯
化成肥料　大さじ5杯

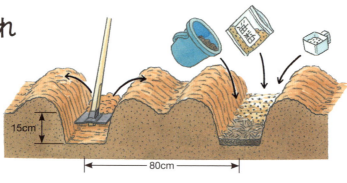

15cm

80cm

3 植えつけ

中央部がやや高く、排水がよくなる
ようベッドをつくり定植する

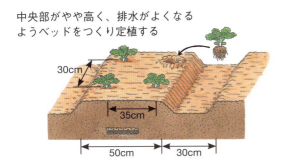

30cm
35cm
50cm
30cm

4 灌水
（かんすい）

乾くようならとき
どき灌水する。低
温期にはやりすぎ
ないように

5 追肥

第1回
本葉7〜8枚のころ
〈1株当たり〉
化成肥料　小さじ1杯

株のまわりに円状
にばらまき、土に
混ぜ込む

第2回
第1回の半月後
〈1株当たり〉
化成肥料　小さじ1杯

ベッドの両側に施し、
ベッドに土を寄せる

第3回以降
収穫中2〜3週間おきに
〈1株当たり〉
化成肥料　小さじ1杯
油粕　大さじ1杯

根が全面に張っ
ているので、株
間のところどこ
ろにばらまく

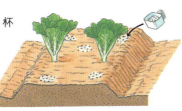

6 保温

トンネル頂部に小穴をあけて自然換気する。
気温が上がるにつれて穴数を増やしていく。
28℃以上にならないように注意

丈が伸びるのでトンネルは腰高につくる

7 収穫・利用

葉の長さが15cm内外
に伸びたら下のほうの
葉から順次かき取り収
穫する

生育の様子をみな
がら、1回に2〜3
葉以内をかき取り
収穫を続ける

収穫が進むにつれ
て茎は立ち上がり
太くなってくる

焼き肉、刺し身などを包んで食べる。
そのほか煮物、いため物、汁の実にも利用できる

トレビス

ワインレッドの葉身に白い葉脈が入る彩りと、切れのよい歯ざわりやほろ苦さが人気の野菜。一見紫キャベツに似ていますが、じつはチコリと同種で、キク科でレタスのグループです。フランス、イタリアに広く分布し、結球、半結球、不結球などさまざまですが、国内に入ってきている輸入品は結球種のみで、形は球形です。

品種 市販されている品種はごく少なく、代表的なものは『トレビスビター』『ヴェネチア』です。いずれも、純度は低いので、いっせいには結球しないことを念頭に栽培する必要があります。

栽培のポイント 耐暑性、耐寒性ともに低いため、

早まきすると夏の高温で育ちにくく、遅すぎると低温期に入って生育が止まってしまいます。とくに結球後の寒害を受けやすいので、適期に種まきをしましょう。

レタスに準じ、種子が薄いので覆土は浅めに、涼しい場所で発芽させます。発芽はそろいにくいので育苗箱にまき、移植します。肥沃な土壌を好み、酸性に弱いため、畑の準備をていねいにし、肥切れや排水にも十分配慮してください。

栽培カレンダー

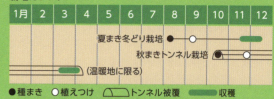

	1月	2	3	4	5	6	7	8	9	10	11	12
夏まき冬どり栽培								●	○			
秋まきトンネル栽培									○			
（温暖地に限る）												

● 種まき　○ 植えつけ　⏜ トンネル被覆　▬ 収穫

1 苗づくり

覆土はていねいにごく浅く

7〜8cm

本葉2枚のころ苗床へ移植する

9cm

9cm

少ない本数なら3号ポリ鉢に植えるのがよい

種まきの間隔は5〜6mm

出そろったら込み合っているところを間引く

2 元肥入れ

〈1㎡当たり〉
油粕　大さじ5杯
化成肥料　大さじ5杯
堆肥　5〜6握り

あらかじめ石灰をまいて、耕しておいた畑に元肥を施し、20cmくらいの深さに耕す

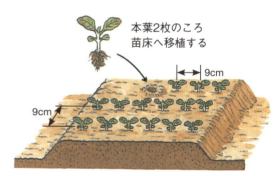

3 植えつけ

ベッド植えの場合

ベッドの中央がやや高くなるようにていねいに
ならし、水はけをよくする

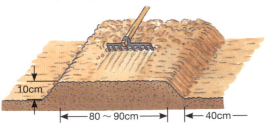

10cm
80〜90cm　40cm

本葉5〜6枚の苗にして
植えつける

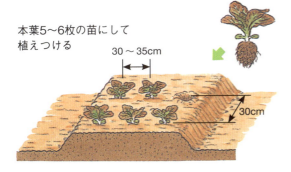

30〜35cm

30cm

列植えの場合（畑が広いとき）

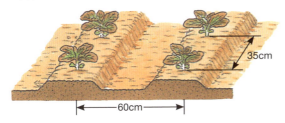

35cm

60cm

4 追肥

植えつけ2〜3週間後と中央の葉が
巻き始めたころの2回施す

〈1㎡当たり〉
化成肥料　大さじ3杯

株間に肥料をばら
まき、竹べらや棒
で土に混ぜる

列植えの場合は畝の両側へまき、土寄せする

5 収穫・利用

頂部を押さえて球が硬く
締まってきたころ

トレビスはそろいが悪く、ほかの結球野菜の
ようにいっせいには結球しないので、よく調
べて結球の進んだものから順次収穫する

切るときには、葉を1枚
ずつはがし、白い部分
がどれにも入るように
縦方向に包丁を入れる

赤と白のコントラストと軟
らかさ、それに少しの苦み
がアクセントをつけ、サラ
ダ用として人気がある

〈暑さ対策〉

水やり
乾きやすい畑では半月に1回
くらいたっぷり水をやる

べた掛け資材
薄い不織布

高温障害による変形球

〈防寒対策〉

トンネルの頂部に小穴をあ
けて自然換気する。気温が
上がるにつれて穴数を増や
していく。25℃以上にな
らないよう注意する

チコリ

白色なのは根株から軟化床で萌芽させたためで、まず元になる根株から育てなくてはならないため、栽培には期間と手数を要します。

根株は軟白利用だけでなく、根を刻んで粉末にし、コーヒーの代用の飲み物にも利用されます。調理面では「アンディーブ」と呼ばれることが多く、エンダイブと混同されがちなので注意が必要です。

品種 『フラッシュ』『ベア』『トーテム』などがあります。

栽培のポイント 夏から秋にかけて根株を養成し、秋以降、根株を掘り起こして軟化床で萌芽させます。よい根株をつくることが先決ですから、畑は前もって石灰をまき、よく耕してから種まきします。発芽後の間引き、追肥を入念に行い、生育をうながします。

十分株ができあがった秋に、根を傷つけないようていねいに掘りあげて軟化します。軟化床は15〜20℃の温度が必要なので、ハウスや地下室が最適ですが、なければ電熱加温などで工夫しましょう。

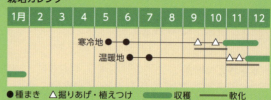

栽培カレンダー

	1月	2	3	4	5	6	7	8	9	10	11	12
寒冷地	●	●							△	△	▬	
温暖地			●		●					△△	▬	

● 種まき　△ 掘りあげ・植えつけ　▬ 収穫　── 軟化

1 元肥入れ

種まきの半月以上前に畑をよく耕しておく

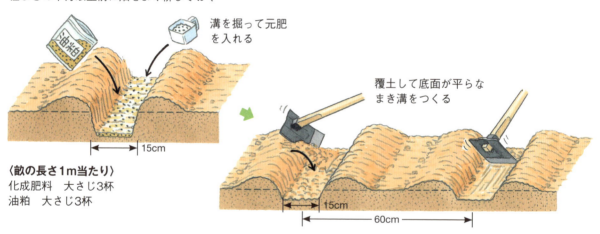

溝を掘って元肥を入れる

覆土して底面が平らなまき溝をつくる

15cm

15cm

60cm

〈畝の長さ1m当たり〉
化成肥料　大さじ3杯
油粕　大さじ3杯

2 種まき

2〜3cm間隔にばらまきする

手でていねいに、種が見えなくなる程度に薄く覆土する

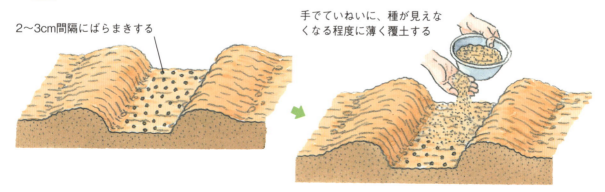

3 間引き・追肥

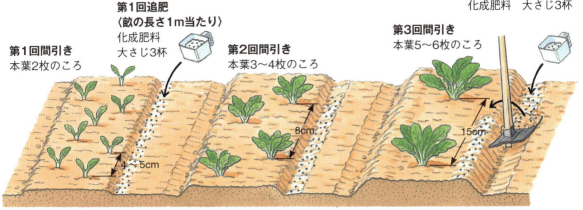

第1回間引き
本葉2枚のころ

第1回追肥
〈畝の長さ1m当たり〉
化成肥料
大さじ3杯

第2回間引き
本葉3〜4枚のころ

第3回間引き
本葉5〜6枚のころ

第2回追肥
〈畝の長さ1m当たり〉
化成肥料　大さじ3杯

4〜5cm

8cm

15cm

第1回と第3回の間引きの後に化成肥料をまいて、鍬（くわ）で軽く耕しながら畝を形づくる

4 根株の掘りあげ

霜が降り始めるころ

地上5cmほどのところで刈り取り、作業をしやすくする

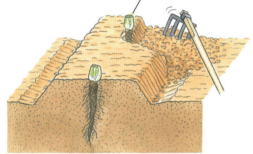

根を傷つけないよう、注意して根株を掘り起こす

5 根株の貯蔵・軟化

きれいに切りそろえる

屋内で腐らせないよう乾燥貯蔵しておいて逐次軟化する

0℃の貯蔵庫内で貯蔵すれば万全

軟化床（箱でもよい）をつくり、根株を立てて伏せ込む

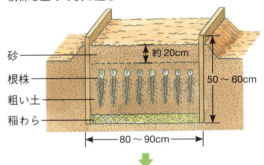

砂
根株
粗い土
稲わら

約20cm

50〜60cm

80〜90cm

軟化床の温度を15〜20℃に保つよう、むしろやビニールなどで覆って保温する

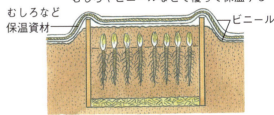

むしろなど
保温資材

ビニール

穴ぐらやハウスの中がいちばん温度を保ちやすい

6 収穫・利用

軟化開始後3〜4週間たち、萌芽が12〜13cmに伸びたころ掘りあげて、根を切り捨てて利用する

大きくよく締まっているものが良品

→利用法は228ページ参照

エンダイブ

栽培カレンダー

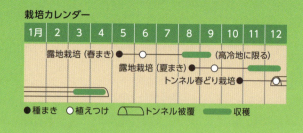

1月	2	3	4	5	6	7	8	9	10	11	12

露地栽培（春まき）●─○

露地栽培（夏まき）●─○ （高冷地に限る）

トンネル春どり栽培●─

● 種まき　○ 植えつけ　⌒ トンネル被覆　━━ 収穫

　葉は深く切れ込み、先が縮れた独特な形をした野菜で、シャキッとした歯ざわりとほのかな苦みは、サラダや肉料理の添え物によく合います。「ニガチシャ」と呼ばれるほどに緑葉は苦みが強すぎるので、大きく育ったころから軟白し、苦みをやわらげてから利用します。調理面では「シコレ」と呼ばれるため、同属のチコリと混同されやすいので注意しましょう。

品種　葉の縮れが著しい縮葉種と縮れ方が少ない広葉種がありますが、縮葉種のほうが良質です。代表的な品種は『グリーンカールド』ですが、一般には単に『エンダイブ』として市販されている

こともあります。

栽培のポイント　15〜20℃くらいの冷涼な気候を好み、耐寒性は弱いので、降霜期近くになると生育が停止してしまいます。したがって、まきどきを逸しないよう注意します。育て方はレタスに準じますが、株間を広くとり肥料を切らさず大株に育てます。大きく生長してきたら遮光して軟白し、苦みを減らします。軟白には秋で15〜20日、冬は30日を要します。

1 苗づくり

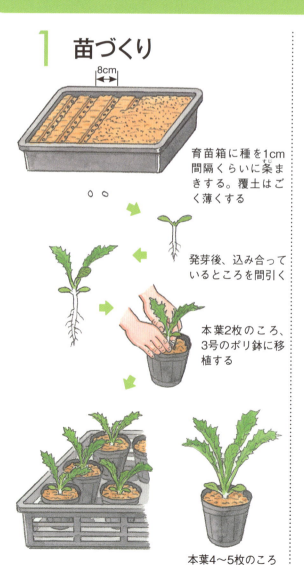

8cm

育苗箱に種を1cm間隔くらいに条まきする。覆土はごく薄くする

発芽後、込み合っているところを間引く

本葉2枚のころ、3号のポリ鉢に移植する

本葉4〜5枚のころ畑に植えつける

2 畑の準備・元肥入れ

酸性土壌では生育不良になりやすいので、予定畑は早めに石灰をばらまき、深めに耕しておく

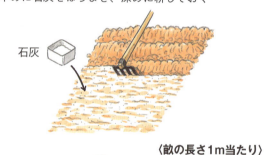

石灰

〈畝の長さ1m当たり〉
堆肥　4〜5握り
化成肥料　大さじ3杯
油粕　大さじ5杯

油粕

10cm

90cm

3 植えつけ

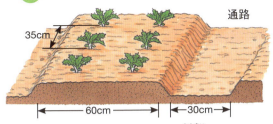

35cm

60cm　30cm

通路

植えつけた後、株のまわりに灌水(かんすい)する

4 追肥

第1回
〈1株当たり〉
化成肥料　大さじ½杯

植えつけの半月後、
株のまわりに

第2回　第1回の20日後
畝の両側に軽く溝を掘って
肥料をばらまき、溝を埋め
たら畝に土を寄せる

〈畝の長さ1m当たり〉
化成肥料　大さじ2杯
油粕　大さじ3杯

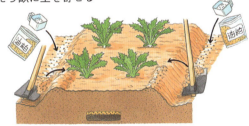

5 保温

直径5〜6cmくらいの
穴をあけ換気する

裾には土をかけ
て風に飛ばされ
ないように

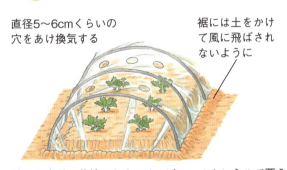

秋まき春どり栽培のためには、ビニールトンネルで覆う。
春になり、日中25〜26℃以上になれば換気する

6 遮光軟白

独特の苦みをやわらげて品質をよくするために軟白する

秋は15〜20日、
冬は30日ぐらい

黒色フィルムなど遮光資材をトンネル状にかける

いちばん簡単なのはテー
プで外葉を包むようにし
て縛る方法。
ただし、中のほうの葉し
か利用できない

プランター植えなら、
大きめの段ボール箱
ですっぽり覆って暗
くするとよい

7 収穫・利用

軟白した部分だけ
取り出して利用する

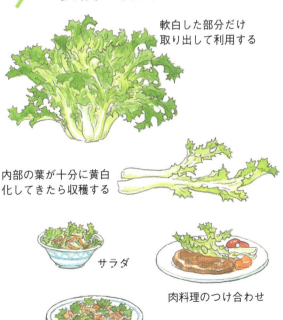

内部の葉が十分に黄白
化してきたら収穫する

サラダ

肉料理のつけ合わせ

いため物

シュンギク

栽培カレンダー

	1月	2	3	4	5	6	7	8	9	10	11	12
露地春まき		●●										
露地秋まき									●●			
トンネル秋まき												

●種まき　⌒トンネル被覆　━━収穫

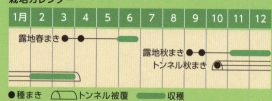

鍋物に欠かせませんが、天ぷらやおひたしにもよく、サラダやトッピングの材料としても人気があります。いずれにしても、とりたての新鮮さが魅力なので、家庭菜園にはまさに打ってつけの野菜です。生育適温は15〜20℃ですが、温度適応の幅は広く、簡単な防寒で冬でも良品が収穫できます。

品種　葉形がふっくらとした大葉種、切れ込みの大きい中葉種、葉が小さく香りの強い小葉種があります。摘み取りにはわき芽が多く出る株張り系が適しています。

栽培のポイント　乾燥には弱いので、保水性のある畑を選び、元肥に良質の堆肥を十分に施しておき、根張りをよくしましょう。

種子は一般に発芽率が悪く、そろいがあまりよくないので、まき溝は入念につくり、覆土や種まき後の鎮圧をていねいにします。苗を育てて植えつける方法をとってもよいでしょう。

間引きを遅れずにし、追肥・土寄せを入念に行い、しっかりした株にすると、葉の厚みのある良品が多く収穫できます。

1　元肥入れ

溝まきの場合
〈溝の長さ1m当たり〉
堆肥　5〜6握り
油粕　大さじ3杯
化成肥料　大さじ2杯

土をかけて埋め戻す

ベッドまきの場合
〈1㎡当たり〉
堆肥　バケツ½杯
油粕　大さじ5杯
化成肥料　大さじ3杯

全面に肥料をばらまき、耕す

2　種まき

溝まきの場合
畝を往復させながら溝の底面をきれいに平らにする

ベッドまきの場合
板切れなどで7〜8mmの深さの溝をつけ、種をまく

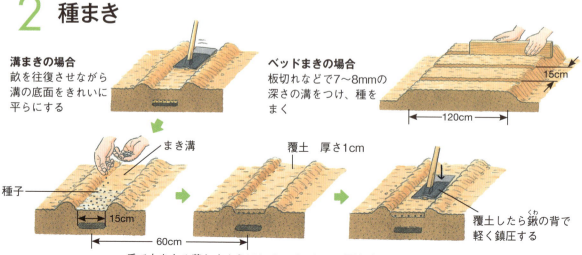

15cm

120cm

まき溝

覆土　厚さ1cm

種子

15cm

60cm

覆土したら鍬の背で軽く鎮圧する

手で土をもみ落とすようにして、ていねいに覆土する

3 間引き

第1回
本葉2枚のころ
2〜3cm間隔に

2〜3cm

第2回
本葉7〜8枚のころ
5〜6cm間隔に

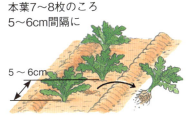

5〜6cm

摘み取りにする場
合は広めの10cm
くらいに

4 追肥

溝まきの場合

第1回
〈畝の長さ1m当たり〉
第1回間引き後
化成肥料　大さじ3杯

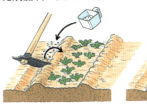

第2回
第2回間引き後、第1回の
反対側に同量施す

溝の片側に施し、軽く土寄せをする

ベッド条まきの場合
条間に肥料をまき、竹べらで混ぜる

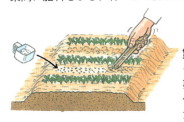

第1回
〈ベッド1㎡当たり〉
第1回間引き後
化成肥料
大さじ5杯

第2回
第2回間引き後
第1回と同量を条間に

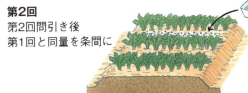

5 保温

春先の種まき時から保温

自然換気のできる
トンネル資材

トンネル骨材

換気孔

フィルム

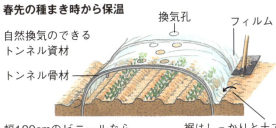

幅180cmのビニールなら
3列を覆い、高さ40cmく
らいのトンネルをつくる

裾はしっかりと土で
押さえておく

秋まきの冬に入ってからの防寒保温

浮き掛け

不織布などの
べた掛け資材

トンネル骨材

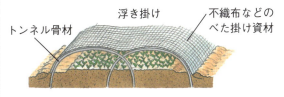

6 収穫

間引き収穫
本葉7〜8枚、草丈15cmくら
いになったら順次間引き収穫
するとよいものが得られる。
株間は5〜6cmに

摘み取り収穫
本葉10枚くらいになったら、
下のほうの葉3〜4枚を残し
て中心の茎を摘み取る

伸びたわき芽

わき芽が15cmくらいに
伸びたら摘み取る

摘み取り収穫では収穫を
長く楽しむことができる

〈プランター栽培〉

収穫は摘み取りで

長形プランターに2条まきする。半月に1回、化成肥
料大さじ2杯、または液肥を10日に1回追肥する

→保存法は228ページ参照

セルリー

栽培カレンダー

	1月	2	3	4	5	6	7	8	9	10	11	12
高冷地	●				○							
温暖地						○						

●種まき　○植えつけ　━━ 収穫

淡色野菜としては意外にカロテンを多く含み、繊維質にも富む健康野菜で、強い芳香とさわやかな歯ごたえは、肉料理やサラダに人気があります。一般に「セロリ」とも呼ばれます。

品種　『コーネル619』は古くからある有名な品種ですが、淡緑で作りやすいのは『トップセラー』です。スープの香りづけには小株で育てやすいスープセロリがあります。

栽培のポイント　夏から秋にかけては長野県などでとれる高冷地もの、冬から春にかけては暖地のハウス栽培ものが出回ることからもわかるように、高温、低温に比較的弱いので、まきどきを守ることがたいせつです。

まず夏の育苗管理を入念に行い、良苗をつくりあげましょう。そして秋の低温期に入るまでに大株に育てあげるよう、元肥を十分に与えた畑に植え出します。野菜のなかではもっとも多肥を好むので、元肥には多めの完熟堆肥と有機質肥料、化成肥料が必要です。追肥もしっかり与えます。夏には敷きわらをし、終始灌水を怠らないことも忘れてはなりません。

1　苗づくり

一昼夜水につける

布の上にこぼして水を切る

布に包んで涼しいところに2～3日置く（25℃以下）

種は芽がのぞいたころ、芽を傷めないようにていねいに、0.7～1cm間隔にまく

わら（なければ新聞紙を2～3枚重ねてもよい）

涼しい日陰に置く。芽が伸び始めたら遅れないようにわらなどを取り除く

9cm

目の細かいふるいで種がやっと見えなくなるくらい薄く覆土する

本葉3枚のころ苗床に移植する。少量なら鉢を利用する

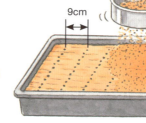

苗床には強光による昇温を防ぐため、遮光資材をかける

15cm

15cm

裾は開けて風を通す

本葉7～8枚の苗に育てる

2 畑の準備

〈1㎡当たり〉
堆肥　バケツ½杯
石灰　大さじ3〜5杯

前作は早めに片づけ、石灰、堆肥をまいて25〜30cmの深さによく耕す

3 元肥入れ

〈1㎡当たり〉
堆肥　バケツ½杯以上
化成肥料　大さじ5杯

鶏糞　3〜4握り
油粕　大さじ5杯

畝全面に堆肥と肥料をばらまき、耕し込む

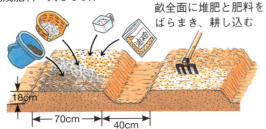

18cm
70cm　40cm

4 植えつけ

苗床からは土をたくさんつけて苗を抜き取り、ていねいに植えつける

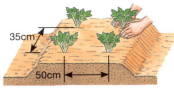

35cm
50cm

植えつけたら株のまわりにたっぷり灌水する

ミニセルリー栽培の場合は密植に

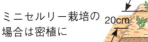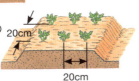

20cm
20cm

5 追肥

〈1株当たり〉
油粕
大さじ2杯
化成肥料
大さじ1杯

肥料が不足しないよう15〜20日おきに追肥する

6 管理

畝全面にわらを敷いて乾燥を防ぐ。秋になったら取り除く

敷きわら

多くの水分を必要とするので、夏の晴天が続くようなときにはたっぷりと灌水する

7 病害虫防除

下葉かき
黄変した外葉はかき取る

若い葉や外葉の裏にアブラムシがつきやすく、斑点病、葉枯病などが出やすいので薬剤散布して防ぐ

8 収穫

小さいときから長く利用するには、あらかじめ密植しておく

草丈30〜35cmくらいになったものから逐次収穫、利用する

通常1.5〜2kgくらいに育ったら収穫する

→利用法は228ページ参照

セリ

独特の香りとシャキッとした歯ざわりが好まれ、長い栽培歴をもつ日本古来の野菜。きれいな水のある場所に競り合うように育つので、その名がついたといわれます。多湿を好む多年生で、地中に匍匐枝（ほふく）を伸ばして旺盛に育ちます。暑さや寒さに強く、育てやすいので、性質さえ押さえておけば成功すること請け合いです。

品種　野生種を栽培してきたので、品種として成立せず、地方によって選抜されたいくつかの系統（千葉の『八日市場』『八日市場晩生』、宮城の『飯野川』『仙台』、島根の『島根みどり』『松江むらさき』など）があります。

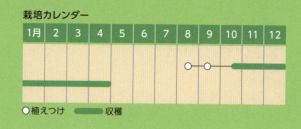

栽培カレンダー

1月	2	3	4	5	6	7	8	9	10	11	12

○植えつけ　━━収穫

栽培のポイント　苗は、少しなら水辺に自生しているものを採取するか、または野菜として市販されているものを挿して発根させます。たくさん得るには、これを親株として養成し、夏にたくさん伸びた匍匐枝から先端や発根部分を切り取り、増殖育苗します。

水田づくり、畑づくり、プランターづくりとさまざまな栽培方法がありますが、いずれも適切な水管理がポイントです。

1 苗づくり

自生しているものを採取する場合
茎が太く充実したものを採取する

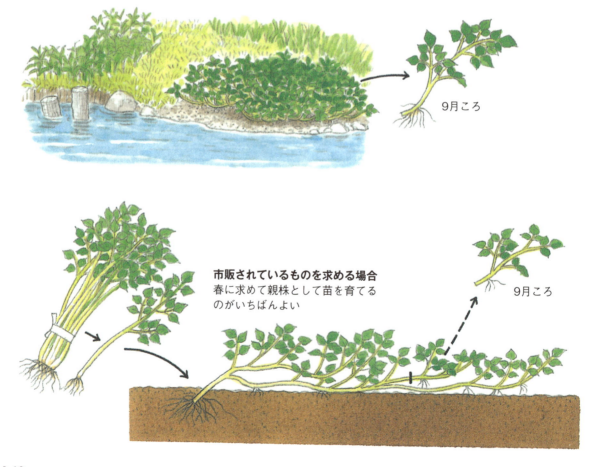

9月ころ

市販されているものを求める場合
春に求めて親株として苗を育てるのがいちばんよい

9月ころ

2 植えつけ

畑利用の場合

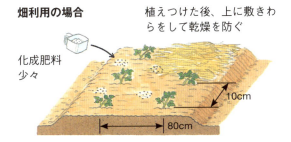

化成肥料
少々

植えつけた後、上に敷きわらをして乾燥を防ぐ

10cm

80cm

水田利用の場合

化成肥料　少々

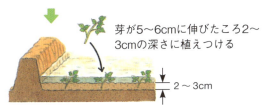

芽が5〜6cmに伸びたころ2〜3cmの深さに植えつける

2〜3cm

3 栽培管理

畑利用の場合

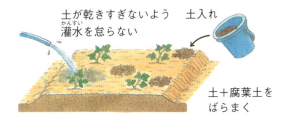

土が乾きすぎないよう灌水（かんすい）を忘れない

土入れ

土＋腐葉土をばらまく

霜が降り始めたころから防寒する

日中温度が上がりすぎないよう換気孔をつくっておく

ビニールトンネル
暖地では寒冷紗（かんれいしゃ）でもよい

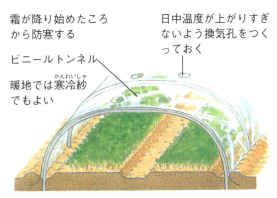

水田利用の場合

植えつけ半月くらいは2〜3cmの深さに

水

夜

葉先が3cmほど水面上に出るくらい

寒い夜は水を深くたたえて防寒する

昼

葉先が10cmほど出るくらい

昼は浅水とする

〈箱で栽培する場合〉

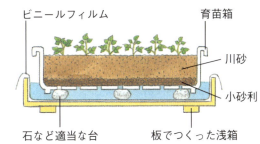

ビニールフィルム

育苗箱

川砂

小砂利

石など適当な台

板でつくった浅箱

4 収穫

畑ゼリ
畑やプランター栽培では摘み取り収穫をしてもよい

摘み取り

田ゼリ
芽の長さが15cmになったものから、茎葉を傷めないよう、根元から引き抜く

抜き取り

→利用法は228ページ参照

パセリ

ギリシャ・ローマ時代から薬用や香辛料に用いられており、ビタミン、ミネラルも豊富で、つけ合わせ、サラダやゴマ和えに、みじん切りにして天ぷらの衣にと、用途は広がります。

品種 縮葉種と平葉種があり、一般には前者の緑の濃いパラマウント系が流通しています。夏秋どりには『瀬戸パラマウント』『カーリーパラマウント』、周年どりには『ニューカールサンマー』などがあります。後者の平葉種は葉に縮みがなく、「イタリアンパセリ」や「パースレー」などの名で人気を高めてきています。

栽培のポイント 冷涼を好み、盛夏には生育が衰

栽培カレンダー

	1月	2	3	4	5	6	7	8	9	10	11	12
春まき栽培	●	○										
初夏まき栽培					●		○					
秋まき栽培									●	○		

● 種まき　○ 植えつけ　▬ 収穫
⌢ トンネル（べた掛けを含む）被覆

えますが、通常の手入れで十分に越夏します。冬の新葉の再生には5℃以上の気温が必要ですが、0℃以下になっても越冬するので、家庭用としては、周年栽培することができます。

通常、春まきまたは秋まきとします。種子は発芽しにくいので、まく前によく水洗いして発芽抑制物質を洗い流しておきます。

収穫は下のほうの葉から順に行い、新葉の生長をうながすようにすることがたいせつです。

1 苗づくり

育苗箱に種を1cm四方に1粒くらいの密度でばらまく

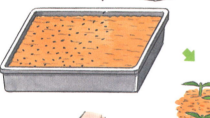

本葉2枚のころに3号のポリ鉢に移植

少ない苗数でよければ鉢に直接種まきして育苗してもよい

仕上がり苗
本葉5～6枚になったら定植する

2 元肥入れ

〈畝の長さ1m当たり〉
完熟堆肥　5～6握り
化成肥料　大さじ3杯
油粕　大さじ5杯

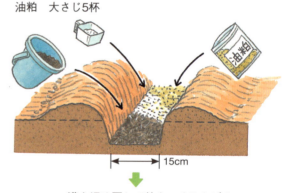

15cm

溝を埋め戻して畝をつくりあげる

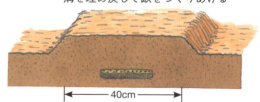

40cm

3 植えつけ

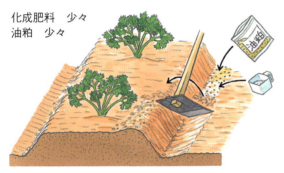

株元を深く埋め
すぎないように

25cm

元肥

70cm

4 追肥

化成肥料　少々
油粕　少々

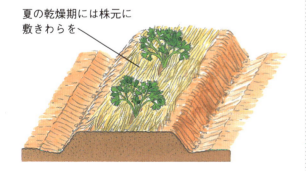

生育の様子をみながら15～20日に1回くら
い、肥料を畝の側方にばらまき、鍬で軽く土
に混ぜながら崩れた土を畝に盛り上げる

5 敷きわら

夏の乾燥期には株元に
敷きわらを

6 害虫防除

キアゲハの幼虫は大敵。少ない株数なら
小さいうちに毎日捕殺を

春・秋の発生時には
殺虫剤を散布する

成虫が飛来したら
要注意

7 収穫

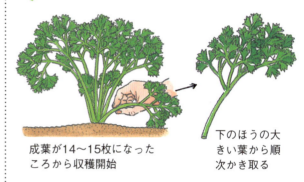

成葉が14～15枚になった
ころから収穫開始

下のほうの大
きい葉から順
次かき取る

〈プランター栽培にも〉

長形のプランターに2株植える。
半月に1回、化成肥料をばらまき、
土に混ぜ込む

土の表面が硬くなったら竹べらなどでやわらげる

→利用法は229ページ参照

ホウレンソウ

各種ビタミンやミネラル、機能性成分も豊富に含まれるので、健康を考えるうえでも、年間を通じて作りたい重要な野菜です。耐寒性は強く、0℃でも生育し、零下10℃にも耐えます。逆に高温には弱く、20℃以上では生育が悪くなるので、夏に収穫するには品種や資材を選び、水やりなどの工夫と努力が必要です。

品種 古くからある、葉の切れ込みが深く根ぎわの赤い東洋種と、葉が厚く丸みのある西洋種、およびその雑種に大別されます。時期に合わせ、とくに春まきはとう立ちしにくい春まき用を、夏まきには耐暑性のある品種を選びましょう。

栽培カレンダー

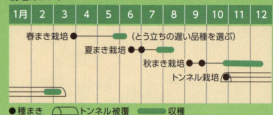

	1月	2	3	4	5	6	7	8	9	10	11	12

春まき栽培 ●―― （とう立ちの遅い品種を選ぶ）
夏まき栽培 ●――
秋まき栽培 ●●――
トンネル栽培 ●―

● 種まき 　〜トンネル被覆　 収穫

栽培のポイント 酸性にはきわめて弱く、pH値が5.2以下では生育不良となるため、畑には石灰を施します。土壌への適応性の幅は広いほうですが、多湿には弱く、排水が悪いと生育不良や病害が多くなるので、雨期には畑の表面の排水をよくします。

高温期の栽培では、雨に打たれたり、強い日ざしに当たったりしないよう、フィルムや遮光資材を利用します。

1 畑の準備

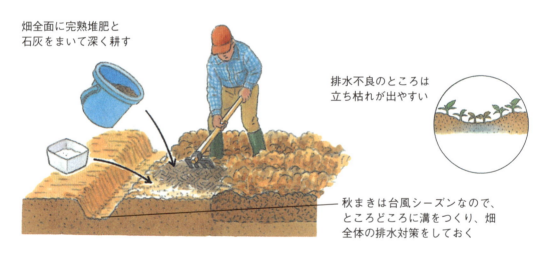

畑全面に完熟堆肥と石灰をまいて深く耕す

排水不良のところは立ち枯れが出やすい

秋まきは台風シーズンなので、ところどころに溝をつくり、畑全体の排水対策をしておく

2 元肥入れ

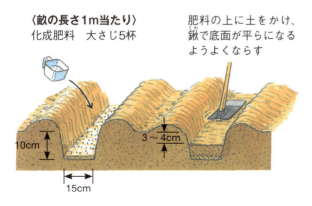

〈畝の長さ1m当たり〉
化成肥料 大さじ5杯

肥料の上に土をかけ、鍬で底面が平らになるようよくならす

10cm　3〜4cm　15cm

良

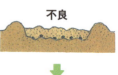
不良

まき溝の底面が平らで覆土の厚さが均一なら、発芽や生育がよくそろう

まき溝の底面にでこぼこがあったり、覆土の厚さにむらがあると発芽や生育が不ぞろいとなる

3 種まき

種をまく前に溝全体に
たっぷり水をまいておく

溝まきの場合

2cm四方くらいに1粒
ずつばらまきする

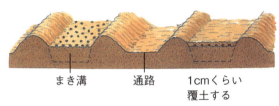

まき溝　　通路　　1cmくらい
覆土する

ベッドまきの場合

板切れで15cm間隔に、
幅2cm、深さ1cmくらい
のまき溝（すじ）をつけ、1.5〜2
cm間隔で条まきする

1cmくらい覆土した後、
たっぷり水をまく

4 間引き

第1回
本葉1枚のころ
3〜4cm間隔に

第2回
草丈が7〜8cmに伸びた
とき、5〜6cm間隔に

〈トンネル掛け〉

雨よけ（夏）
遮光資材か全面に小穴
が開いたフィルム

遮光資材を使うと地温が低下して発芽
がそろうが、生長とともに光線不足に
なり、軟弱徒長になりやすい。全面に
小穴のあいたフィルムなら多少雨は入
るが換気ができ、使い勝手がよい

寒冷紗（かんれいしゃ）の虫よけ

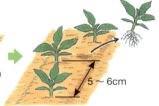

寒冷紗（べた掛け資材でもよい）

葉上にべた掛けにすると網目
を通して害虫が産卵するので、
かまぼこ形のトンネル被覆に
するとよい

5 追肥

第1回、第2回間引きの
後、畝間に化成肥料を
施し、軽く耕し込む

〈畝の長さ1m当たり〉
化成肥料　大さじ3杯

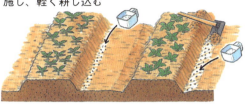

6 病害虫防除

ヨトウムシ
周辺に雑草が多いと被害が大
きい。べた掛け資材を被覆す
るか殺虫剤を散布する

ベト病
密植で発生しやす
い。早めに殺菌剤
を散布する

7 収穫

草丈が25cm程度になったら収穫する。
通常流通しているものより大きく、30cm
くらいになっても味を楽しめる

東洋種

雑種

→利用法は229ページ参照

保温①
べた掛け
資材

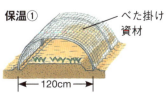

←120cm→

保温②
穴あき
フィルム

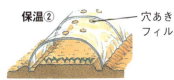

シソ

　和風料理には欠かせない香味野菜。収穫時期や部位を変えれば五変化するという使い道の広さが特徴です。育て方はやさしく、プランター栽培にも適しているので、庭先やベランダなど、身近で栽培しておくと便利です。

品種　多く用いられるのは緑色の「青ジソ」と赤紫色の「赤ジソ」ですが、それぞれに葉が縮れる『ちりめん青』『ちりめん赤』があります。実ジソ用には『うら赤』が適しています。

栽培のポイント　本葉4枚ほどの苗に仕上げて畑に植えます。毎年栽培している畑では、4月ころにこぼれた種が発芽するので、これを移植して苗に仕上げてもかまいません。ただし、その場合、しだいに退化するので、葉形、色などのよいものを選んで植えましょう。

　花芽は短日状態になると分化するので、電灯で夕方から夜9時ころまで照らして分化を防ぐと、秋にも良質の大葉が得られます。

　害虫（シソフシガ、ベニフキノメイガ）対策は、早いうちに捕殺するか、薬剤散布により防除します。

栽培カレンダー

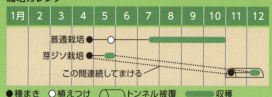

	1月	2	3	4	5	6	7	8	9	10	11	12
普通栽培				●	○							
芽ジソ栽培			●									

この間連続してまける

● 種まき　○ 植えつけ　⌒ トンネル被覆　▬ 収穫

1　苗づくり

育苗箱に条まきする。新しい種は休眠しているので、3月までは発芽しない

種子の間隔は5～7mm

8cm

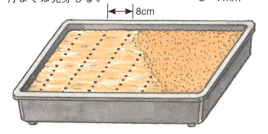

本葉が出始めのころに間引く

1.5cm

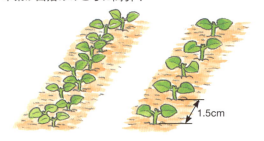

本葉が2枚のころ、ベッドをつくり移植する

9cm

9cm

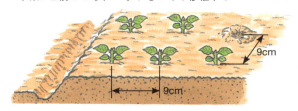

本葉4枚が大きく開いたころ、あらかじめ苗床に水をやり、十分土をつけた状態で掘りあげる

2　畑の準備

〈1㎡当たり〉
完熟堆肥　5～6握り
化成肥料　大さじ3杯
油粕　大さじ5杯

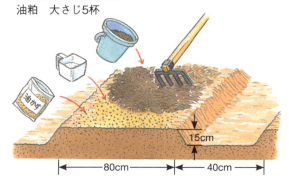

15cm

80cm　40cm

3 植えつけ

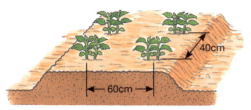

初めは生育が遅く、収穫できる葉が少ないため、1か所に2株植える。以後も2本立ちでよいが、込み合うようなら途中で間引きして1本に

4 追肥・敷きわら

草丈が15〜20cmのころ、ベッドの両わきに追肥し、鍬で土と混ぜてベッドに上げる。以後、半月に1度くらい、少量の追肥を行う

〈1株当たり〉
化成肥料
大さじ1杯

乾燥を嫌うので夏に入る前に敷きわらをする

5 収穫・利用

大葉（おおば）

青ジソは刺し身のつまや天ぷらに。赤ジソは梅干しやショウガの色づけに

主枝の葉が10枚以上になったころから、下のほうの葉から順に摘み取る

花穂ジソ

開花

花軸のつぼみが下30％ほど開花したころ、刺し身のつまや天ぷらに

穂ジソ

下のほうが実を結び、上のほうに少し開花中のものが残るころ、天ぷらや実をしごいて漬け物に添える

シソの実（こき穂）

十分実入りしたものを、煮物やつくだ煮に

〈簡単な芽ジソ作り〉

用土
川砂8
ピートモス2

①5〜6mm間隔に種をばらまき（覆土はごく薄く）、新聞紙で覆う

②発芽ぞろいしたら新聞紙を取り、日に当てる

③液肥を1回与える。はさみで収穫する

つま物や汁の実に

青芽
本葉が出ないうちに

赤芽（むらめ）
本葉が2枚出たころに

149

モロヘイヤ

栽培カレンダー

1月	2	3	4	5	6	7	8	9	10	11	12

トンネル栽培

露地栽培

●種まき　○植えつけ　⌒トンネル被覆　━収穫

その名は「王家の野菜」を意味するアラビア語「モロベイヤ」に由来します。カルシウム、ビタミンB$_1$・B$_2$が豊富な健康野菜。くせのない味で、刻むとぬめりが出ます。

品種　品種の分化は見られないので、「モロヘイヤ」の名称で市販されている種子を求めて栽培します。

栽培のポイント　高温性なので、十分暖かくなった4〜5月に種をまき育苗します。2日ほど前から種子をぬるま湯につけておき、それから種まきをすると、発芽がよくそろいます。苗も売り出されているので、これを利用すれば、栽培はたいへん楽になります。

低温に弱いので、植えつけ時の畑の地温が低いときにはポリマルチをしてから植えつけるのが無難です。茎は比較的弱いので、風当たりの強いところでは支柱を立てて保護します。軟らかい良品を次々と収穫するためには、よい側枝を多く発生させることが重要です。そのために追肥は回数多く施し、肥切れや収穫疲れを起こさせないような肥培管理を心がけましょう。

1 苗づくり

種が小さいので覆土は1〜2mm厚さで、ていねいに

5〜6粒

苗が育つにつれて間引いて1本立てに

草丈が15cmくらいになったころ畑に植える

2 畑の準備

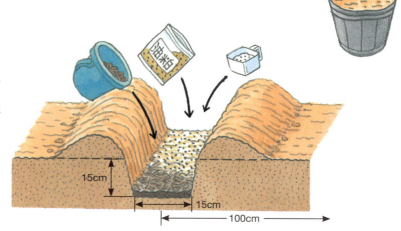

〈溝の長さ1m当たり〉
堆肥　5〜6握り
化成肥料　大さじ3杯
油粕　大さじ5杯

15cm

15cm

100cm

3 植えつけ

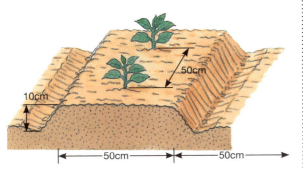

畑が乾いていたら株元に少し水をやる。春先には
やりすぎると地温が下がって生育によくない

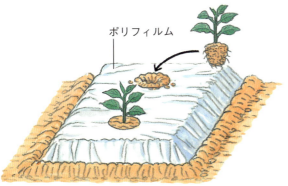

ポリフィルム

低温には弱いので、ポリフィルムをマルチして
地温を高めるとよい。早どりしたい場合はトン
ネル栽培とする

4 追肥

〈1株当たり〉
化成肥料　大さじ1杯
油粕　大さじ1杯

植えつけ後20日
くらいから半月
に1回追肥する

軟らかい良品を次々と収穫するには、
よい側枝を多く発生させることがたい
せつ。そのために追肥を回数多く施し、
肥切れさせないようにする

5 管理

防乾のため敷きわ
らをして、よく水
をやる

敷きわら

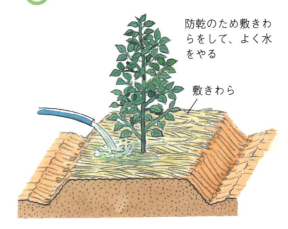

草丈が高くなりす
ぎたら上のほうの
葉を切り取る

切る

40～50cm

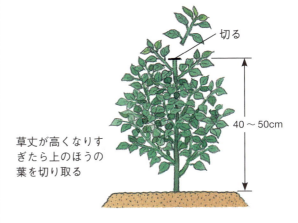

6 収穫

草丈が50cmくらい
伸びたころから、芽
先の軟らかなところ
を15～20cmの長さ
で、はさみまたは爪
で摘み取る。盛んに
分枝し、しだいに多
くの芽先が出て、収
量が増えていく

秋になると葉のつけ根に
黄色の花がつき、さやが
つく。種には毒性がある
ので食べないこと

→利用法は229ページ参照

フキ

山野に自生する、きわめて数少ない日本原産の野菜です。家の庭先や木陰、畑の片隅などに植えておけば、ほとんど手をかけなくとも長年とり続けられるのでたいへん便利。また、葉柄だけでなく、早春にとれるフキノトウの独特の風味を楽しむこともできます。

品種 品種として成立しているのは『愛知早生（わせ）』『水ブキ』、大型の『秋田フキ』などごく少数です。これらの根株が入手できなければ、自生種を採取し、種株とします。

栽培のポイント 植えつけの適期は8月下旬〜9月にかけてです。株を大きく掘り起こし、しっか

りした地下茎を、3〜4節（10〜15cmの長さ）に切り分け、種根として列状に植えつけます。夏の暑い日ざしを嫌うので、木陰など半日陰に植えるほうがよいでしょう。

良質のフキを得るためには、育ち盛りのころに若干の追肥をし、込み合ってきたころに株の間引きをします。

4〜5年くらいで全体を粗く植え替え、株の勢いを十分に回復させることがたいせつです。

栽培カレンダー

	1月	2	3	4	5	6	7	8	9	10	11	12
（1年め）								○ー○				
（2年め）			━━━ フキ									
（3年め）	━ フキノトウ ━━━ フキ											

○ 植えつけ　━━ 収穫

1 根株の掘りあげ

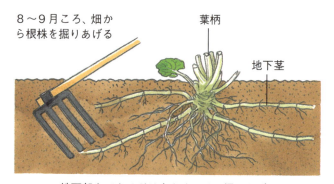

8〜9月ころ、畑から根株を掘りあげる

葉柄

地下茎

地下部をできるだけ大きくつけて掘りあげる

地下茎は節を3〜4節つけ、10〜15cmの長さに切り分ける

2 元肥入れ

あらかじめ石灰をまいて耕しておいた畑に鍬幅（くわ）の深さ7〜8cmの溝を掘り、元肥を入れて土を戻す

〈溝の長さ1m当たり〉
堆肥　たっぷり
油粕　1握り

元肥の上へ4〜5cmの土をかけ、植え溝をつくる

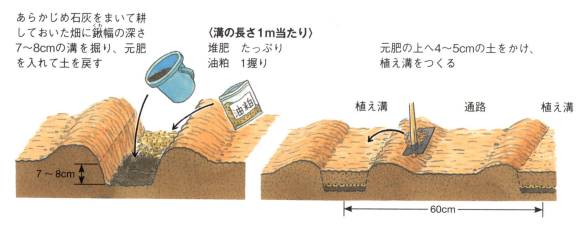

油粕

7〜8cm

植え溝　　通路　　植え溝

60cm

3 植えつけ

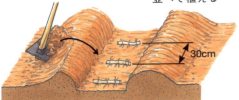

植えた後、覆土する

地下茎を溝面に水平に並べて植える

30cm

覆土の厚さは3〜4cm。厚くかけすぎないように

敷きわら

防乾・防暑のために敷きわらをしておく

4 追肥・灌水 (かんすい)

春から秋までの間に3〜4回、油粕を畝の通路側にばらまき、鍬で土に耕し込む

〈畝の長さ1m当たり〉
油粕　大さじ3〜4杯

夏に入ったら敷きわらを追加し、乾きが激しければ灌水する

5 日よけ

トウモロコシ、ソルゴーなどの丈の長い作物を列状に植えて日陰をつくる

遮光用寒冷紗 (しゃこう かんれいしゃ)

下方は大きく開けておく

木陰など半日陰の場所を選べば日よけの必要はない

べた掛け資材などをトンネル上部に被覆する

6 株の間引き

2年めころから畑全体が葉で覆われる。込み合ってきたら、1列おきくらいになるよう株を取り除いて間隔をとる

7 収穫

5〜6月ころから、葉柄が伸びてきたら硬くならないうちに逐次刈り取り収穫する

2月ころフキノトウを収穫。独特の風味を楽しむ

〈フキのいろいろ〉

愛知早生
葉柄がよく伸びる品種

山野や庭先にあるツワブキは同じキク科でもフキとは属が異なる別物

水ブキ
軟らかくて苦みが少ない

秋田フキ
高さ2m、葉の直径80〜100cmくらいにもなる巨大型

→利用法は229ページ参照

ミョウガ

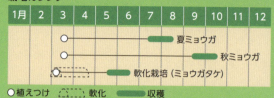

栽培カレンダー

1月	2	3	4	5	6	7	8	9	10	11	12
		○—————	————————	————————	————————	————	————	————	————		夏ミョウガ
		○—————	————————	————————	————————	————————	————————	————	————	————	秋ミョウガ
		○-----	————	————	————	————	————	————	————	————	軟化栽培（ミョウガタケ）

○ 植えつけ　┈┈ 軟化　━━ 収穫

　土中に地下茎が横に広がり、地上に茎状の芽をのぞかせます。夏から秋に着く花蕾（からい）は、花ミョウガとして利用します。出始めの茎を遮光（しゃこう）して軟化栽培すれば、いまでは希少価値となったミョウガタケとして利用できます。

品種　在来種としては、群馬の『陣田早生（わせ）』、長野の『諏訪一号』『諏訪二号』などがあります。一般に早生を夏ミョウガ、晩生（おくて）を秋ミョウガと呼び、花ミョウガ用には前者を、ミョウガタケ用には後者を用います。

栽培のポイント　3月ころ根株を掘り取り、畑に植えつけます。初めてのときは市販の根株を購入するようにしましょう。

　半日陰で、やや湿った土地を好むので、木漏れ日のさす樹木の下などが最適です。適温に保つためには、敷きわら（落ち葉、乾草などでもかまいません）は欠かせません。

　本格的な収穫は2年めからです。多年草なので何年でも続けて収穫できますが、4〜5年たつと芽数が増えすぎ、よいものができなくなるので、溝状に鍬（くわ）を入れて間引きます。

1　畑の準備

〈1㎡当たり〉
堆肥　バケツ1杯
石灰　大さじ3〜5杯

冬の間に堆肥と石灰をばらまいて20cmくらいの深さに耕しておく

20cm

2　根株の掘りあげ

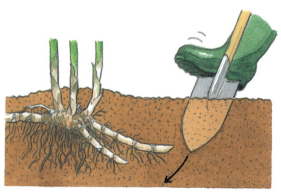

できるだけ根をつけて株を掘りあげる

株のまわりにシャベルを深く入れて根株を掘りあげる

3芽くらいついた充実した根を選ぶ

初めてのときは市販の根株を購入する

防乾剤といっしょに入っている

3 植えつけ

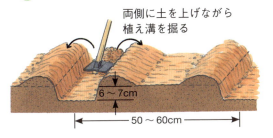

両側に土を上げながら
植え溝を掘る

6〜7cm

50〜60cm

30cm

8〜9cm

根株は1か所3本くらいずつ少し離して植えつける。
植え終わったら8〜9cmの厚さに覆土する

4 追肥

第1回
草丈20〜30cmに
伸びたころ

〈畝の長さ
1m当たり〉
化成肥料　大さじ3杯

第2回
1回めの1か月後

〈畝の長さ1m当たり〉
化成肥料　大さじ3杯

生育中2回くらい畝間に追肥し、軽く土に混
ぜ込む。畑全面に株が広がってきたら、葉に
かけないように全面に化成肥料をばらまく

5 敷きわら・灌水（かんすい）

芽が出始めたころ
全面に稲わらか乾
草を敷く

乾きやすい畑では
乾燥期には水をやる

6 収穫

花ミョウガ

○　×　とり遅れると
花が咲く

ふっくらとして中がよく締
まっているとき、遅れない
よう収穫する。開花してし
まうと品質を著しく損ねる

**軟化ミョウガ
（ミョウガタケ）**

細かく針のように切り、刺
し身のつまや吸い口、いた
めてゴマ和えなどに

丈が50cm
くらいになる

〈軟化ミョウガの作り方〉

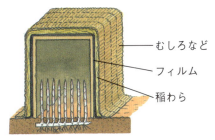

むしろなど
フィルム
稲わら

フィルムの上に保温資材を厚くかけて
温度を保ち、遮光する

**紅づけの仕方
日入れ**
（囲いの一部を一日5〜6時間開けて、外気と弱い光
を入れる）

第1回
5〜6cmのころ

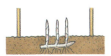

第2回
15cmくらいのころ

クウシンサイ

　本来、南方の水生植物で、多湿の土壌を好み、暑さにもきわめて強いため、青物の少ない盛夏でも盛んに生長し続けます。その反面、低温には弱いので、春先の生育は遅く、秋の気温低下で急に衰え、霜にあうとたちまち黒変し枯死してしまいます。

　品種　本来は湿地性ですが、陸性や中間性などの系統分化が見られ、葉形にも柳葉系と長葉系があります。ただし、品種として成立したものはありません。

　栽培のポイント　育苗する場合はトンネルで保温し、畑にじかまきする場合は十分暖かくなってからポリマルチをして種まきします。種子は吸水しにくく発芽に日数を要するので、一昼夜水に浸し、十分水を含ませてから種まきしましょう。しっかり育ったものなら、芽先を10cmくらい切り取り、土に挿して殖やすこともできます。

　乾きやすい畑では、ときどき灌水するとともに、夏は株元に稲わらや刈り草などを敷き、乾きすぎないように十分注意してください。

1　苗づくり

育苗する場合

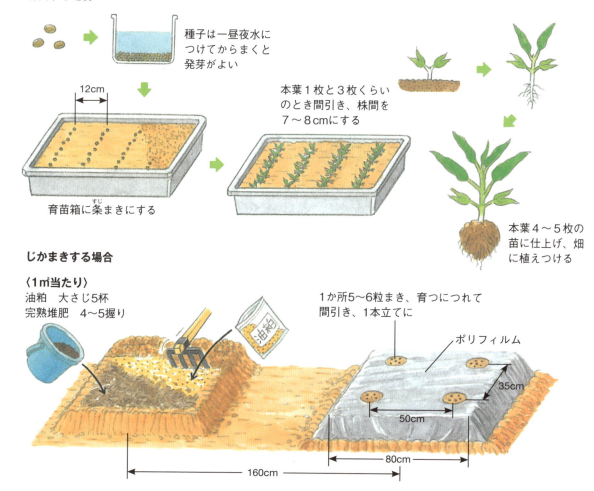

種子は一昼夜水につけてからまくと発芽がよい

12cm

育苗箱に条まきにする

本葉1枚と3枚くらいのとき間引き、株間を7～8cmにする

本葉4～5枚の苗に仕上げ、畑に植えつける

じかまきする場合

〈1㎡当たり〉
油粕　大さじ5杯
完熟堆肥　4～5握り

1か所5～6粒まき、育つにつれて間引き、1本立てに

ポリフィルム

35cm

50cm

80cm

160cm

2 畑の準備（育苗の場合）

〈畝の長さ1m当たり〉
油粕　大さじ5杯
堆肥　4〜5握り

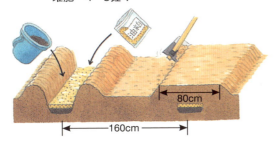

160cm
80cm

3 植えつけ（育苗の場合）

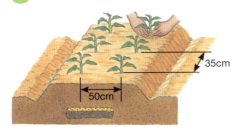

35cm
50cm

4 追肥・敷きわら

第1回
〈1株当たり〉
化成肥料　大さじ2杯
油粕　大さじ5杯

敷きわら

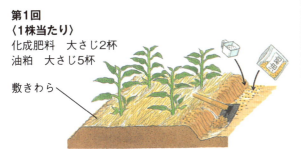

草丈が15cmほどに伸びたころ、浅い溝を掘り、
肥料を施して耕し込み、株元に敷きわらをする

第2回以降
〈1株当たり〉
化成肥料
大さじ2〜3杯

大きくなってからの追肥は葉色と収量を見
計らいながらところどころばらまく。およ
そ半月に1回くらいとする

5 収穫

はさみで切り取る

初めのころの収穫は
根元の葉を2〜3枚
残して切り取る

蔓（つる）が全面にはびこってきてからの収穫は、適宜立
ち上がった芽先を15cmくらいの長さに切り取る

6 利用法

茎と葉に分けて用い
れば2種の野菜のよ
うにもなる

熱湯にさっとくぐら
せる程度にして

ゆでる

おひたし

ゴマ和え

油いため
バターいため

刻んで汁やスー
プの具に

ルバーブ

ギリシャ、ローマでは紀元前から医薬品に用いられたとされ、欧州やロシアでは家庭菜園でよく見かけます。強い酸味はジャムにすぐれており、また砂糖煮やパイの具にも好適です。

品種 紅茎種と緑茎種がありますが、紅茎の色濃いものが望ましいです。『ビクトリア』『マンモス・レッド』などがありますが、国内では品種ごとには手に入りにくく、単にルバーブとして販売されているものを購入するしかありません。

栽培のポイント 自分で苗づくりするか、または栽培されている知人等から根株を分けてもらうなどしてつくり始めましょう。強健な多年草ですの

で、いちど植えておけば、数年以上続けて収穫することができます。

湿気の多い土壌に弱く、しだいに生育が衰え、消滅してしまう場合もあるので、排水のよい畑を選んで栽培します。植えつけ時には粗い堆肥と肥料を与え、夏に1〜2回追肥。7月ころとう立ちしてくるので、早めに摘除するくらいで、案外手間をかけずに育てることができます。

栽培カレンダー

1月	2	3	4	5	6	7	8	9	10	11	12
		1年め ● ●						○ ○			
			2年め ▬▬▬▬▬▬								
			3年め ▬▬▬▬▬▬▬▬								

● 種まき　○ 植えつけ　▬ 収穫

1 苗づくり

 種は3〜4翼あり、一見ソバの種に似ている

 3号のポリ鉢に5〜6粒まいて覆土する

 本葉1〜2枚のころ間引いて1本立てに

 本葉4〜5枚のころ畑に植えつける。根を傷めないようたっぷり水をやってから鉢から外す

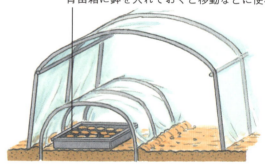 育苗箱に鉢を入れておくと移動などに便利

発芽に日数がかかり初期生育が遅いので、初年の収量を高めるにはハウス内で育苗する

2 畑の準備

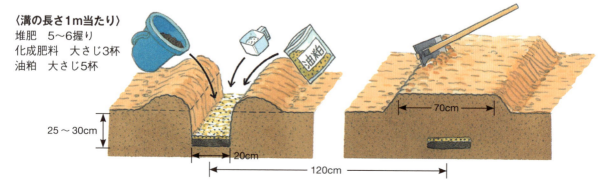

〈溝の長さ1m当たり〉
堆肥　5〜6握り
化成肥料　大さじ3杯
油粕　大さじ5杯

25〜30cm
20cm
120cm
70cm

3 植えつけ

ハウスで育った苗を早植えするときはマルチするとよい

ナイフで切り込みを入れ苗を植えつける

黒色のポリエチレンフィルム

4 追肥

〈1株当たり〉
化成肥料　大さじ1杯

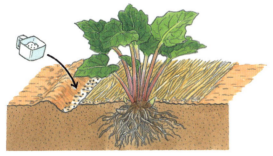

夏に1〜2回
溝を切って肥料を施し、土寄せする

5 摘蕾 <ruby>てきらい<rt></rt></ruby>

7月ころにとう立ちしてくる。そのままにしておくと葉の育ちが悪くなるので、早めに摘除する

切る

6 冬の追肥・土寄せ

〈1株当たり〉
堆肥　4〜5握り
油粕　大さじ3杯

根は強大に伸びるので、冬の休眠中にしっかり肥料を施しておく

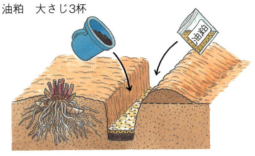

春先発芽前に盛り土をすると紅色の発色のよい軟らかな葉が出てくる

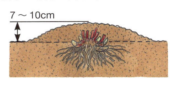

7〜10cm

土の状態でかげん。排水のよい土は厚くする

7 収穫・利用

葉にはシュウ酸が多く含まれ、食用には向かない

収穫

切る

赤紫色の葉柄の部分を利用する

5〜6月の生育盛りには、2週間に1回くらい2〜3枚ずつ収穫する。梅雨明けころから生育が鈍るので、収穫を減らしていく

さわやかな酸味のあるジャム、砂糖漬け、シャーベットなどに

ジャム　　シャーベット　　砂糖漬け

エゴマ

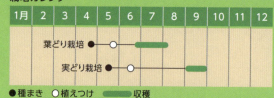

弥生時代にはすでに栽培歴があったとされ、油は食用・工業用として重宝されてきましたが、菜種油などが登場し、さらに工業用油として石油の利用が進むにつれ、一時期影が薄くなっていました。ですが、健康によいとされるエゴマ油の原料などとして葉の利用が注目されています。

品種　品種として名づけられたものはありませんが、種子の色に黒、白、茎の色に青、赤があり、自生したもの、自家採種されているものもあるようです。一般には『エゴマ』として市販されているものを買い求めます。

栽培のポイント　自生するくらいですから強健で、他の野菜に比べると栽培は容易です。

葉どり用の場合は4月、実どり用は5月に種まきします。いずれも育苗箱にまき、ベッドに移植するか、セルトレイにまくかして、本葉5〜6枚の苗に仕上げて畑に植え出します。

葉の利用のためには追肥や灌水にも留意しましょう。生育盛りになると茎葉が大きく伸び上がり、葉が軟弱化してくるので、適宜、枝や葉を間引く必要があります。

栽培カレンダー

	1月	2	3	4	5	6	7	8	9	10	11	12
葉どり栽培												
実どり栽培												

●種まき　○植えつけ　━━ 収穫

1 苗づくり

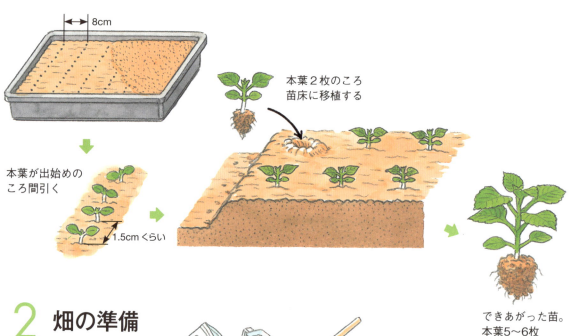

8cm

本葉が出始めのころ間引く

1.5cmくらい

本葉2枚のころ苗床に移植する

できあがった苗。本葉5〜6枚

2 畑の準備

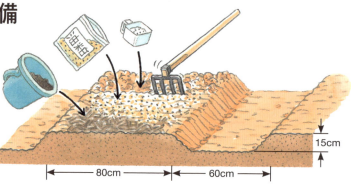

〈1㎡当たり〉
完熟堆肥　5〜6握り
油粕　大さじ3杯
化成肥料　大さじ2杯

質のよい葉をたくさんとるにはよい堆肥を施す

15cm

80cm　60cm

3 植えつけ

植えつけて株のまわりに
たっぷりと灌水する

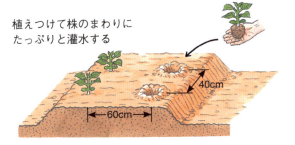

40cm

60cm

4 追肥

第1回
〈1株当たり〉
化成肥料
大さじ1杯

草丈が15〜20cmに伸びたころ、
ベッドの両側にばらまき、鍬で
土に混ぜてベッドに上げる

第2回以降
〈1株当たり〉
化成肥料　大さじ1杯

生育盛りに入ったら、草
勢や葉色を見ながら半月
に1回くらい追肥する

株のまわりに
点々とまく

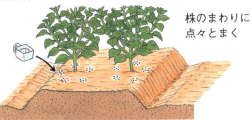

5 敷きわら・灌水

夏に乾燥が激しいとよい葉がとれないので、
乾きやすい畑では敷きわらや灌水を入念にする

6 収穫・利用

葉
主枝の葉が10枚以上になった
ころ、下のほうの葉から順に
上に向かって摘み取る

分枝して葉がたくさん着いてきたら、軟らかくて
厚みのある葉を選んで摘み取る

焼き肉を包んで食べる。
キムチやしょうゆ、
塩で漬ける

実
搾油用としての収穫は子実が完熟してから刈り取
る。葉を利用する場合と違い、広い畑で粗放的に
栽培する。地力の低い畑でも案外よく作れる

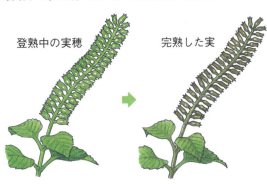

登熟中の実穂　　　　　完熟した実

登熟中の実穂はすりつ
ぶしてドレッシングな
どの風味づけに

完熟した実は、焙煎し
て搾ると、α-リノレ
ン酸が豊富で話題のエ
ゴマ油に

タマネギ

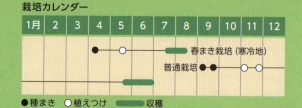

栽培カレンダー

	1月	2	3	4	5	6	7	8	9	10	11	12

●種まき ○植えつけ ▬▬収穫

春まき栽培（寒冷地）
普通栽培

　独特の香りと強い刺激臭は、肉や魚のくさみを消し、甘みを添えるなどさまざまな料理に利用できます。また、貯蔵性が高く、連作が可能なのも、家庭菜園にとって大きな魅力です。

品種　早生（短日で肥大）から晩生（長日にならないと肥大しない）まで多くの品種があり、早生では『ソニック』『マッハ』『貝塚早生』、中生では『ＯＬ黄』『ターボ』、中晩生では『淡路中甲高』『アタック』などが代表的なものです。また、生食用としては、赤紫の『湘南レッド』『猩々赤』などがあります。

栽培のポイント　極早生種と晩生種では約20日くらいの適期の違いがあります。晩生種を早くまきすぎると春になってとう立ちが多くなり失敗します。したがって品種の特性に合った種まきの時期に留意しましょう。

　元肥にリン酸成分を多めに施し、冬までに根張りをよくしておきます。深植えを避け、植えた後、株元の土を鎮圧しておくこともたいせつです。貯蔵する場合、畑からの抜き取りは、倒伏状態をみて早めに行います。

1 苗づくり

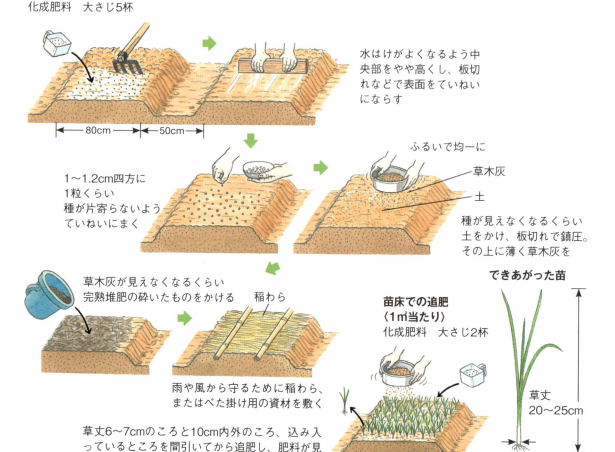

〈1㎡当たり〉
石灰　大さじ5杯
化成肥料　大さじ5杯

あらかじめ石灰、化成肥料を畑全面にまいて、耕しておく

水はけがよくなるよう中央部をやや高くし、板切れなどで表面をていねいにならす

80cm　50cm

1～1.2cm四方に1粒くらい種が片寄らないようていねいにまく

ふるいで均一に

草木灰
土

種が見えなくなるくらい土をかけ、板切れで鎮圧。その上に薄く草木灰を

草木灰が見えなくなるくらい完熟堆肥の砕いたものをかける

稲わら

雨や風から守るために稲わら、またはべた掛け用の資材を敷く

苗床での追肥
〈1㎡当たり〉
化成肥料　大さじ2杯

草丈6～7cmのころと10cm内外のころ、込み入っているところを間引いてから追肥し、肥料が見えなくなるくらいにふるいで土入れをする

できあがった苗

草丈
20～25cm

径4～5mm

〈ベッド植えの場合〉　　　〈条植えの場合〉

注意：堆肥はとくに完熟したものを用いる。未熟なものなら入れないほうがよい

2 元肥入れ

〈1㎡当たり〉
完熟堆肥　4〜5握り
化成肥料　大さじ5杯
過リン酸石灰　大さじ5杯

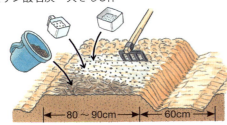

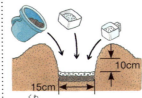

←北（西）　南（東）→

〈1㎡当たり〉
化成肥料　大さじ2杯
過リン酸石灰　大さじ2杯
完熟堆肥　少量

北（西）側の山は崩さない

10cm

15cm

鍬幅の溝を掘り、元肥を入れる

肥料が直接根に触れないように5cmくらい土をかける

3 植えつけ

指先で挿し込んで、株元の土を締めておく

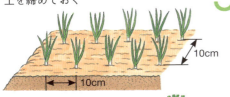

10cm

10cm

植えつけの深さ

白いところが地上に出ていること

2〜2.5cm

北（西）　　　　南（東）

8〜9cm

できるだけ直立に近づけて根が下方に入るように植える

苗を配置後土をかけ、足で株元を踏みつけて、根を土になじませる

4 追肥

〈1㎡当たり〉
化成肥料　大さじ3杯

株間に肥料を施し、竹棒などで軽く土に混ぜ込んでおく

〈列の長さ1m当たり〉
化成肥料　大さじ2杯（1〜2回とも同じ）

第1回　12月中・下旬
第2回　3月上旬

列に沿って鍬で軽く溝をつくり、肥料を施して土をかぶせておく

5 収穫・貯蔵

全株の約8割が倒伏したころ、天気のよい日を見計らって全部引き抜く

3〜5日たち茎葉がおおむね乾いたら貯蔵する

風通しのよいところに5株くらいずつまとめてつるす

つるす場所がないときは茎葉を切除して網かごに入れ、風通しのよいところに置く

→利用法は229ページ参照

ラッキョウ

甘酢漬けはカレーライスの名脇役としておなじみですが、そのほかみそ漬け、ゆでて酢じょうゆに、若どりしてエシャレット代わりに生食にしたりと用途は多彩です。

砂壌土が最適ですが、幅広い土壌に適応し、畑の周囲や傾斜地でも栽培でき、あまり手間がかからず、連作にも耐えるのも魅力です。

品種　種子が採れず、種球での維持なので品種の分化はあまり見られず、『八ツ房』『ラクダ』『玉ラッキョウ』『九頭龍』があるくらいです。代表的なものは『ラクダ』で、長卵形で大粒なのが人気で、各地で多く栽培されています。『玉ラッキョウ』は小粒で、『九頭龍』とともに、酢漬けの花ラッキョウに用いられます。

栽培のポイント　生育期間が長いので、前後作のことをよく考えて畑を選び、よい種球を求めて栽培することです。

種球を多くまとめて植えたり、1年めは収穫せず、2年据え置きにして栽培し続けると、玉数は増えますが、肥大しにくく、小球を数多く収穫することができます。

栽培カレンダー

1月	2	3	4	5	6	7	8	9	10	11	12
						普通栽培	○○				
						2年据え置き栽培	○○				

○植えつけ ━━━ 収穫

1 種球の準備

6月に収穫し、乾かしておいたもの

1球ずつにばらして、枯れ葉を取り除く

種球のできあがり

2 畑の準備

前作はなるべく早く片づけ、よく耕しておく

小肥でもよく育つので、元肥としては何も入れない

鍬幅で4〜5cmの深さの溝をつくる

3 植えつけ

1球植え（普通）
数は少ないが
大きい球がとれる

3球植え
小球が多く収穫できる

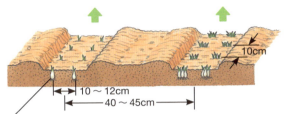

10cm

10～12cm

40～45cm

球を立てて
土に挿し込む

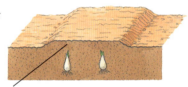

種球の上に2～3cmの厚さに覆土する

4 追肥

やせ地でもよくできるので、肥料
は通常施さなくてもよいが、あま
りにも葉色が薄いようなら2～3
月ころ追肥し、軽く土と混ぜる

〈畝の長さ
1m当たり〉
化成肥料
大さじ2杯

5 土寄せ

3～4月の盛んに
育ってきたころ土
寄せをする

土寄せしないと
丸球や長球が増え、
良球率が低くなる

○　×　×

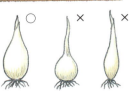

6 収穫

翌年6月下旬～7月上旬、
長卵形に肥大し、球の芯
の青みがごく少なくなっ
たころ、葉が完全に枯れ
る前に収穫する

鎌で刈り取り、鍬で球
を掘りあげる

鍬を根の下いっぱいに
入れて掘りあげる

7 利用法

若どりし、みそをつ
けて生で食べる

ごく薄く切って削
り節をまぶし、しょ
うゆをかけても
おいしい

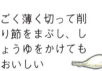

甘酢漬け
①水中でもみ洗いし、薄皮を取り除いて
きれいにする
②塩漬けにして重石をする
③1か月後、甘酢に漬け替える

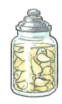

酢じょうゆ漬け
ゆでて酢じょうゆに漬ける

ニンニク

栽培カレンダー

1月	2	3	4	5	6	7	8	9	10	11	12

○植えつけ ━━━ 収穫

特有の強いにおいはアリシンで、糖質やビタミンB₁が多く、古くから香辛料や強壮のために利用されてきました。種子が採れないので、球の鱗片を種球に用いて栽培します。

品種 　地域により好適品種が異なるので、寒地では『寒地系ホワイト』、寒冷地では『ホワイト六片』、温暖地では『ホワイト』『福地ホワイト』『上海ホワイト』などの品種を選ぶことがたいせつです。

栽培のポイント 　種球は9月上旬ころまでは休眠状態にあるので、休眠が覚めてから植えつけます。元肥に用いる堆肥はよく腐熟したものを用い、害虫の持ち込みがないよう留意します。1株から2芽出た場合は早めに取り除き、また、春の生育盛りになるととう立ちしてくるので、出しだい早めに摘み取りましょう。

収穫は晴天日を見計らって行うようにします。ニンニクは球だけでなく、若い葉の状態で収穫すれば葉ニンニクに、とう立ちした花茎を伸ばして利用すれば茎ニンニクとなり、用途が広がります。

1 畑の準備

〈1㎡当たり〉
石灰　大さじ3〜5杯
油粕　大さじ3杯
化成肥料　大さじ3杯

畑が空きしだい全面に元肥をばらまき、15cmくらいの深さによく耕す

2 種球の準備

外側の薄い皮をむく　　分球をていねいにばらす　　1球ずつにする

3 植えつけ

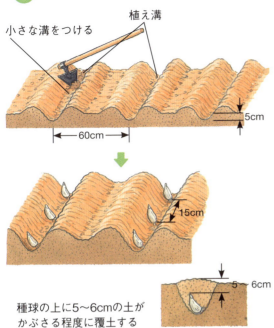

小さな溝をつける
植え溝
5cm
60cm

15cm

5〜6cm

種球の上に5〜6cmの土が
かぶさる程度に覆土する

4 追肥

第1回　10月
列の片側に肥料をまいて
軽く土と混ぜる

〈畝の長さ1m当たり〉
化成肥料　大さじ1杯
油粕　大さじ3杯

第2回　12月
量は1回めと同じ。畝間に肥料を
まいて軽く土をかぶせる

第3回　2月下旬
量、施し方は2回めと同じ

5 わき芽かき・摘蕾（てきらい）

分球し、芽が2本伸びた株が
あれば1本を取り除く

残す球の根元を
押さえてかき取る

春になり、とう立ちして、
葉の先端より長く伸び出
たらつぼみを早めに摘み
取る。摘み取ったつぼみ
は食べられる

6 収穫・貯蔵

茎葉が⅔くらい枯れてきた
ころが収穫の目安

抜き取ったらすぐに根を切り
離し、そのまま畑で2〜3日
乾かす。根切りが遅れると硬
くて切りにくくなるので注意

乾いたら7〜10球ずつ束ねて、
風通しのよい軒下などにつるし
ておいて順次利用する

→利用法は230ページ参照

ネギ

栽培カレンダー

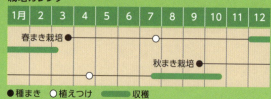

	1月	2	3	4	5	6	7	8	9	10	11	12
春まき栽培			●				○					
秋まき栽培									●			

● 種まき　　○ 植えつけ　　▬▬ 収穫

葉は葉身部（緑葉）と葉鞘部（白根）に分かれ、根深ネギはおもに葉鞘を、葉ネギ（170ページ）は葉身を主とし、軟らかい葉鞘部も利用します。

品種　関東では『千住合柄』『深谷』『石倉』『金長』などが古くからの代表的なものですが、このほか各地に多くの優れた在来品種や系統があり、改良品種も多数育成されています。

栽培のポイント　高温・乾燥や低温にもよく耐え、強健なほうですが、土壌の多湿にはたいへん弱いので、通気性のよい土壌が適しています。連作障害は出にくく、土寄せのために深く土を掘りあげ

るので、土の改良効果が現れ、畑を作付けるうえでたいへん好都合です。

苗はできるだけ大苗に仕上げ、大きさをそろえて植えましょう。

溝を掘って植えるので、降雨時に水がたまらないように排水対策を心がけます。土寄せを早くから多くやりすぎるといっそう多湿の害を受けやすいので、前半は少なめにし、寒くなるにしたがって多くすることがたいせつです。

1 苗づくり

〈畝の長さ1m当たり〉
完熟堆肥　3握り
化成肥料　大さじ3杯
油粕　大さじ3杯

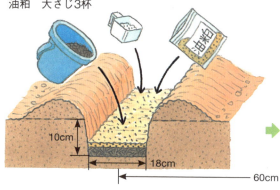

肥料を入れ、5〜7cmの厚さに土を戻す

溝の底面をていねいにならし、全面に1cm間隔くらいに種をばらまいて1cmくらい覆土する

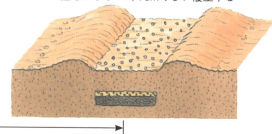

〈列の長さ1m当たり〉
化成肥料　大さじ2杯

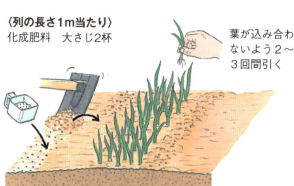

溝をつくって肥料を施し、軽く土寄せをする

葉が込み合わないよう2〜3回間引く

秋まき苗は春先にとう立ちする（ネギ坊主）ので、摘み取る

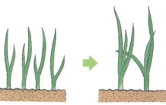

間引きして株間をしだいに広くとる

最終株間は2〜3cmとする

できあがった苗
直径1cmほどの太さが欲しい

下のほうの枯れ葉を取り除いて植える

2 植えつけ

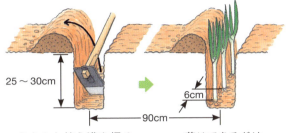

25〜30cm
6cm
90cm

きちんと植え溝を掘る。事前に耕すと溝が崩れるので、耕さないでおく

苗はできるだけ垂直に植える

根元が少し隠れる程度に1〜2cm土をかける。溝の中へ稲わらや乾草などを入れて防乾する

覆土は1〜2cm（深すぎは禁物）

稲わら、乾草など

3 追肥・土寄せ

第1回（追肥・土寄せ）
〈溝の長さ1m当たり〉
化成肥料　大さじ3杯
油粕　大さじ5杯

第2回（追肥・土寄せ）
1回めの1か月後。
肥料は1回めと同じ

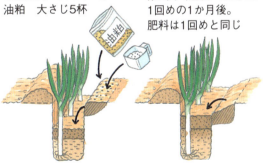

追肥は肩の部分に施し、土と混ぜながら溝に落とす

第3回（追肥・土寄せ）
2回めの1か月後。
肥料は2回めと同じ

最終回（土寄せ）
収穫の30〜40日前

こちら側の土も寄せ上げる

緑の葉の元が少し埋まるくらい十分に土を寄せ上げる

4 病害虫防除

苗床や本畑で各種病害虫が出やすいので、初期に発見して遅れずに薬剤を散布する

苗床

本畑

ネギの葉面はろう物質に覆われていて薬剤がつきにくいので、かならず展着剤を加える

5 収穫

軟白部を傷めないよう注意して鍬（くわ）で土を掘りあげ、軟白部を出して手で抜き取る

よいネギ
病害や葉折れが少ない

緑葉部との色の境がはっきりしている

軟白部が白くよく締まっていて長い

一時的な貯蔵
畑の都合で全部収穫せざるをえない場合には、ほかの場所へ移し、葉鞘部に土をかけて貯蔵しておき、順次利用する

→保存法は230ページ参照

葉ネギ

緑の葉身部をおもに利用するネギで、軟白した葉鞘部を利用する根深ネギにたいして、葉ネギと呼びます。代表的なものは京都の九条を起源とする『九条ネギ』です。ごく若い小ネギの状態で利用するものから、根深ネギ並みに太めに仕上げるものまでありますが、いずれにしても葉が軟らかく、食味がよいのが身上です。

品種　細〜中ネギ栽培用で暑さに強い『九条浅黄系』『黒千本』『堺奴』、低温に強い『小春』、太く仕上げる冬用の『九条太』などがあります。

栽培のポイント　細ネギ用と太ネギ用で、1か所の植えつけ本数、株間、施肥量などを変えます。

細ネギの場合は、畑に堆肥や肥料を十分に施し、1か所に5〜7本ずつまとめて、株間を広くとって植えつけます。太ネギの場合は、根深ネギのように、元肥は施さず、深めの溝を掘って植え、生長してきたら追肥を重点に施肥します。細ネギは土寄せは少量とし、太ネギは15cm軟白を目標とします。

葉ネギはプランター栽培にも好適で、刈り取りすれば何度も収穫することができます。

栽培カレンダー

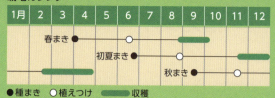

	1月	2	3	4	5	6	7	8	9	10	11	12
春まき		●				○			━	━		
初夏まき				●			○				━	━
秋まき			━	━					●	○		

●種まき　○植えつけ　━収穫

1 苗づくり

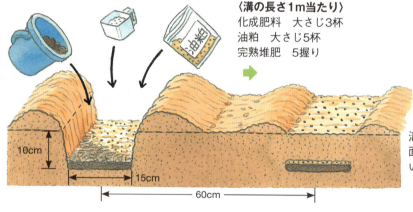

〈溝の長さ1m当たり〉
化成肥料　大さじ3杯
油粕　大さじ5杯
完熟堆肥　5握り

溝の底面をていねいにならし、全面に1cm間隔くらいに種をばらまいて5〜6mmくらい覆土する

10cm
15cm
60cm

15〜20日おきに少量の化成肥料を追肥する

葉が込み合わないよう2〜3回間引く

葉がくっつき合わないよう適宜間引く

最終株間は4〜5cmに

できあがった苗

直径1cm内外、少なくとも鉛筆くらいの太さ以上が欲しい

2 植えつけ・管理

〈細ネギづくり〉

元肥入れ
肥料を全面にばらまき、
15〜20cmの深さに耕す

〈1㎡当たり〉
油粕　大さじ5杯
化成肥料　大さじ5杯

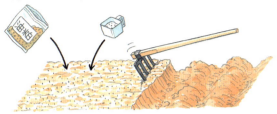

植えつけ
1か所に5〜7本
まとめて植える

株元へ2cmくらい
土をかける

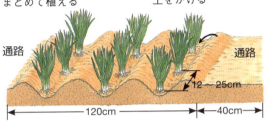

通路　　　　　　　通路

12〜25cm

120cm　　40cm

追肥・土寄せ

〈列の長さ1m当たり〉
油粕　大さじ5杯
化成肥料　大さじ3杯

1か月ごとに3回くらい列の中間に肥料を
ばらまき、土と混ぜたら軽く株元に寄せる

〈プランター栽培にも〉

込み合ったら徐々に
間引き、追肥をする

刈り取ればふたた
び若い芽が伸び、
2〜3回とれる

必要に応じて収穫する

〈太ネギづくり〉

元肥は施さず、植え溝を掘る

植えつけ
1か所2〜3本
まとめて植える

株元へ2cmくらい土をかける

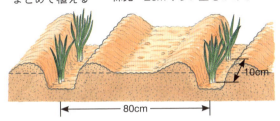

10cm

80cm

追肥・土寄せ
生長が盛んになってきた
ら1か月ごとに3回、列
の片側交互に肥料をばら
まき土寄せする

〈列の長さ1m当たり〉
油粕　大さじ5杯
化成肥料　大さじ3杯

土寄せの厚さは
最終20cmくらい

3 収穫

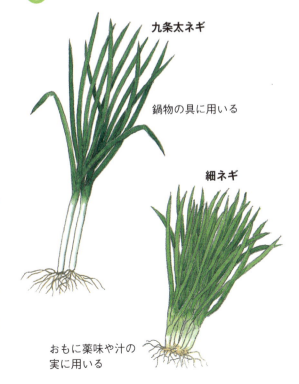

九条太ネギ

鍋物の具に用いる

細ネギ

おもに薬味や汁の
実に用いる

ワケギ

よく株分かれして細めのネギが多数伸び、軟らかくて香りに富むので、薬味やぬた用として重宝します。とう立ちせず、花もつけないので種子は採れません。したがって、肥大してくる種球を用いて栽培します。

品種 関西を主に自家増殖されてきたので、早生種（秋冬どり）と晩生種（春どり）がある程度です。市販されているものも同様です。

栽培のポイント 種球は茎葉が枯れてから7〜8月までは休眠しているので、それから覚めて芽が伸びだすころになってから畑に植えつけます。

植えつけに先立って、病害に汚染されている外皮をきれいに取り除き、充実した球を選んでおきます。良品を多収するためには、前作が片づきしだい早めに畑全体に堆肥を施し、よく耕しておきます。植えつけは深植えにならないよう、葉先が地表にのぞくくらいにします。

草丈が25〜30cmくらいになったら適宜収穫します。少ない株数なら刈り取って何回も続けて収穫し、長い間利用するのが得策です。

栽培カレンダー

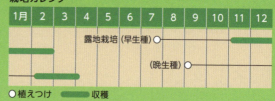

	1月	2	3	4	5	6	7	8	9	10	11	12
露地栽培（早生種）												
（晩生種）												

○植えつけ ▬収穫

1 種球の準備

毎年栽培している場合

5月中・下旬になると株元に球を形成し、葉は枯れてしまう。掘りあげて風通しのよいところに保存する

初めての場合

市販の種球を
買い求める

2 元肥入れ

〈1㎡当たり〉
化成肥料　大さじ5杯

畑は早めに全面に石灰と堆肥をまき、よく耕しておく。植えどきが近づいたらベッドにあたるところに肥料を施し、よく耕す

植えつけ前に土を盛りあげ、
ベッドを形づくる

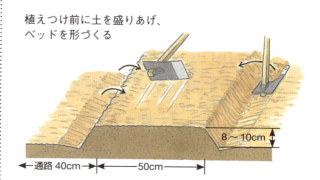

8〜10cm

←通路40cm→　←50cm→

3 植えつけ

7〜8月ころになると
芽が伸び始める

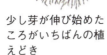

少し芽が伸び始めた
ころがいちばんの植
えどき

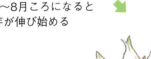

外側の枯れた皮を
取り外し、2〜3球
ずつに分ける

〈植えつけの深さを正確に〉

× 浅すぎ

浅植えすると株元
がぐらつき、まっ
すぐに育たない

× 深すぎ
とくに低湿地では
注意する

深植えしすぎると萌芽が
遅れて育ちが悪い

○

5〜6cm

先端が少し地上
に出るくらい

2〜3球ずつ
まとめて植える

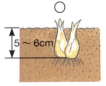

指先で土中へ
挿し込む

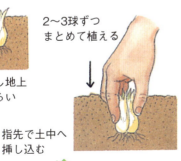

15cm

30cm

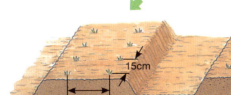

4 追肥

第1回
丈が15cmくらい
のとき列間にま
き、軽く土に混
ぜる

〈畝の長さ
1m当たり〉
油粕
大さじ2杯
化成肥料
大さじ1杯

第2回
前回から半月後。
その後適宜に

〈畝の長さ
1m当たり〉
化成肥料
大さじ2杯

軽く溝を掘って施し、畝に土を寄せる

5 収穫

**後作の計画が
ある場合**
株を
引き抜く

**連続して収穫
したい場合**
地上から3〜
4cm残して刈
り取る

3〜4cm

草丈が20cmくらいに伸びたころ収穫、利用する

灌水をかねて
液肥を与える
とよい

3〜4日で新しい小葉が伸び始める

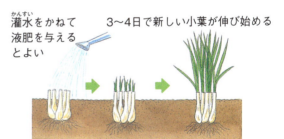

15cm以上になったころふたたび収穫する

〈プランターづくりにも最適〉

株間7〜8cmに、
1か所3〜4球の密
植とし、身近に置
いて逐次収穫する

列を交互に収穫し、日の当たる
ほうに小さいワケギが向くよう、
プランターの方向を変える

→利用法は230ページ参照

リーキ

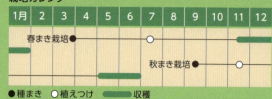

フランス名はポアロ、若いものはポアロジェンヌと呼ばれます。明治の初めに輸入されましたが、広く普及していたネギに圧倒され、生産量が伸びませんでした。肉質は軟らかで香気に富み、煮こむほどにとろみが出て、シチュー、グラタンなどに使うと独特の風味を発揮するので、人気が高まってきました。

品種 『アメリカンフラッグ』が早生（わせ）で育てやすいでしょう。品種名のついたものはほとんど市販されていないので、「リーキ」として売られている種子を求めます。

栽培のポイント 最適pHは7.7～7.8とされ、日本ネギに比べてアルカリ性を好むので、苗床、畑ともに石灰を不足なく与えておく必要があります。

苗づくりや植え方は、ネギに似ますが、葉はニンニクのように扁平、葉身は両側に開くように一定方向につくので、植えるとき苗の向きに気をつけましょう。

また、葉の合わせ目に土が入りやすいので、土寄せのとき注意してください。

栽培カレンダー

	1月	2	3	4	5	6	7	8	9	10	11	12
春まき栽培		●					○					
秋まき栽培								●			○	

●種まき　○植えつけ　━━収穫

1 苗床の準備

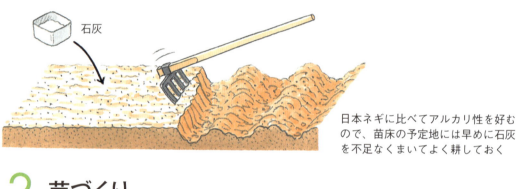

石灰

日本ネギに比べてアルカリ性を好むので、苗床の予定地には早めに石灰を不足なくまいてよく耕しておく

2 苗づくり

溝全面に1.5～2cm間隔に種子をばらまく

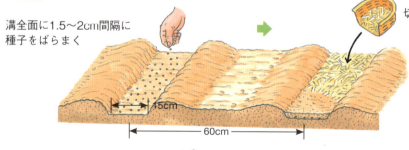

15cm

60cm

切りわら

薄く覆土した後、土の上に切りわらまたは籾殻をばらまく

〈溝の長さ1m当たり〉
化成肥料
大さじ3杯

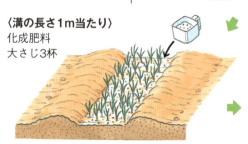

込み合わないよう間引き、2～3cmの間隔にし、その後追肥する

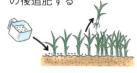

できあがった苗
鉛筆の太さ以上

3 植えつけ

鍬でていねいに植え溝を掘る。土は片側に上げる

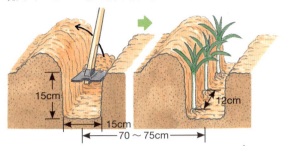

15cm
15cm
12cm
70〜75cm

側面につけるようにして垂直に、葉が通路側の横に広がるよう方向を決めて苗を植える

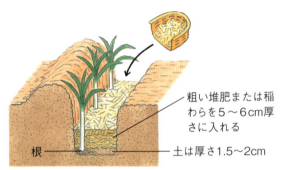

粗い堆肥または稲わらを5〜6cm厚さに入れる

根

土は厚さ1.5〜2cm

根に土をかけ、その上に乾燥防止のために堆肥などを入れる

4 追肥・土寄せ

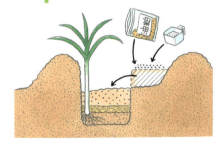

〈溝の長さ
1m当たり〉
化成肥料
大さじ3杯
油粕
大さじ5杯

第1回
春まきの場合は秋口に、また、秋まきの場合は春先に、片側に肥料をばらまいて、土と混ぜながら溝に落とし入れる

第2回
1回めの1か月後、前回と同じく肥料を施して土を盛り上げる

第3回（土寄せのみ）
収穫の30〜40日前に両側の土を盛り上げる。緑葉のつけ根より高く盛らないように

5 摘蕾

冬の低温で花芽ができ、春になるととう立ちしてくるので、早いうちにつぼみごととうを摘み取り、草体の育ちをうながす

花

春先に出る坊主は、残して開花させると生け花に利用できる

6 収穫

生育の途中の若い状態で収穫するのがポアロジュンヌ

軟白部が20〜30cmになったら適宜収穫する

→利用法は230ページ参照

ニラ

ビタミンAが豊富で、その他のビタミンやカルシウムも多く含み、和風料理や中華風料理で幅広く使われています。

耐寒性が強く、病虫害も少ないため、たいへん育てやすく、また、多年草でいちど植えておくと毎年収穫できるのも、家庭菜園には魅力的です。

品種　葉の幅が広い大葉ニラと、細葉の在来ニラとに大別されますが、栽培されているのはほとんど大葉のグリーンベルト系です。代表的な品種としては『グリーンロード』『ワイドグリーン』『広巾にら』などがあります。

栽培のポイント　長い間、収穫し続けるので、畑

栽培カレンダー

	1月	2	3	4	5	6	7	8	9	10	11	12
露地栽培（春まき）			●			○						
トンネル栽培			●			○						
露地栽培（秋まき）			○									

●種まき　○植えつけ　◠トンネル被覆　━収穫

の準備は入念にし、元肥に良質な堆肥を十分に施してから苗を植えます。

夏にはとう立ちし、放任すれば開花するので花も楽しめますが、品質のよい葉を数多く収穫するには、とう摘みや捨て刈りも必要です。

3〜4年たつと根が密になり、品質のよい葉がとれなくなるため、株を掘りあげ、分割して植え直します。

1 畑の準備

〈1㎡当たり〉
堆肥　5〜6握り
石灰　大さじ4杯

全面に堆肥、石灰をばらまいてよく耕しておく

2 苗づくり

化成肥料を条間にばらまき土と混ぜる
〈1列当たり〉
化成肥料　大さじ1杯

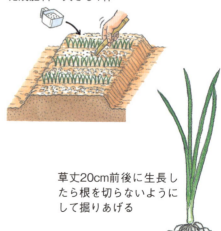

〈1㎡当たり〉
堆肥　4〜5握り
油粕　大さじ5杯
化成肥料　大さじ3杯

板などで溝をつくり、1cm間隔くらいにまき、5mmほど覆土する

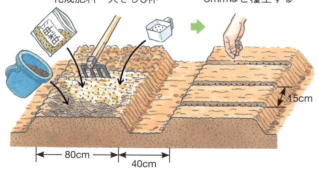

80cm　40cm　15cm

草丈20cm前後に生長したら根を切らないようにして掘りあげる

根張りのよいものがよい

3 元肥入れ

〈溝の長さ1m当たり〉
化成肥料　大さじ3杯
油粕　大さじ3杯
堆肥　4〜5握り

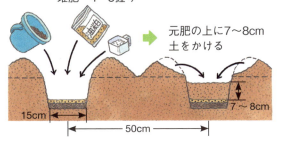

元肥の上に7〜8cm
土をかける

15cm
7〜8cm
50cm

4 植えつけ

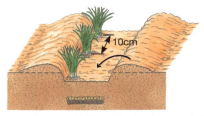

10cm

1か所に3〜4株ずつまとめて植えつける

5 追肥

1か月に1回くらい、生育の様子をみながら追肥する。乾きやすい畑では敷きわらをし、夏の乾燥を防ぐ

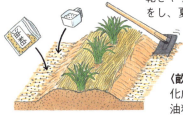

〈畝の長さ1m当たり〉
化成肥料　大さじ2杯
油粕　大さじ3杯

6 収穫

春〜初夏
草丈が20〜25cmくらいに伸びたら収穫し始める

地上4〜5cmのところから刈り取る

7 捨て刈り〜収穫

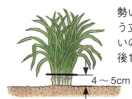

勢いが弱ってきたら古い葉やとう立ちした茎を刈り取り、そろいのよい新芽を出させる。その後15日くらいで収穫できる

4〜5cm

化成肥料を少々ばらまく

刈り取り後すぐに追肥して勢いのよい芽を萌芽させ、2〜3年繰り返し収穫し続けることができる

〈とう摘み〉

7月下旬〜8月
夏になるととう立ちしてくるので、早めに摘み取って株疲れを防ぐ

開花した状態

8 株の更新

株が大きく張り、根元が込み合ってきたら掘りあげ、2〜3芽ずつに分割し、新しい場所に1年めと同じ要領で植え替える

→保存法は230ページ参照

ハナニラ

栽培カレンダー

1月	2	3	4	5	6	7	8	9	10	11	12
1年め		●	———————	○			△				
2年め以降				————————————————————————							

● 種まき　○ 植えつけ　△ 刈り捨て　———— 収穫

　ニラのとう立ちした茎と、その先に着くつぼみを食用するもの。ふつうの葉ニラではなく、とう立ちしやすい専用品種を用いて栽培します。

品種　周年花芽ができ、とう立ちする『テンダーポール』『ハナニラ』などがあります。

栽培のポイント　春にベッドに種まき育苗して、初夏に2〜3本まとめて1株として定植します。その年とう立ちしたものは刈り捨て、株を充実させてから収穫し始めます。とり疲れたら新しい株に更新しましょう。

1 苗づくり

〈1㎡当たり〉
油粕　大さじ4〜5杯
堆肥　5〜6握り
化成肥料　大さじ3杯

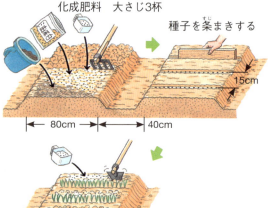

種子を条まきする

15cm

← 80cm →　← 40cm →

追肥
列の間に化成肥料を少々ばらまき、土に混ぜる

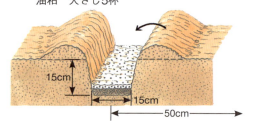

2 畑の準備

〈溝の長さ1m当たり〉
堆肥　4〜5握り　　化成肥料　大さじ2杯
油粕　大さじ5杯

15cm

15cm

← 50cm →

3 植えつけ・追肥

1か所に2〜3本まとめて植えつける

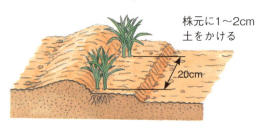

株元に1〜2cm
土をかける

20cm

活着して盛んに伸び始めたころと、その1か月後くらいに油粕を溝の長さ1m当たり大さじ2杯施す

4 収穫・株の更新・追肥

1年めはとう立ち部分を刈り捨てて、株に勢いをつけ翌年に収穫する

とう茎が伸び、つぼみが膨らんできたころ、軟らかい部分から折り取る

収穫が終わった後、葉色が悪いときには適宜追肥する

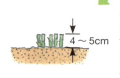

4〜5cm

とうを1年間（5〜6回）とり続けると株が疲れてくるので、新しい株を育てておいて更新するのがよい

カイワレダイコン

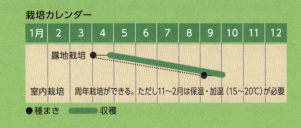

栽培カレンダー

	1月	2	3	4	5	6	7	8	9	10	11	12
露地栽培			●							●		
室内栽培		周年栽培ができる。ただし11～2月は保温・加温（15～20℃）が必要										

● 種まき　　━━ 収穫

ダイコンの種子を発芽させ、長く伸びた白い胚軸と子葉（貝割れ）を利用するもの。低温期に加温できれば一年じゅう作ることができます。

品種　胚軸の白い白首ダイコンの『大阪四十日大根』がよく、『かいわれだいこん』などで売られています。

栽培のポイント　種子はあらかじめ浸水、芽出ししてから、畑のベッドまたは容器に厚まきします。遮光状態で胚軸を白く長く伸ばし、日入れして、子葉を緑化させましょう。

1 種子の選別・芽出し

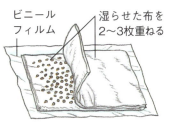

ビニールフィルム

湿らせた布を2～3枚重ねる

一昼夜水に浸す。浮かんだ充実不良の種子は取り除く

種子が重ならないよう布の上に広げて芽出しをする

少し芽が出た程度

2 種まき

浅型のトロ箱など

種子が重ならない程度にまんべんなくまく

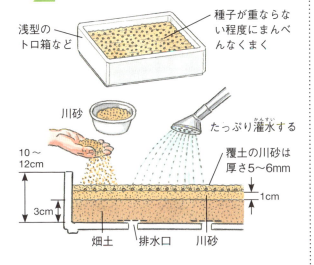

川砂

たっぷり灌水する

10～12cm

覆土の川砂は厚さ5～6mm

1cm

3cm

畑土　排水口　川砂

3 遮光

8～10cmに伸びるまで光線をさえぎり丈を早く伸ばす

最適温度は20～25℃

段ボール箱

冬の夜間は湯の入った風呂のふたの上、こたつの中など、昼は日当たりのよい窓辺など暖かいところに置く

4 土入れ・日入れ

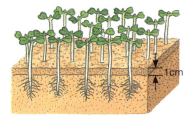

1cm

いきなり強い光線に当てないで徐々に当てる

丈が3～4cmに伸びたころ条間に川砂を1cmほど入れ、倒れないようにして伸びをよくする

8～10cmくらいに伸びたころ、光線に当て双葉に緑を出させる

5 収穫

丈が10～12cmくらいに伸びたころ抜き取って収穫する

葉茎菜類・キジカクシ科／原産地：南ヨーロッパからロシア南部

アスパラガス

栽培カレンダー

	1月	2	3	4	5	6	7	8	9	10	11	12
1年め（苗床）			●	●								◆
2年め			○	○								◆
3年め以降						▬▬▬						◆

● 種まき　○ 植えつけ　▬▬ 収穫　◆ 刈り取り

　古代ギリシャ時代から栽培されていたという古い野菜。多年草で、前年大きく育った根株から萌芽してくる若茎を利用します。深根性なので、排水のよい耕土の深い畑が好適。いちど植えれば7〜10年は収穫できます。

品種　『メリーワシントン』『カリフォルニア500』などがアメリカで育成された代表的品種です。草勢が強く、茎の太い多収系統が選抜され、一代雑種の良品種である『ウェルカム』『シャワー』『アクセル』『グリーンタワー』などが市販されています。

栽培のポイント　元肥や、冬に茎葉が枯れている間に施す追肥に、粗めの堆肥を多めに与え、根張りをよくさせます。

　植えつけの翌年に出た芽は収穫せずに、株づくりを心がけます。茎が細い割に葉はよく茂るので、風で倒れやすく、早めに支柱をしっかり立て、テープを横張りにして支持します。

　茎枯病が大敵です。梅雨時にはとくに注意し、発見したら早めに薬剤散布し、冬に刈り取った茎葉は焼却して伝染を防ぎます。

1 苗づくり

まく前に種を風呂などのぬるま湯に一昼夜つける

本数が少ない場合

育苗箱に種を条まきする

込み合わないよう順次間引く

本葉3〜4枚のころ4号のポリ鉢に上げる

冬に入り、茎葉が枯れてきたら地上部は切り離す

本数が多い場合

7〜8cmの間隔に2〜3粒ずつ種をまく

発芽

覆土

草丈10cmくらいで間引きして1本立てに

5〜6cm

冬に入り地上部が枯れたら地ぎわ部から刈り取る

2 元肥入れ

〈溝の長さ1m当たり〉
油粕　大さじ7〜8杯
堆肥　7〜8握り

10cmくらい
土を埋め戻す

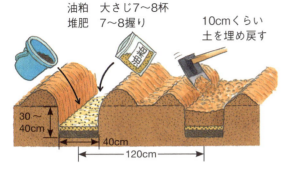

30〜40cm

40cm

120cm

3 苗の掘り取り・植えつけ

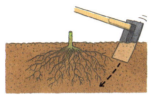

翌春、根をたくさんつけるようにして株を掘り取り、植えつける

育苗箱の場合は鉢から根株を取り出す

40cm

株を植えつけ5〜6cmの厚さに覆土する

4 春・夏の管理

支柱立て
両わきに支柱を立て、ポリテープを張り茎が倒れないようにする

追肥・土寄せ
5月から1か月に1回、計3〜4回畝のわきに追肥し、土寄せする

〈1株当たり〉
油粕
大さじ3杯

5 冬の管理

茎葉の刈り取り
病原菌の越冬場所にならないよう集めて焼却する

追肥〈1株当たり〉
堆肥　バケツ½杯
油粕　1握り

6 収穫

通常の方法
植えつけ2年後から、伸びてきた芽を地ぎわから刈り取り収穫する。強い芽が出ている間に収穫を打ち切り、残った芽を生長させ、株に来年の養分を蓄積させる

長期収穫する方法
少し収穫するだけにして、早めに茎を立てるとその後遅くまで芽が出続けるので、少しずつ長く収穫できる

7 収穫後の管理

風で倒れやすいので支柱を立て、横にテープを張り、倒れないようにする

茎が伸びてきたら1株当たり10〜12本を残し、その後から出た弱小茎は整理する。夏から冬は4〜6の管理と収穫を同様に続ける。7〜8年たち株が疲れてきたら新しく植え替える

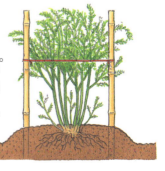

→保存法は230ページ参照

モヤシ

栽培カレンダー

1月	2	3	4	5	6	7	8	9	10	11	12

周年種まき・収穫ができる

●種まき ▬ 収穫

作物の種子を暗所で発芽させ、その胚乳や胚軸部を食べます。スプラウトともいい、短い日数で周年的に、簡単に作ることができ、キッチンガーデンに最適です。

品種 ブラックマッペ（ケツルアズキ）、緑豆、ダイズ、アズキ、ササゲなどのマメ類、アルファルファ、ダイコン、シソ、カラシナ、ヒマワリ、ソバなどが用いられます。

栽培のポイント ①種子の選別、②容器の選定、③種子と水の割合、④水洗い、水すすぎ、⑤光の遮断などが決め手となります。

また、種子をいっぺんに短い日数で発芽させるには、25〜30℃の温度が必要ですから、温度が足りない時期には加温が必要です。それ以下の温度でも、日数をかければ発芽しますが、その場合、不ぞろいや、品質の低下を招きます。

色が悪い、においがするといったことは、栽培中の酸素不足が原因です。それを防ぐためには、種子に吸水させた後、水をよく切り、濁った状態にならないようにすること、また水洗いや水すすぎを入念にすることがたいせつです。

〈マメ類のモヤシ作り〉

1 種子の選別

不純物や害虫に食われたもの、欠けたもの、病害虫のついたものなどを取り除く

水に浮いた、充実の悪い種子を取り除く

2 水洗い・浸種

十分な水でよく洗う

浸種吸水

種子の10倍量の水に一晩つけておく

3 すすぎ

ガーゼでふたをする

ためておいた水は捨て種子を流水ですすぐ

4 水切り・静置

傾けて水切りをよくする

暗黒条件
台所のシンク、段ボール箱の中など日が当たらないところ

受け皿
バットなどがよい

5 水すすぎ

1日2回ていねいに水洗いする

十分に水切りする

量が多く、瓶では水洗いが行き届かないようなら大皿などの容器を利用するのが便利

ガーゼ、ペーパータオルなど

竹ざる、プラスチックのざる

水につけた種子

空気穴をあけたラップ

皿

さらし木綿

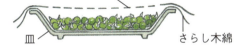

6 収穫

胚軸が5cm以上伸びたら収穫できる

新鮮なうちに早めに利用する

〈アルファルファのモヤシ作り〉

1 種子の選別

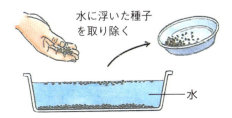

水に浮いた種子を取り除く

水

2 水洗い・浸種

2〜3回水洗い

一晩（10〜12時間）水につけて吸水。水を1〜2回取り替えるとよい

種子の10倍量の水につけて一晩おく

※浸種・すすぎはマメ類に準じる

3 静置

暗黒条件

受け皿

4 緑化

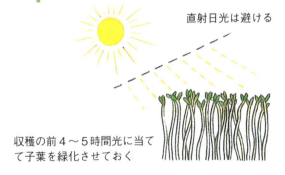

直射日光は避ける

収穫の前4〜5時間光に当てて子葉を緑化させておく

5 収穫

胚軸が4〜5cm以上伸びたら収穫できる

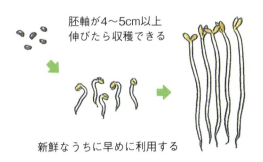

新鮮なうちに早めに利用する

ダイコン

広く食材に用いられ、野菜の消費量としてはトップを占め続けています。冷涼な気候を好み、耐暑性はありませんが、耐寒性はあり、強健です。土壌の適応性は広く、かなりのやせ地でも栽培でき、育てやすい野菜です。

品種 　全国各地に在来品種が多く、盛んに品種改良もされてきました。そのため、数多くの品種ができあがっています。全国に広く普及したのは『耐病総太り』、いわゆる青首ダイコンですが、類似のものも多く、秋まき春どりの『おふくろ』『天風』、夏どりの『おしん』『ＹＲ青山』などがあります。地方品種も多彩なので、取り寄せて育てる

栽培カレンダー

	1月	2	3	4	5	6	7	8	9	10	11	12

春どり栽培（二年子系）
春どり栽培（時無系）
夏どり栽培（春まき美濃系）
夏どり栽培（黒葉美濃系）
秋どり栽培（各種）

● 種まき　　━ 収穫

のも楽しいでしょう。

栽培のポイント 　間引きのとき、子葉が素直に整って伸びたものを残すことが基本です。

大敵のモザイク病の病原ウイルスはアブラムシによって伝播されるので、とくに高温期には防除対策を入念に行います。初期のべた掛け資材の被覆は、大きな効果が期待できます。アブラムシの発生がみられたら、早めに薬剤を散布することも重要です。

---

1 畑の準備
前作が片づきしだい、石灰をまいて耕しておく

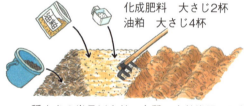

〈1㎡当たり〉
完熟堆肥　5〜6握り
化成肥料　大さじ2杯
油粕　大さじ4杯

種まきの半月以上前に良質の完熟堆肥と肥料を与え、30〜35cmの深さによく耕す

✕

未熟堆肥はまた根の原因になるので与えない

石や木片など根の伸長の障害になるものは取り除く

2 種まき

1か所に4〜5粒ずつ種をまき、1〜1.5cmの深さに覆土する

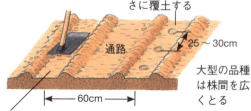

通路

25〜30cm

大型の品種は株間を広くとる

60cm

鍬幅で深さ3cmほどのまき溝をつくる

直径5〜6cm

ジュースの缶などを押しつけ、地面にできた円の型にそってまけば、種が片寄らない

---

3 間引き・土寄せ

発芽ぞろい　　　　第1回

本葉1枚のころ3本に。間引いた後、株元へ手先で軽く土を寄せる

間引きのとき子葉の形のよいものを残す

　　○　　　　✕　　　✕　　✕

生育初期に子葉の形が整ったものは根形がよく、整わないものや大きすぎるものは根の形も崩れやすい

第2回　　　　　第3回（最終間引き）
本葉6〜7枚のころ1本立てにする

本葉3〜4枚のころ2本に。株元へ軽く土を寄せ、ふらつかないようにする

4 追肥

第1回

〈1株当たり〉
化成肥料　小さじ1杯
油粕　小さじ1杯

第2回間引き後、株のまわりにばらまいて、軽く土と混ぜ合わせる

第2回
〈1株当たり〉
化成肥料　大さじ1杯
油粕　大さじ2杯

第3回の間引き後、畝の片側にばらまき、鍬で土と混ぜる

第3回

〈1株当たり〉
化成肥料
大さじ2杯

第2回追肥の半月後、反対側にばらまき畝を形づくる

5 病害虫防除

害虫を寄せつけないための方法

ムギなどの間にまく

防除資材をトンネル掛けあるいはべた掛けする

シルバー、白黒ダブルの反射性フィルムを地面にマルチして、穴をあけて種をまく

シンクイムシとウイルスを伝播するアブラムシが大敵。注意して、発見したら早めに薬剤散布を

葉の裏側からも入念に

6 収穫

上方に向かって勢いよく伸びていた葉が開きぎみになり、外葉が垂れるようになったら収穫の適期。収穫が遅れるとす入り（空洞化）してしまう

葉のす入り

根のす入り

葉柄のつけ根から2〜3cmのところを切ってみる。そこがす入り状態だと、根にも入っている

〈代表的な在来品種〉

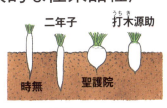

二年子　　打木源助

時無　　　聖護院

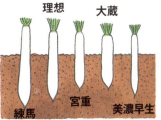

理想　　大蔵

練馬　　宮重　　美濃早生

→保存法は230ページ参照

カブ

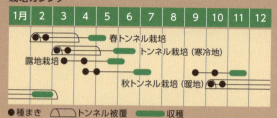

栽培カレンダー

1月	2	3	4	5	6	7	8	9	10	11	12

春トンネル栽培
トンネル栽培（寒冷地）
露地栽培
秋トンネル栽培（暖地）

●種まき　⌒トンネル被覆　━━収穫

品種　カブにはたいへん多くの品種がありますが、大別して朝鮮半島から渡来したヨーロッパ型と、中国を経て渡来したアジア型があり、前者はおもに東日本、後者はおもに西日本に多く分布し栽培されています。

形に大小があり、色も白、赤、赤紫と、特徴のある品種があるので、好みに応じて取り入れるとよいでしょう。一般に馴染みの多いのは、関東では金町系で、『金町こかぶ』『豊四季』『耐病ひかり』、関西では『聖護院』『聖護院大丸蕪』『本紅赤丸蕪』などですが、そのほか地方色豊かな『飛騨紅カブ』『河内赤カブ』『津田カブ』『伊予緋カブ』『長崎赤カブ』、その他多数あります。

栽培のポイント　一般に冷涼な気候を好み、夏の暑さには強くありませんが、耐寒性はかなり強いものが多く、白色系よりも赤色系のほうが強いものが多いです。品種に応じて種まき・間引きの間隔を変えます。

やや湿りけの多い畑を選び、良質の堆肥を施し、肥切れしないように追肥をすることが良質品を得るコツです。

1 畑の準備

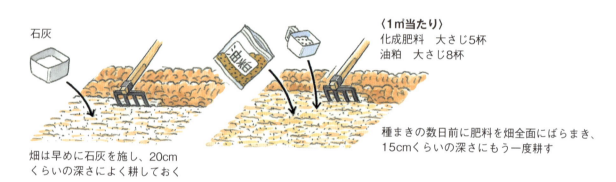

石灰

〈1㎡当たり〉
化成肥料　大さじ5杯
油粕　大さじ8杯

畑は早めに石灰を施し、20cmくらいの深さによく耕しておく

種まきの数日前に肥料を畑全面にばらまき、15cmくらいの深さにもう一度耕す

2 まき溝づくり

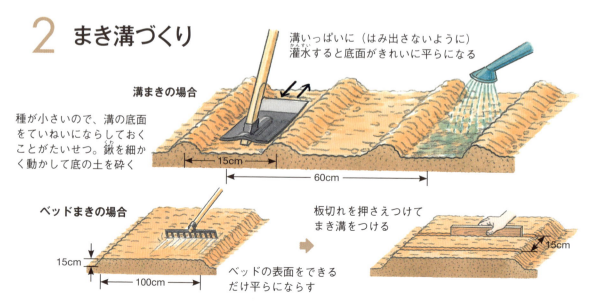

溝いっぱいに（はみ出さないように）灌水すると底面がきれいに平らになる

溝まきの場合

種が小さいので、溝の底面をていねいにならしておくことがたいせつ。鍬を細かく動かして底の土を砕く

15cm
60cm

ベッドまきの場合

15cm
100cm

ベッドの表面をできるだけ平らにならす

板切れを押さえつけてまき溝をつける

15cm

3 種まき

溝まきの場合
種は1.5〜2cm間隔に、まき溝全面に
ていねいにまく。覆土は1cmくらい

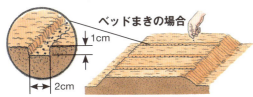

ベッドまきの場合

4 トンネル保温

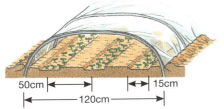

50cm　15cm
120cm

2月上〜下旬に種まきし、トンネルを覆う。
幅180cmのフィルムなら3列まき

発芽後しばらくの間は密閉していてよいが、本
葉1〜2枚のころから日中ところどころ裾を開
けたり、頂部に小穴をあけたりして換気する

5 間引き

発芽ぞろいした状態

本葉1枚のころ
第1回間引き
2〜3cm

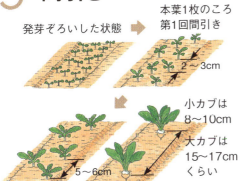

小カブは
8〜10cm

大カブは
15〜17cm
くらい

5〜6cm

本葉3枚のころ
第2回間引き

本葉5〜6枚のころ
最終間引き

6 追肥

溝まきの場合

〈畝の長さ
1m当たり〉
化成肥料
大さじ5杯

第2回、第3回の間
引き後、畝の片側
にばらまき、土と
混ぜるように鍬を
入れ、株元に寄せ
るようにする

ベッドまきの場合

〈1㎡当たり〉
化成肥料　大さじ5杯

第2回間引きをした
後、畝間に追肥し、
土を軽く耕し込む

7 害虫防除

小さいうちからコナガ、ヨトウムシ、アブラムシ
などの害虫に食害されやすい

殺虫剤を
散布する

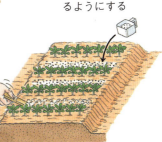

葉の裏からも入念に

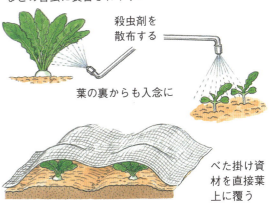

べた掛け資
材を直接葉
上に覆う

8 収穫

根が太りしだい、間引き
収穫して食べる。若いう
ちは葉もおいしい

→保存・利用法は231ページ参照

小カブ

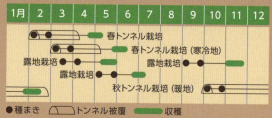

栽培カレンダー

1月	2	3	4	5	6	7	8	9	10	11	12

春トンネル栽培
春トンネル栽培（寒冷地）
露地栽培
露地栽培
露地栽培
秋トンネル栽培（暖地）

●種まき　⌂トンネル被覆　▬収穫

　カブには根の大きさや色など、地方色に富んだ多くの品種があり、用途や好みに応じて各地で栽培されています。小カブは、春、いちばん早く種まきができ、各作型で1年を通じて全国的に栽培ができるおすすめ野菜です。

品種　古くから有名な『金町小かぶ』、また、育てやすく、形がよくそろうように改良された『たかね』『とよしき』『耐病ひかり』などを選ぶのがよいでしょう。

栽培のポイント　肥沃で乾湿の少ない土壌を好むので、品質のよいものを得るには、あらかじめ良質な有機質資材（完熟堆肥またはピートモス、ヤシがら繊維など）を畑全面に鋤き込んでから栽培することがたいせつです。

　トンネル栽培すれば、野菜畑の種まきのさきがけとなり、4月下旬ころ収穫が楽しめます。種まき後20日くらいは、1〜2回の水やり以外は密閉しておいてかまいません。害虫の発生もごく少ないので、管理は簡単です。

　いちばんの適期は秋まき栽培です。育ちもよく、霜にあたった小カブの味は格別です。

1 畑の準備

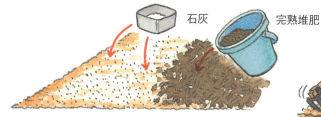

石灰　　完熟堆肥

冬の間に石灰、完熟堆肥を全面にまき、深さ20cmほどに耕す

耕した土は小山にし、種まき直前まで寒気にさらして風化させる

2 元肥入れ・まき溝づくり

〈溝の長さ1m当たり〉
化成肥料　大さじ3杯
油粕　大さじ5杯

7〜8cm

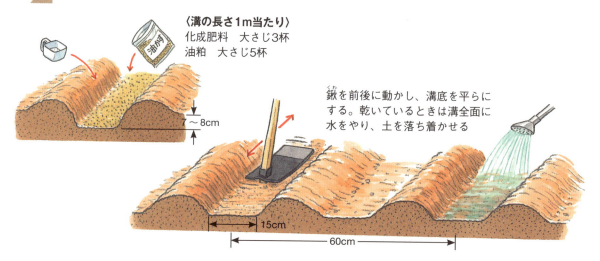

鍬を前後に動かし、溝底を平らにする。乾いているときは溝全面に水をやり、土を落ち着かせる

15cm

60cm

3 種まき

種の密度は1.5〜2cm
に1粒くらい

種は細かいの
で、高いとこ
ろから指先で
ひねるように
落とすと均一
にまける

まいた後、5〜6mmの厚さにていねいに
土をかけ、鍬の背面で軽く押さえる

4 間引き

第1回
本葉1枚のころ

最終の間引き
本葉5枚のころ

2〜3cm

7〜8cm

第2回
本葉3枚のころ
（葉が重ならない程度に）

5 追肥

第1回

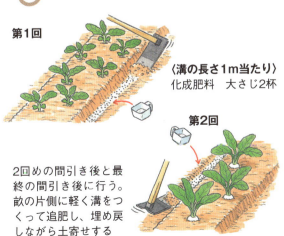

〈溝の長さ1m当たり〉
化成肥料　大さじ2杯

第2回

2回めの間引き後と最
終の間引き後に行う。
畝の片側に軽く溝をつ
くって追肥し、埋め戻
しながら土寄せする

6 収穫

根の直径が5cm内外に
なったころが適期

5cm
内外

裂根

土の乾燥が激しいとき、とくに低
温期から暖かくなりかけたときに
多い。収穫の遅れも原因となる

〈2月まきで春一番の収穫を
ねらうトンネル栽培〉

15cm

1ベッドに3列まき

90cm

たっぷりと水をや
って、トンネルの
裾に土をかけ、密
閉する

本葉1枚のころか
ら穴をあけて換気
する。穴はしだい
に数を増やす

→保存・利用法は231ページ参照

ラディッシュ

育ちが早く、短期で収穫できるヨーロッパ系ダイコンで、和名では「二十日ダイコン」とも呼ばれます。形状や彩りも豊富になり、サラダに最適。狭い畑や庭先、プランターでも簡単にできるので初心者にも好適です。

品種　赤丸型が代表的で、『コメット』『レッドチャイム』『さくらんぼ』などがおすすめです。白丸型の『ホワイトチェリッシュ』、白長型の『アイシクル』『雪小町』、赤長型の『ロングスカーレット』、紅白紡錘型の『紅白』『フレンチ・ブレックファスト』などのほか、5色混合のものもあり、品種を選ぶのも楽しい野菜です。

栽培カレンダー

1月	2	3	4	5	6	7	8	9	10	11	12
	春どり ●━●━━										
		初夏どり ●━●━━━									
					秋どり ●━●━━						
							冬どり ●━━				

●種まき　🛖トンネル被覆　━収穫

栽培のポイント　ダイコンと同じく冷涼な気候を好みますが、根は小型で、生育日数が短くて栽培できるので作期の幅は広がります。

しかし、夏の高温時に肥大期を迎えると根茎の乱れが大きくなるので、注意してください。葉色を見ながら少量ずつの追肥を怠らないこと、間引きを入念に行うことがたいせつです。コナガ、アオムシなどの回避には、べた掛け資材が有効です。

1 畑の準備

畑全面に元肥をばらまいて20cm内外の深さによく耕す

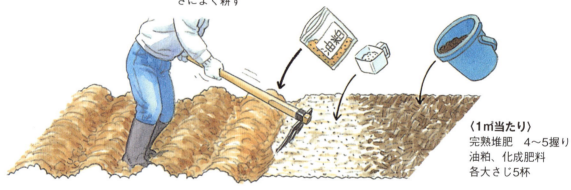

〈1㎡当たり〉
完熟堆肥　4〜5握り
油粕、化成肥料
各大さじ5杯

2 種まき

ベッドまきの場合

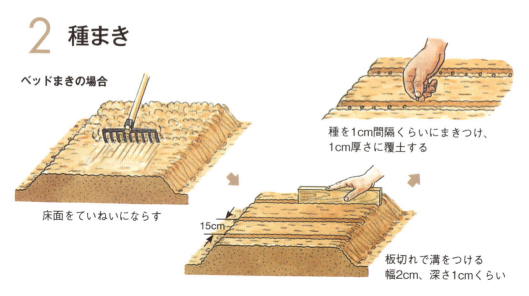

床面をていねいにならす

15cm

板切れで溝をつける
幅2cm、深さ1cmくらい

種を1cm間隔くらいにまきつけ、1cm厚さに覆土する

溝まきの場合

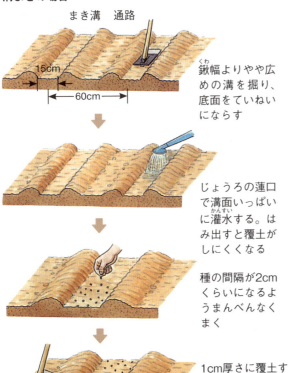

まき溝　通路

15cm

60cm

鍬幅よりやや広めの溝を掘り、底面をていねいにならす

じょうろの蓮口で溝面いっぱいに灌水する。はみ出すと覆土がしにくくなる

種の間隔が2cmくらいになるようまんべんなくまく

1cm厚さに覆土する。その後、鍬の背で鎮圧する

3 間引き

第1回
発芽ぞろいのころ、とくに込み合っているところを間引く

第2回
本葉1枚のころ

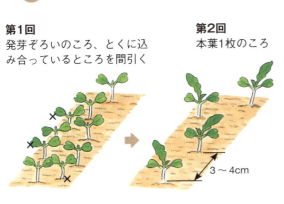

3〜4cm

第3回
本葉3枚のころ

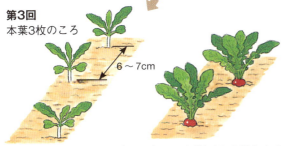

6〜7cm

株間を十分に与えると根がよく肥大する

4 追肥

ベッドまきの場合
〈1㎡当たり〉
化成肥料　大さじ3杯

条間にまいて竹べらで土と混ぜる

第3回間引き後

竹べら

溝まきの場合
〈溝の長さ1m当たり〉
化成肥料　大さじ3杯

溝の両側にまき、鍬で土と混ぜる

第3回間引き後

5 収穫・利用

白色細長型

紅色丸型　　　**紅白型**

とりたてをそのまま丸かじりに

ピクルスに
酢3：水1に塩、砂糖、粒コショウ、ローリエ各少々を加えて沸騰させたピクルス液に好みの野菜とともに漬けこむ

ディップはお好みで
マヨネーズとケチャップを合わせたオーロラソースや、サワークリームに刻みパセリを加えたものなど

〈不良根の原因〉

正常　　　株間が狭すぎるときなど

収穫遅れや土壌水分の急変

丸型でも管理が悪いと不良や裂根が生じる

高温期に種まきしたとき

ホースラディッシュ

栽培カレンダー

1月	2	3	4	5	6	7	8	9	10	11	12

1年め　○植えつけ

2年め

3年め

○植えつけ　■収穫

品種　葉形や根の色・形の異なるいくつかの系統があるようですが、品種としての分化はみられません。ただし、赤芽種と青芽種があり、赤芽のほうは葉柄の基部がやや赤くなり、このほうが収量は多いのですが、辛み成分はやや少ないとされています。通常は手に入りやすい市販の根を買い求めて種根とします。

栽培のポイント　寒冷地の生産地（北海道や長野県など）では前年の秋に、太さ1cm、長さ15cm内外のものを、土中に埋めておき、春になってから畑に植えだしますが、一般の家庭菜園では、春になって市販の根を入手して畑に植えつけます。

温暖地なら秋にマルチして植えつけてもよいでしょう。

　育つにつれて、根元付近から根出葉をたくさん出し、株の周囲に広がるので、適宜間引いて、込み合わないようにします。

　旺盛に育つので、とくに管理に気をつかう必要はありませんが、害虫にやられやすいので、発生が多くみられるようなら殺虫剤を用いて防除しましょう。

1　畑の準備

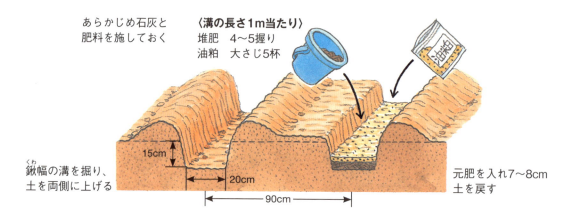

あらかじめ石灰と肥料を施しておく

〈溝の長さ1m当たり〉
堆肥　　4〜5握り
油粕　　大さじ5杯

15cm

20cm

鍬幅の溝を掘り、土を両側に上げる

90cm

元肥を入れ7〜8cm土を戻す

2　種根の準備

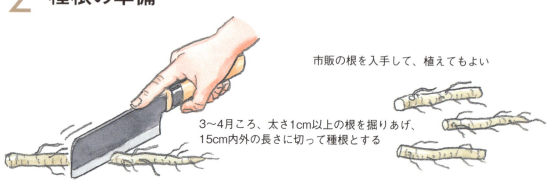

市販の根を入手して、植えてもよい

3〜4月ころ、太さ1cm以上の根を掘りあげ、15cm内外の長さに切って種根とする

3 植えつけ

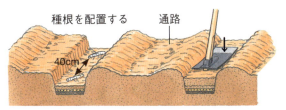

種根を配置する　　通路

40cm

種根の上に7〜8cm覆土し、軽く鍬で押さえておく

4 間引き

芽がたくさん伸びてくるので3〜4芽を残してほかは摘み取る

葉形の変化

早いうちに出た葉は、羽状で切れ込みがある

生長してから出た葉は、ちりめん状のしわが現れる

5 追肥・敷きわら

第1回
夏の終わりごろ

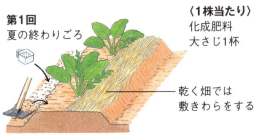

〈1株当たり〉
化成肥料
大さじ1杯

乾く畑では敷きわらをする

追肥は畝の片側に肥料をばらまき、軽く土と混ぜ、土寄せする

第2回
春、盛んに伸び始めたころ、1回めの反対側に施す

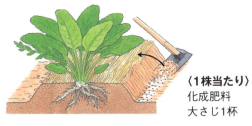

〈1株当たり〉
化成肥料
大さじ1杯

6 害虫防除

食害痕がめだち始めたら殺虫剤を散布する。草勢が強いので大減収にはならない

ヨトウガ、コナガ、アオムシなどの食害を受けやすい

7 収穫

生育中から逐次一部の根を掘り、利用する

冬、地上部が枯れるころにはより太い根となる。このころ掘りあげるのがもっとも多収

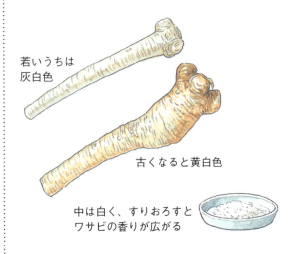

若いうちは灰白色

古くなると黄白色

中は白く、すりおろすとワサビの香りが広がる

ビート

カブのように太った根は、輪切りにすると美しい濃紅色の輪紋が現れます。独特な土くささがありますが、下ごしらえなどをきちんとすればよく、料理の用途は意外に広い野菜です。

品種 葉を食べるリーフビート、砂糖の原料となるシュガービートはいずれも同じ仲間（同種）ですが、用途はまったく異なるので、種子を入手するときは注意してください。早生、晩生や、色彩の異なるいくつかの品種がありますが、根部が深い紅色で品質のよい『デトロイト・ダークレッド』などを選ぶとよいでしょう。

栽培のポイント 冷涼な気候を好み、夏の暑さで生育が劣り、冬の寒さで品質が損なわれるので、春と秋を中心に栽培します。酸性には弱いので畑には石灰を施し、よく耕してから種まきします。

ヒユ科の特性として1粒の種子から何本も芽が出てくるので、生えそろったころ1本を残し、ほかは整理します。あまり大きなものよりも、径7〜8cmで丸型、根の表面の凹凸が少ないものに仕上げます。

栽培カレンダー

1月	2	3	4	5	6	7	8	9	10	11	12
			春まき栽培●								
						秋まき栽培●					

●種まき ━━収穫

1 元肥入れ

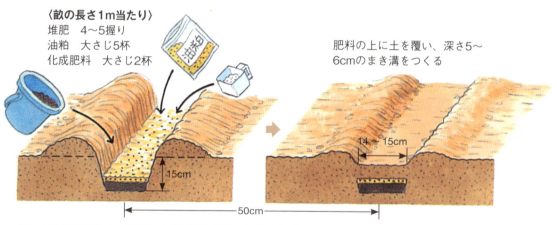

〈畝の長さ1m当たり〉
堆肥　4〜5握り
油粕　大さじ5杯
化成肥料　大さじ2杯

肥料の上に土を覆い、深さ5〜6cmのまき溝をつくる

15cm

14〜15cm

50cm

あらかじめ石灰をまいて耕した畑に溝を掘り、元肥を施す

2 種まきの準備

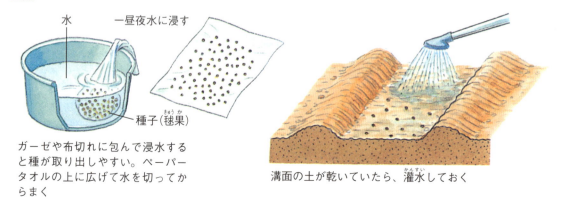

水

一昼夜水に浸す

種子（毬果）

ガーゼや布切れに包んで浸水すると種が取り出しやすい。ペーパータオルの上に広げて水を切ってからまく

溝面の土が乾いていたら、灌水しておく

3 種まき

4〜5cm間隔になるよう種をまく

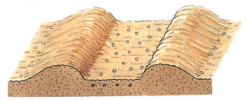

2〜3mmの厚さに覆土してから鍬の背で軽く鎮圧する

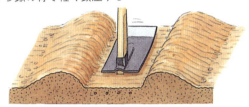

完熟堆肥を細かく砕いたもの、または3〜4cmに短く切ったわらで溝全面を覆って防乾する

4 間引き

第1回

1粒の種子のように見えるが、2〜5本の芽が伸びるので、間引いて1本立てとする。込み合っているところは株ごと引き抜き、株間を均一にする

第2回

6〜7cm

草丈5〜6cmのころ

第3回（最終回）

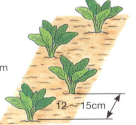

12〜15cm

草丈14〜15cmのころ

5 追肥・土寄せ

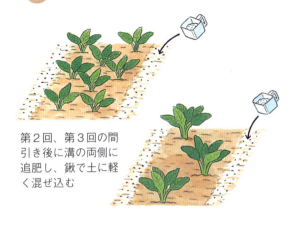

第2回、第3回の間引き後に溝の両側に追肥し、鍬で土に軽く混ぜ込む

6 収穫・利用

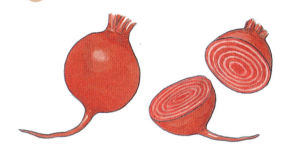

生のまま輪切りにしてそのままサラダに

塩をひとつまみ加えた水に皮つきのまま入れ、弱火で40〜50分ゆで、そのまま冷ます

手で皮をむく

マヨネーズ和えに

スープやバター煮に

サラダや酢漬けに

ニンジン

栽培カレンダー

	1月	2	3	4	5	6	7	8	9	10	11	12
早春まき		●										
春まき		●										
夏まき（秋どり）												
夏まき（春どり）												

● 種まき　⌒ トンネル被覆　▬ 収穫
ミニニンジンはプランターで栽培できる

カロテンが豊富でビタミンＡも多く、緑黄色野菜の代表種。元来、冷涼な気候を好みますが、温度適応性の幅はかなり広く、とくに根部は気温の影響を受けにくいので、肩まで土をかけておけば越冬も容易です。

品種　根の長さから三寸系、五寸系、長根系に大別されますが、作りやすく収量も多い五寸系がよく用いられます。『向陽二号』『ベターリッチ』『黒田五寸』などが代表種で、関西では『金時』も好まれます。小型品種には『ベビーキャロット』『ピッコロ』などがあります。

栽培のポイント　ネコブセンチュウの被害に注意。

前作に被害の出た畑は栽培を避けます。

種は軽く、発芽がそろいにくいので、まき溝をていねいにつくり、薄く土をかけ、まいた後に軽く押さえます。とくに夏まきでは、降雨の後か、乾いていれば溝全体に水やりしてからまきます。球状に加工されたコーティング種子なら、発芽の失敗は大幅に減少します。

間引きが遅れて株間が込み合うと、根の肥大が遅れ、形が悪くなるので注意しましょう。

1 畑の準備

なるべく早めに、15〜20cmの深さによく耕す。石ころや木切れなどは取り除く

〈1㎡当たり〉
完熟堆肥　4〜5握り
石灰　大さじ3杯

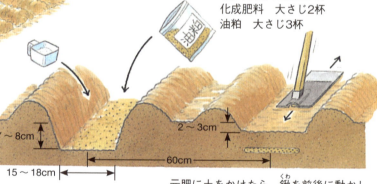

〈畝の長さ1m当たり〉
化成肥料　大さじ2杯
油粕　大さじ3杯

7〜8cm
2〜3cm
15〜18cm
60cm

元肥に土をかけたら、鍬（くわ）を前後に動かし、土を砕いて底面をきれいにならす

2 種まき

1.5〜2cm間隔になるように、溝全体にまんべんなくまく

乾いていたら、溝全体に水やりし、土を十分湿らせてからまくとよい

4〜5mmの厚さに土をかけてから、鍬の背で軽く押さえる

籾殻または切りわらを溝全面に薄く覆って乾きや雨にたたかれるのを防ぐ

3 トンネル被覆〈早春まき〉

3条まきにして、幅1.8mのビニールトンネルをかける。発芽してからしばらくの間は密閉しておく

換気開始は、本葉
1枚になってから

裾を開けて換気する。フィルムがずり
落ちないように棒をさしておくとよい

90cm

15cm間隔くらいに直径5cmほどの穴を、頂部にあけておくとよりよい（翌年も使用する場合、穴の部分だけ、内側に帯状のフィルムを合わせてふさぐとよい）

4 間引き・除草

第1回
草丈4〜5cmのころ

6〜7cm

第2回
根が直径5〜7mm
に太り始めたころ

初期の生育が遅いので雑草に負けやすい。生えしだい、こまめに抜き取る

10〜12cm

5 追肥・土寄せ

〈畝の長さ1m当たり〉
油粕　大さじ2杯
化成肥料　大さじ2杯

第1回
第2回間引きが終わったころ

第2回
第1回追肥の20〜25日後。肩の
上1cmくらいまで土を寄せる

〈品質を損ねる原因〉

岐根（また根）
障害物に当たったとき

ネマトーダ
ネコブセンチュ
ウの害

裂根
乾きすぎ、湿り
すぎ、とり遅れ

6 収穫

五寸ニンジンは12〜13cm、
三寸ニンジンは8〜9cmが
標準だが、これにこだわらず
逐次収穫し、利用する

〈小型品種はプランターで〉

ミニニンジンは長形のプランターに2列まきし、とりたての味を楽しんでもよい

根茎が1cmほどに肥大したものから収穫する。水を張ったコップに挿して、とりたての新鮮な味を楽しむのもよい

→保存法は231ページ参照

ゴボウ

栽培カレンダー

	1月	2	3	4	5	6	7	8	9	10	11	12
春まき栽培		●	●									
秋まき栽培							●	●				

● 種まき　━━ 収穫

　繊維質に富み、胃腸の洗浄や良性の細菌を殖やす効果があり、中国や西欧でもその効果が注目され、利用されています。品種や収穫時期を変えれば、長期間楽しむことができます。

品種　長根種が一般的で、『柳川理想』『滝野川』などがあり、短根種には『大浦』『萩』があります。短根で早生の『サラダむすめ』、長根の『ダイエット』などは、サラダ向きに改良された品種です。

栽培のポイント　耕土が深く排水のよいところを好むので、畑を選び、深く耕してから栽培することがたいせつです。

　種子は発芽しにくいので、あらかじめ浸水処理をします。また、好光性なので、種まき後の覆土はあまり厚くしないよう注意しましょう。

　初期の育ちは遅いので、除草を心がけ、入念に追肥をして生育をうながします。管理は概して楽ですが、アブラムシは用心して防ぎましょう。根の肥大を観察し、家庭菜園では若いうちから収穫し始め、根が大きく肥大してからも冬を越して逐次掘り取り、長い間利用しましょう。

1 畑の深耕

根が素直に伸び、掘りやすいゴボウを作るには、深い耕土にしておくことがいちばんたいせつ

①

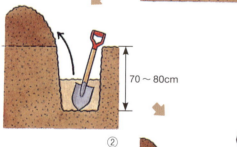
70〜80cm
②

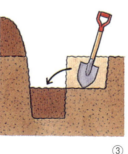
③

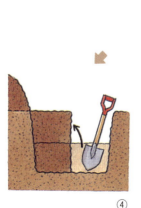
④

③④を繰り返しながら次へ進む

2 種まきの準備

〈1㎡当たり〉
石灰　大さじ3〜5杯
過リン酸石灰　大さじ3杯

種をまく前に肥料をまき、軽く耕しながらよくならす

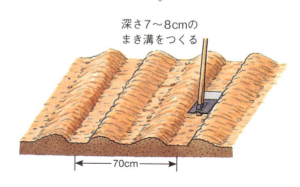

深さ7〜8cmのまき溝をつくる

70cm

3 種まき

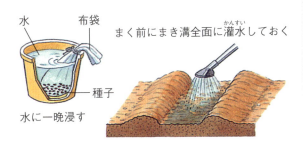

水　布袋

種子

水に一晩浸す

まく前にまき溝全面に灌水(かんすい)しておく

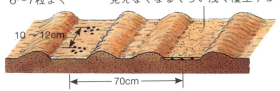

1か所に
6〜7粒まく

種子は好光性なので、種がやっと
見えなくなるくらい浅く覆土する

10 〜12cm

70cm

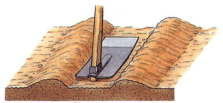

覆土した後、鍬(くわ)の背で強めに押さえ、
種が雨に流されないようにする

4 間引き

第1回
本葉1枚のころ
2本立てにする

第2回
本葉3枚のころ1本立てに

間引きのときのよい株の見分け方

葉が上方に向かって
素直に伸びているもの

葉が広がって育ちの
遅いもの、勢いが
よすぎるもの

良

根もまっすぐに
伸びている

不良

根がまた根や変形している。
根が太っていない

5 追肥

第1回
第1回の間引きが
終わった後、畝の
肩を切り崩し、肥
料を施して土を返
し、畝を形づくる

〈畝の長さ1m当たり〉
完熟堆肥
5〜6握り
油粕
大さじ3杯
化成肥料
大さじ2杯

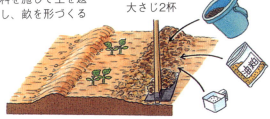

第2回
〈畝の長さ1m当たり〉
第2回間引き後
化成肥料
大さじ3杯
油粕
大さじ3杯

第3回
本葉5枚のころ
施肥量は2回めと同じ

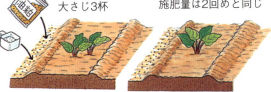

第1回めとは反対の側にまく

6 収穫

家庭菜園では早いうちから
若ゴボウとして収穫し、大
きく育ってからも冬を越し
て逐次掘り取り、長い間収
穫を楽しむこともできる

葉があるうち
は刈り取って
から掘る

通常のもの

10月下旬ころから掘り
始める。葉が枯れ始め
る12月ころから本格的
な収穫期。3月ころま
で収穫できる

若ゴボウ
茎の径が1cm
くらいに育った
ころから若ゴボ
ウとして収穫し、
利用できる

できるだけ先端まで掘
り取る。そのための用
具もある。大量のとき
は機械（トレンチャー）
で作業する

→保存・利用法は231ページ参照

ショウガ

殺菌作用と薬効、消臭など多くの効果のある、栽培の歴史の古い作物。種ショウガは値段が高いものの、食生活を豊かにしてくれる家庭菜園向き野菜です。また、収穫の仕方を変えることで、初夏から秋まで長い間利用できます。

品種 根部（塊茎）の大きさにより、大ショウガ、中ショウガ、小ショウガに区別され、大ショウガには『近江』『印度』、中ショウガには『房州』、小ショウガには『谷中』『金時』『三州』などがあります。家庭菜園用には小ショウガを用い、矢ショウガ、葉ショウガ（矢の根ショウガ）、古根、根ショウガなど、長い期間にわたって収穫・利用

栽培カレンダー

1月	2	3	4	5	6	7	8	9	10	11	12

矢ショウガ ○
根ショウガ ○

○植えつけ ━━収穫

するのがおすすめです。

栽培のポイント よい種ショウガの確保がいちばんたいせつなので、早めに予約して入手しましょう。植えつけ間隔の8〜10cmは一応の目安です。畑が狭かったり、早掘りする場合には、相当密植してもかまいません。乾燥を嫌うので、乾く畑では敷きわらをし、灌水に留意を。秋の矢の根ショウガの収穫は、残す根をできるだけ傷めないようていねいに行います。

1 種ショウガの準備

上手に貯蔵・冬越しした充実度のよい種ショウガを入手する

よい種ショウガの見分け方
①みずみずしく色つやがよい
②よい芽をもち充実している

1片が50gくらいの大きさになるように手で分割する

小片は2〜3個ずつまとめて植える

2 畑の準備

〈1㎡当たり〉
石灰　大さじ2杯
完熟堆肥　4〜5握り

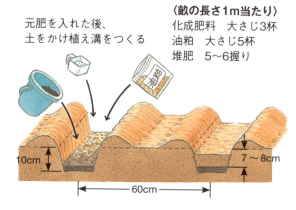

冬の間に耕し、土を寒気に十分さらしておく

3 元肥入れ

元肥を入れた後、土をかけ植え溝をつくる

〈畝の長さ1m当たり〉
化成肥料　大さじ3杯
油粕　大さじ5杯
堆肥　5〜6握り

10cm
7〜8cm
60cm

4 植えつけ

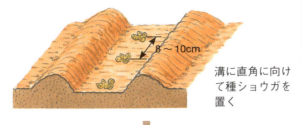

溝に直角に向けて種ショウガを置く

8〜10cm

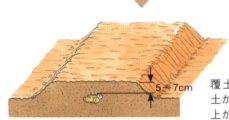

覆土した後、土が少し盛り上がる状態に

5〜7cm

低温ではなかなか芽が出てこないので、早どりするには芽出しをしてから畑に植える。適温は25〜30℃

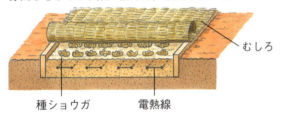

種ショウガ　電熱線　むしろ

5 追肥

第1回
草丈が15cmくらいに伸びたとき、畝の両側にばらまいて軽く土寄せする
〈畝の長さ1m当たり〉
化成肥料　大さじ2杯

第2回
草丈が30〜40cmのころ
〈畝の長さ1m当たり〉
化成肥料　大さじ3杯

第3回
1か月後
前回と同様に

6 敷きわら・灌水（かんすい）

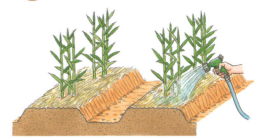

ショウガは乾燥に弱い。梅雨明けのころ株元に敷きわらを。乾きすぎたらたっぷりと灌水を

7 収穫

好みに応じて、いろいろな収穫の仕方が楽しめる

矢ショウガ
葉が3〜4枚開いたころ古根を地中に残したままかき取る。あとからまた芽が伸びて、次々収穫できる

葉ショウガ
矢の根ショウガ、谷中ショウガともいう。新しい根が少し肥大したころ抜き取る

古根
新ショウガをとった後の種ショウガ

根ショウガ
新ショウガともいう。晩秋になり、根が十分に肥大してから掘り取る

→保存法は231ページ参照

ジャガイモ

低温下でもよく育ち、わずか3か月余りで種イモの15倍も収穫できる点で、生産力は抜群です。栽培も容易ですが、ナス科なので、トマト、ナスなどとの連作を避けましょう。とくに疫病が共通のトマトとの隣接はタブーです。

品種 春作用には『男爵薯』『メークイン』『ワセシロ』『インカのめざめ』、秋作用には『デジマ』『にしゆたか』『ウンゼン』などが好適です。各種用途向き（煮物、サラダ、フライドポテト、ベークドポテトなど）や、イモの色、花色などのきれいな品種も見られます。

栽培のポイント 休眠性がありますが、早く休眠あけし芽が伸びすぎたもの、休眠中で芽が伸び始めていないもの、いずれも種イモとしては不適です。休眠あけし、適度に芽の伸びた、充実したものを用います。また、ウイルスに罹病していない種イモ専用のものを買い求めることがたいせつです。

その地域の適期を守って植えつけること。芽数を整理し、追肥と土寄せ、病害虫防除を念入りに行うことも忘れてはなりません。

栽培カレンダー

	1月	2	3	4	5	6	7	8	9	10	11	12
暖地・中間地		○	○						○	○	（秋植え）	
高冷地・東北	○	○										
北海道		○	○									

○ 植えつけ ▬ 収穫

1 種イモの準備

左右で芽が均一になるよう縦に切る
先端に近い芽は優勢で大きく、早く伸びる

元に近い芽は小さく、伸びが遅いかまたは伸びてこない

70〜80gくらいの大きさなら2つに切り、さらに大きいものは3〜4つに切る

2 畑の準備・元肥入れ

秋から冬にかけてよく耕しておく。石灰は施さないほうがよい（イモに発生するそうか病はアルカリ性で発生しやすい）

鍬幅（くわ）の溝を掘り、土を両側に上げる

〈畝の長さ1m当たり〉
堆肥　3握り
化成肥料　大さじ4杯

15cm
70cm

元肥を入れ、7〜8cm土を戻す

3 植えつけ

切り口を上に向けると断面に水がたまるなどしてイモが腐りやすい

切り口を下にして種イモを配置する

種イモの上に5〜8cm覆土し、軽く鍬で押さえる

25cm

覆土は軽い土では厚く、重い土では薄く

5〜8cm

4 芽かき

たくさん芽が伸びてくるので勢いのよいものを2本残してほかは取り除く。種イモを引き上げないよう株元を押さえ、斜めの方向にかき取るとよい。むずかしければはさみで切り取る

5 追肥・土寄せ

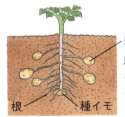

新イモ

種イモの上方に伸びた根茎の先端が太ってイモになるので、土寄せは重要

根　　種イモ

第1回
〈1株当たり〉
化成肥料　大さじ1杯

畝に沿って肥料を施し、通路の土を株元へ4〜5cmの厚さに寄せる

第2回
1回めの約20日後に、1回めと同様に追肥、土寄せする

15〜20cm

6 病害虫防除

葉に湿った黒褐色の斑点の出る疫病は大敵。早めに殺菌剤を散布する。この病害はトマトにも伝染する

テントウムシダマシ（オオニジュウヤホシテントウ）は葉を著しく食害する。幼虫のうちに早期防除が必要

7 収穫

イモが肥大してきたら、早いうちから探り掘りして新イモの味を楽しむ

完全に肥大したころ、鍬を入れて掘り起こす

8 貯蔵

積み上げると腐りやすい。とくに湿地のものはすぐに腐るので要注意

×

○

晴天続きのときを選んで掘りあげ、表面を日陰で乾かしてから薄く並べて蓄える

→保存・利用法は232ページ参照

サツマイモ

干天・酷暑にもよく耐え、たくましく育ちます。繊維やビタミン類も豊富で、カラフルな品種も増えて用途が広がってきました。どんな土壌でも作れますが、ほんとうにおいしい美肌のものは、排水や通気がよくないとできず、適地はやはり限定されます。

品種 作りやすく味のよい『ベニアズマ』が代表的品種です。早掘りでき、甘くて焼きいもに向く『高系14号』、外皮・内部ともに黄白色で、焼酎の原料としても著名な『コガネセンガン』、カロテンの含有量が高く、鮮やかなオレンジ色の『ベニハヤト』、金時とも呼ばれる粉質で甘みの多い

『紅赤』、蒸しいもなどの加工にも使える紫色の『山川紫』『紫娘』などもあります。

栽培のポイント 排水・通気をよくする畑づくりを心がけ、蔓（つる）ぼけさせないように窒素の吸収を抑えて栽培します。そのためふつうの肥沃（ひよく）度の畑なら元肥は不要です。葉色がとくに淡すぎるようなら少量の追肥をしますが、ほとんど無施肥でよいでしょう。また、黒マルチで地温を高め、雑草の発生を防ぎます。

栽培カレンダー

1月	2	3	4	5	6	7	8	9	10	11	12
				早掘り栽培○				収穫			
				普通栽培○					収穫		

○植えつけ ■収穫
早掘りでは暖地で早生品種をマルチ栽培する

1 苗の準備

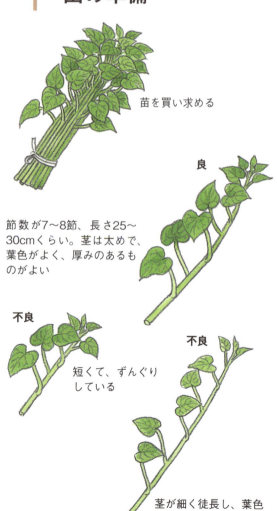

苗を買い求める

良

節数が7〜8節、長さ25〜30cmくらい。茎は太めで、葉色がよく、厚みのあるものがよい

不良
短くて、ずんぐりしている

不良
茎が細く徒長し、葉色が薄く、厚みがない

2 畑の準備

サツマイモは、排水と通気性のよい畑で、よいものが収穫できる。早めによく耕しておくことがたいせつ

〈畝の長さ1m当たり〉
草木灰　1握り
米糠　1握り

粗い堆肥または乾燥させた雑草、落ち葉などを適量

両側から土を盛り上げ、畝をつくる

野菜畑で、残っている肥料が多いところは、草木灰だけでよい

3 畝づくり・マルチ

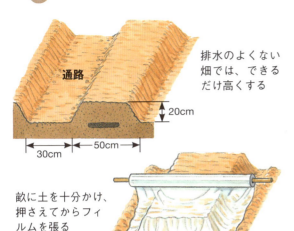

通路

排水のよくない畑では、できるだけ高くする

20cm

30cm　50cm

畝に土を十分かけ、押さえてからフィルムを張る

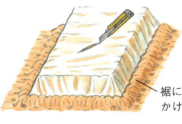

ナイフでやや斜めにフィルムに切り目を入れる

裾には十分土をかけておく

4 植えつけ

ふつうはこの程度の植え方が最良。葉を傷めないように注意

ここが、イモになる根が出るたいせつな節。この節をかならず中に入れ、葉は地上に出す

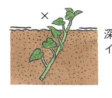

× 深く挿し込むと、イモの着きが悪い

マルチの穴は土をかけてしっかりとふさいでおく。穴が大きくあいていると、乾きやすく、ネズミの害を受けやすい

植えつけの株間は、30cmを目安とする

5 除草・追肥

蔓の伸びが悪く、葉色が淡すぎる場合にだけ、少量の追肥をする

化成肥料

株元や通路に生える草は早めに取り除く

6 収穫

探り掘り（8～9月）

本収穫（10～11月）

フィルムをはがす

まず蔓の先を鎌で刈り取り、畝の外へ出す

鍬（くわ）を深く打ち込み、掘りあげる

7 貯蔵

貯蔵するイモは、蔓から外さないようにていねいに扱う

外れると傷口ができ、傷みやすくなる

竹筒など

初めの10～14日くらいは通気をよくする

土を盛り上げて雨水が流れるようにする

籾殻

イモ

稲わら

80～100cm

台地でできるだけ地下水位の低いところを選ぶ

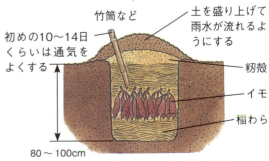

→保存・利用法は232ページ参照

205

サトイモ

露地普通栽培

露地芽出し栽培

○植えつけ　◐フレーム内催芽始め　▬▬▬収穫

　縄文時代にイネより早く日本に渡来したとされ、山野に自生するヤマイモにたいして里で栽培されるので、サトイモと呼ばれます。

品種　子イモ用の『石川早生』『土垂』が主ですが、親・子イモ両用の『赤芽』『唐芋』、ずいき・イモの両用の『ヤツガシラ』、ずいき用の『蓮芋』『赤芽』や親イモ用の『タケノコイモ』など、用途に応じて品種もさまざまです。

栽培のポイント　連作障害がもっとも出やすい野菜なので、少なくとも3〜4年は間をおきます。また、乾燥にたいへん弱く、夏期に日照りが続くと葉枯れし、作柄不良になります。

　高温性で生育適温は25〜30℃。春の育ちを早めるのにはフィルムマルチが効果的です。新イモは種イモの上方に着くので、土寄せが足りないと、子イモの芽が地上に伸び、太りが悪くなってしまいます。マルチをする場合は、初めからイモの上に多く覆土しておくか、マルチを一時片側に寄せて土寄せを行います。

　収穫後の子イモ外しは、株を持ち上げて基部をビール瓶で強くたたくと、簡単です。

1 種イモの準備

芽

良　　不良

種イモはふっくらとして形が整い、芽が傷んでいない、40〜50gのものが最適（『石川早生』の例）

2 芽出し

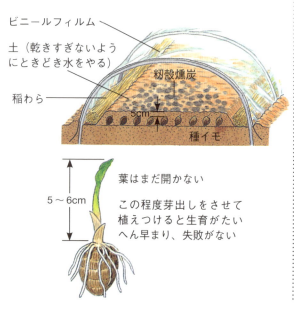

ビニールフィルム

土（乾きすぎないようにときどき水をやる）

籾殻燻炭

稲わら

5cm

種イモ

5〜6cm

葉はまだ開かない

この程度芽出しをさせて植えつけると生育がたいへん早まり、失敗がない

3 元肥入れ

〈畝の長さ1m当たり〉
油粕　大さじ3杯
堆肥　4〜5握り
化成肥料　大さじ3杯

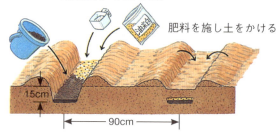

肥料を施し土をかける

15cm

90cm

4 植えつけ

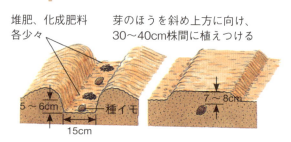

堆肥、化成肥料各少々

芽のほうを斜め上方に向け、30〜40cm株間に植えつける

5〜6cm

種イモ

15cm

7〜8cm

〈フィルムマルチをする場合〉

芽出しした種イモの場合

30〜40cm

無催芽の種イモの場合
イモを植えてからマルチする

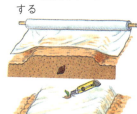

芽がマルチに触れそうになったころ、芽を上に出してやる

5 追肥

第1回（5月下旬〜6月中旬）
第2回（6月下旬〜7月上旬）

大きく育ったらマルチは取り除く

フィルムをめくり上げて作業をする

〈1株当たり〉
化成肥料
大さじ2杯

土寄せに先立って畝間に軽く溝をつけて追肥する

6 土寄せ

第1回
1回めの追肥後

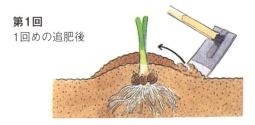

肥料を埋めるように通路の土を株元に寄せる

不良　　良

土寄せ、芽かきが足りないと細長い不良品が多くなる

第2回
2回めの追肥後

子イモから出た芽は土寄せのとき倒して土で埋める

7 収穫

探り掘り
8月中旬、イモが直径2cmくらいのとき探り掘りして、きぬかつぎの味を楽しむ

掘り取り作業
11月ころになったら、前もって地上部を刈り取ってから掘りあげる

8 貯蔵

厳寒期に入る前の覆土
10cm以上

貯蔵開始時の覆土
5〜6cm

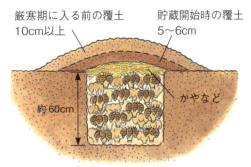

かやなど

約60cm

株からイモを外さないで下向きに詰め込む

→保存法は232ページ参照

根菜類・ヤマノイモ科／原産地：日本・中国華南西部

ヤマイモ

ヤマイモとはジネンジョ、ナガイモ、イチョウイモ、ヤマトイモの総称です。形や食味も多彩ですが、いずれも独特の粘りがあり、優れた滋養強壮食品として古来人気が高いものです。

肥大するイモ（塊根）は、茎と根の中間的な性質をもっており、養水分を吸う吸収根は地表近くの浅い土中に分布しています。

品種 前述のような品種群に大別されているだけです。扇形とばち形などと呼ばれる系統もありますが、遺伝性が不明確で品種名はつけられていません。

栽培のポイント ネマトーダなどの害虫を防ぐため

めに、3～4年の輪作を守り、イモの肥大範囲をよく耕しておきます。

イモは分割すればどこからでも芽を出しますが、位置により勢いが違うので、切る大きさをかげんします。蔓（つる）は支柱を立てて立体的に茎葉を伸ばし、日の当たる葉面積を多く確保することがたいせつです。蔓が下垂すると葉脈にむかごが着き、着きすぎると草勢が衰えるので、なるべく垂れさせず上方に向けて伸ばします。

栽培カレンダー

	1月	2	3	4	5	6	7	8	9	10	11	12
ナガイモ（普通栽培）	○											▬
イチョウイモ（普通栽培）	○										▬	
（芽出し栽培）	■○											▬

○植えつけ　■フレーム内芽出し　▬収穫

1 畑の準備

〈1㎡当たり〉
堆肥　5～6握り

緩効性化成肥料
大さじ6杯

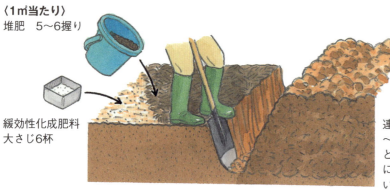

連作障害が出やすいので、3～4年はヤマイモを作ったことのない畑を選ぶ。畑は早めに深く耕しておく。酸性に弱いので石灰を忘れずに

2 種イモの準備

竹べらなどで切り目を入れて手で折るとよい

首の部分は50～60gに

ナガイモ

太い部分は80～100gに

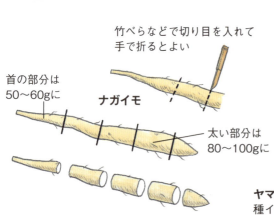

フレーム内で芽出しをして畑に植えると育ちが早い

ヤマトイモ
種イモの切り方と大きさを守る

50～70gに

イチョウイモ
縦に等分になるよう切断する

50～70gに

3 植えつけ

水はけの悪い畑は畝を高くする

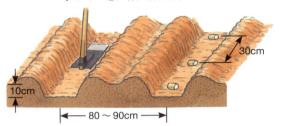

種イモは首の部分と胴の部分を部位別に分けて
列ごとに植えると萌芽がそろうので、あとの管
理がしやすい。細い部分は株間を狭くする

覆土はあまり厚くしない

4 追肥

第1回〈1株当たり〉
化成肥料　大さじ1杯
油粕　大さじ3杯

蔓が伸び始めたら
株間に肥料をばらまく

2回め以降〈畝の長さ1m当たり〉
化成肥料　大さじ3杯

蔓が1mくらいに伸びたころと秋口の2回、畝の
片側に溝を切って追肥し、土を戻しておく

5 敷きわら・支柱立て

イチョウイモ

敷きわら

盛夏に入る前に入念に敷きわらを

支柱立て
3〜4本あわせて上で結ぶ

ナガイモ
なるべく高い支柱を立
てて蔓を上方に伸ばす。
垂れ下がった蔓にはむ
かごが着く（むかごも
食べられる）

6 収穫

ナガイモは晩秋から春
にかけて収穫する。地
上部が枯れてからでも
よい。折れやすいので
使いやすい用具を使っ
てていねいに掘る

細長のシャベル　　鉄棒

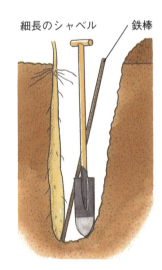

イチョウイモは茎葉が
冬枯れしないうちに収
穫する。寒い地方では
あまり秋遅くまで畑に
置かないほうがよい

〈むかごから種イモを作る〉

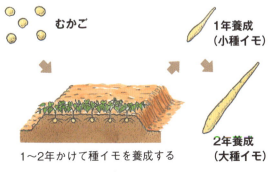

むかご

1年養成
（小種イモ）

2年養成
（大種イモ）

1〜2年かけて種イモを養成する

→保存法は232ページ参照

クワイ

塊茎に似合わぬ立派な芽は「芽出たい」ということで、正月のおせち料理には欠かせません。

品種 藍青色で収量も多いのは『アオクワイ』、小型で苦みの少ない『姫クワイ』は関西で多い品種です。中国料理でよく用いられるのはオオクログワイで、よく似ていますが、科も異なるので、混同しないようにしてください。

栽培のポイント 湿田や水辺など適地を選んで栽培し、生育時期に合わせて水の管理を行います。

栽培カレンダー

1月	2	3	4	5	6	7	8	9	10	11	12

○ 植えつけ ━━ 収穫

1 植えつけの準備

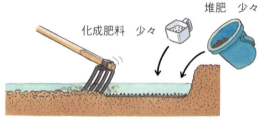

化成肥料 少々　堆肥 少々

予定地には水を張って、水田の代かきの要領でよく土を攪拌する。11月、2月の2回行う

2 植えつけ

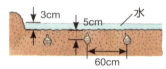

3cm　5cm　水
60cm

植えつけ後は3cmくらいの深さに水を張っておく

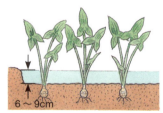

6～9cm

茎葉が伸びてくるにしたがって6～9cmの深水にする。とくに8日月下旬～9月上旬の肥大し始めころは深水とする

肥大盛りに入ったら浅水にして肥大の促進をはかる

3 管理

①追肥
8月上旬と9月上旬の2回

〈1株当たり〉
化成肥料　大さじ½杯

②葉かき
放任しておくと葉数が増えすぎ、地下の匍匐茎(はふく)の発生が悪くなるので、つねに6～8枚を残し、ほかはかき取る

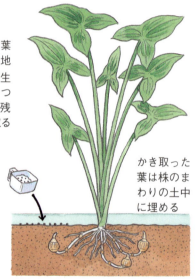

かき取った葉は株のまわりの土中に埋める

③から刈り
11月中旬になったら地上部を刈り取る。こうすると渋皮が取れて色がよくなる

4 収穫

塊茎が十分肥大してきたら水田の水を落とし、その後塊茎を掘りあげる

芽の伸びているものが良質品

ジュウロクササゲ

栽培カレンダー

1月	2	3	4	5	6	7	8	9	10	11	12
露地栽培（育苗）●━━○━━					━━━	━━━	━━				
露地栽培（じかまき）		●━━			━━	━━━	━━				

●種まき　○植えつけ　━━ 収穫

　若いうちのマメのさやが上に向くので「捧げ」の名があります。若ざやをインゲンマメと同様に利用。マメ類ではもっとも高温や乾燥に強く盛夏にもよく実どまりし、育てやすいです。

品種 『十六ササゲ』『姫ササゲ』などがあります。『けごんの滝』は、マカオ系からの選抜改良種で房なりの多収品種です。

栽培のポイント 　インゲンに準じて栽培しますが、さやは長く伸びるので、支柱は高めにしっかりと立てます。とり遅れないよう注意。

1 苗づくり

3号のポリ鉢に3〜4粒種子をまく

本葉2枚のころ1本立てに

本葉3〜4枚の苗に仕上げる

2 植えつけ・種まき

育苗の場合
元肥は畝全面に堆肥、化成肥料を少々ばらまき15cmくらいの深さに耕し、苗を植えつける

じかまきの場合
1か所3〜4粒まきとする

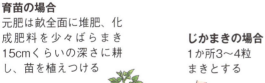
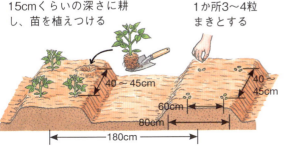

40〜45cm

40〜45cm

60cm

80cm

180cm

3 支柱立て・追肥

蔓（つる）は3m内外にも伸びるので、支柱はできるだけ長いもの（2〜2.5m）を用いる

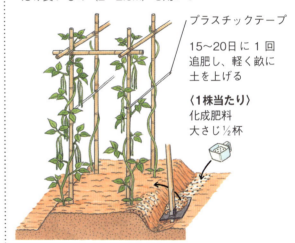

プラスチックテープ

15〜20日に1回追肥し、軽く畝に土を上げる

〈1株当たり〉
化成肥料
大さじ½杯

4 収穫

1本の果梗（かこう）に2〜4本のさやが着く

開花して10日くらいで40〜60cmの長さのさやになったころ、はさみで切り取り収穫する

スイートバジル

さわやかな芳香と、わずかな苦みのある葉や花穂を、肉や魚、スープ、サラダに用います。

品種 『スイートバジル』が一般的ですが、『ダークオパール』『ブッシュバジル』『レモンバジル』『シナモンバジル』など数多くあります。

栽培のポイント 十分な日照と排水のよいところを好みます。乾燥しすぎると葉が硬くなり品質を損ねるので、灌水の必要があります。花芽を着けると葉の伸びが悪く風味も劣るので摘蕾が必要です。

栽培カレンダー

1月	2	3	4	5	6	7	8	9	10	11	12
暖地・中間地 ●		○									
高冷地・寒冷地 ●			○								

● 種まき　○ 植えつけ　━━ 収穫

1 苗づくり

種子が見え隠れする程度に薄く覆土し、板で軽く鎮圧する

7〜8cm

3号ポリ鉢

本葉が出始めのころ1〜1.5cm間隔に間引く

本葉1〜2枚のころ鉢に移植する

最終的に1本立てとし、本葉5〜6枚で定植する

2 畑の準備・植えつけ

〈1㎡当たり〉
堆肥　5〜6握り
油粕　大さじ3杯
化成肥料　大さじ2杯

畑に肥料をばらまき、全面に耕し込む

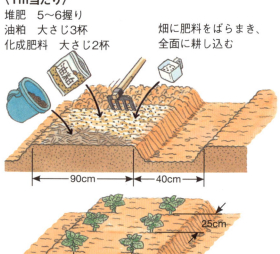

90cm　40cm

25cm

50cm

3 追肥・摘蕾

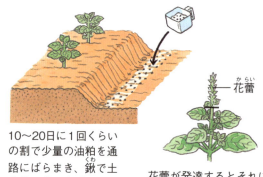

10〜20日に1回くらいの割で少量の油粕を通路にばらまき、鍬で土を畝に盛り上げる

花蕾

花蕾が発達するとそれに栄養を取られて、品質のよい葉にならず、風味も劣るので、早く出蕾したものは摘蕾する

4 収穫

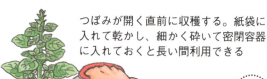

つぼみが開く直前に収穫する。紙袋に入れて乾かし、細かく砕いて密閉容器に入れておくと長い間利用できる

枝分かれしてきたらその先を摘芯をかねて摘み取る。葉だけとってもよい

香辛野菜・ヒガンバナ科／原産地：ユーラシア大陸・温帯北部

チャイブ

ごく細葉で株分かれの多い小型のネギ。北海道、東北には自生し、昔から利用されています。

品種 『チャイブ』として市販されている種子を買い求めます。

栽培のポイント 種をまき育苗して栽培する方法と、地下に形成する鱗茎を分割して殖やす方法があります。鱗茎が入手できれば、後者のほうが簡単です。1年めは少し摘み取るくらいにして株の肥大をはかります。3年過ぎたら、株を更新し勢いをつけます。

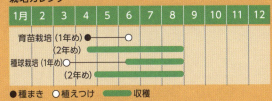

栽培カレンダー

	1月	2	3	4	5	6	7	8	9	10	11	12
育苗栽培 (1年め)	●			○								
(2年め)												
種球栽培 (1年め)			○									
(2年め)												

●種まき　○植えつけ　━ 収穫

1　苗づくり・種球の準備

種まき育苗をする場合

7〜8cm間隔に条まきする

育つにつれて逐次間引きや追肥をし、草丈15cm内外の苗に育てあげる

鱗茎を用いる場合

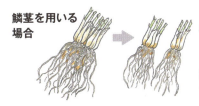

春先芽が伸びてくる前に地下部を掘り起こし、鱗茎を3〜4球ずつに分割する

2　畑の準備

〈溝の長さ1m当たり〉
堆肥　4〜5握り
油粕、化成肥料　各大さじ3杯

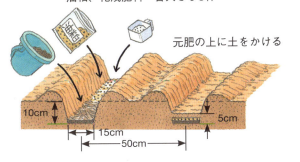

元肥の上に土をかける

10cm　15cm　50cm　5cm

3　植えつけ

25cm

苗の場合、1か所に3〜4本まとめて植える

鱗茎の場合、1か所に6〜7球まとめて植える

4　追肥・摘蕾

草丈10cmくらいのとき1回めの追肥をする

〈畝の長さ1m当たり〉
油粕　大さじ3杯
化成肥料　大さじ3杯

1か月後と刈り取り後にも同量追肥する

開花させると葉の品質を損ねるので、つぼみは早いうちに摘み取る

5　収穫・利用

夏の間じゅう、逐次収穫する

1年めは葉を少し摘み取るくらいにし、株を大きくする

2〜3年めは勢いよく伸びるので、刈り取り収穫する。3年過ぎたら鱗茎を植え替えて、新しく栽培する

ミント

ハッカとして古くからなじまれており、ピリッとした清涼感は、料理、菓子、飲み物、あるいはポプリにと用途が多々あります。

品種 殺菌や駆虫効果が高く、多く栽培されているのは『ペパーミント』です。そのほか、甘みのある香りの『スペアミント』、リンゴの香りの『アップルミント』などがあります。

栽培カレンダー

1月	2	3	4	5	6	7	8	9	10	11	12

露地栽培（1年め）

（2年め）

●種まき　○植えつけ　━━ 収穫

栽培のポイント 3年に1回くらい株分けし、畑を耕して植え直すと、勢力が回復してふたたび良品がとれるようになります。

1 苗づくり

種子が小さいので覆土は多すぎないようていねいに

草丈10cmくらいの大きさの苗に仕上げる

4〜5cm

4〜5cm

込み合ったところは逐次間引き、4〜5cmの間隔を与える

2 畑の準備

〈1㎡当たり〉
堆肥　5〜6握り
油粕　大さじ5杯
化成肥料　大さじ3杯

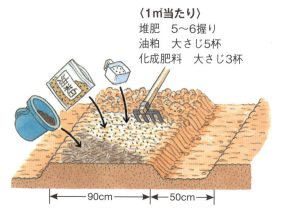

90cm　50cm

3 植えつけ・株分け

苗の植えつけ

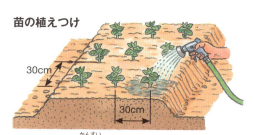

30cm

30cm

株のまわりに灌水（かんすい）する。葉色が淡くなったら、適宜少量の油粕、液肥などを施す

株分け

根茎

5cm

15cm

3月ころ、根茎を15cmくらいに切って深さ5cmに植えつける。2〜3年に1回は、この方法で株を更新するのがよい

4 収穫

葉先を摘む。春から夏にかけての生育盛りには、整枝をかねてどんどん収穫する

貯蔵の仕方

つぼみが見え始めたころ、地上5cmくらいのところから茎ごと切り、束ねて陰干しする。乾いた葉をとり、密閉容器に保存して逐次利用する

フェンネル

古くから魚料理に欠かせないハーブとされ、葉、葉柄、子実ともに利用できます。

品種 株元がよく肥大する『フローレンスフェンネル』が、野菜用として多く用いられています。

栽培のポイント 排水と通気性のよい畑を選びます。株元がよく肥大した良品をとるには元肥をしっかり施し、1か月に1回くらいの追肥が欠かせ

栽培カレンダー

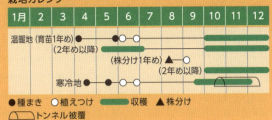

	1月	2	3	4	5	6	7	8	9	10	11	12
温暖地（育苗1年め）	●		●	○								
（2年め以降）												
（株分け1年め）					▲	○						
寒冷地	●		●		○							

● 種まき　○ 植えつけ　▬ 収穫　▲ 株分け
⌒ トンネル被覆

ません。種子を利用するときは、穂のまま刈り取り、つるして乾燥させます。

1 苗づくり

3号のポリ鉢に5～6粒まく

本葉3枚のころ間引いて1本立てとする

直根が伸びて移植に弱いので、鉢に直接、種まきして育苗する

種がこぼれて発芽したものを苗にすることもできるが、直根が深く伸びていて切れやすいので、大きく掘りあげ再育苗して畑に植えつけるのがよい

2 植えつけ

〈溝の長さ1m当たり〉
化成肥料　大さじ3杯
堆肥　6～7握り
油粕　大さじ5杯

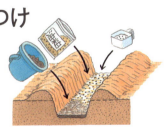

フローレンスフェンネルの場合

15cm
50cm
50cm

フェンネルの場合

フローレンスフェンネル60cm
フェンネル90～100cm

3 管理

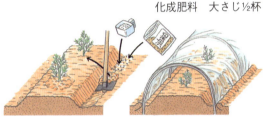

〈1株当たり〉
油粕　大さじ1杯
化成肥料　大さじ½杯

草丈が20～30cmに伸びたころから、1か月に1回くらい株のまわりに肥料をやり、株元に土寄せをする。春先には完熟堆肥を1株当たり2～3握り施す

霜にあうと葉が傷むので、冬どりのためにはトンネルをかける。温暖地で多年生品種を作る場合は必要ない

4 収穫

フェンネル

フローレンスフェンネル

若い葉の先端を摘み取る。セルリーのような茎も利用する

株元がよく肥大する

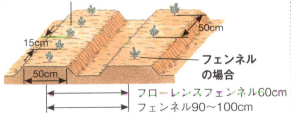

採取の仕方
色づいたころ穂のまま刈り取り、風通しのよいところにつり下げる

下に布または紙を敷いて種子をうける

香辛野菜・キク科／原産地：シベリア

タラゴン

ヨモギに似た葉ですが、切れ込みはなく、立ち性となり分枝します。別名をエストラゴンといい、ソースやビネガーに欠かせない材料です。

品種　ロシアン種とフレンチ種があり、料理に用いるのは改良されたフレンチ種。葉は細く明るい株色で、強い香りを有します。

栽培のポイント　冷涼な気候を好み、関東以南では、家屋の北側など涼しいところでないとよく生育しません。種子は採れないので、挿し木または株分けで殖やします。

栽培カレンダー

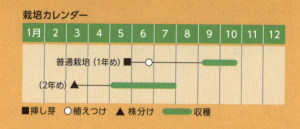

1月	2	3	4	5	6	7	8	9	10	11	12

普通栽培（1年め）■　○

（2年め）▲

■ 挿し芽　○ 植えつけ　▲ 株分け　━ 収穫

1 苗づくり

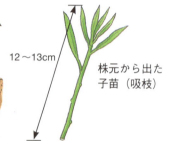

12〜13cm

株元から出た子苗（吸枝）

フレンチ種は種子が採れないので春に吸枝を挿し芽して苗をつくる

12〜13cmに伸びた子苗を摘み取り、育苗箱に挿す

発根し、地上部が10cmくらいに伸びたら畑に植え出す

2 植えつけ

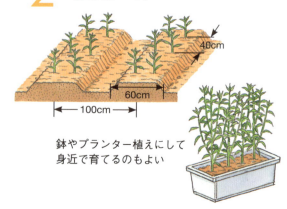

40cm

60cm

100cm

鉢やプランター植えにして身近で育てるのもよい

3 管理

育ちぐあいをみながら1か月に1回くらい油粕を少々株間に追肥する

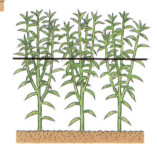

2〜3年めの春に地上部の刈り込みをする

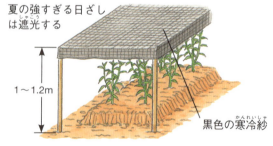

夏の強すぎる日ざしは遮光する

1〜1.2m

黒色の寒冷紗

4 収穫

フランス風の料理に用いる。バターやチーズに練り込む、ハーブビネガー、ハーブオイルでドレッシングの風味づけに、エスカルゴ料理に。生葉をティー、入浴剤にも

新芽が盛んに伸び出してきたらその先を摘み取る

香辛野菜・シソ科／原産地：地中海沿岸地方

ラベンダー

　花の美しさだけでなく、芳香にはリラックス効果があり、ブーケ、ドライフラワー、ティー、菓子にと用途は広いハーブです。

品種　『コモンラベンダー』『トウルラベンダー』『スパイクラベンダー』『フレンチラベンダー』などがあります。

栽培のポイント　多年生の常緑低木で冷涼な気候を好み、冬も楽に越すほど低温には強いです。種子でも殖やせますが、生長が遅いので、挿し木、挿し芽で殖やしたほうがよいでしょう。

栽培カレンダー

	1月	2	3	4	5	6	7	8	9	10	11	12
露地栽培（1年め）		■	■	■					○			
（2年め）			▬	▬	▬	▬	▬	▬				
（3年め）			▬	▬	▬	▬	▬	▬				

■挿し芽　○植えつけ　▬収穫

1 苗の準備

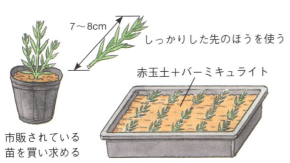

7～8cm

しっかりした先のほうを使う

赤玉土＋バーミキュライト

市販されている苗を買い求める

市販されている株または茎葉を買い求め、挿し芽で殖やす

2 植えつけ

〈溝の長さ1m当たり〉
油粕　少量
堆肥　5～6握り

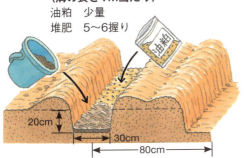

20cm
30cm
80cm

30cm

丈10cm内外に育てた苗を植えつける

低地では畝を高くして排水をよくする

3 管理

開花期が過ぎ、梅雨に入るころ、茎の下方の葉を4～5枚残して上方を切除し、蒸れを防ぎ、再生力をつける

油粕　少々

春先と収穫後に少量の肥料を株間にばらまく

プランター栽培の場合

長形のプランターに2株植えにし、生育盛りには1か月に1回くらい油粕大さじ2杯を追肥する

4 収穫・利用

6～7月の開花期に花穂を着けて茎葉を刈り取り精油を採る

涼しい場所で陰干しにし、ハーブティーやドライフラワー、ポプリにして楽しむ

用語解説

あ行

赤玉土（あかだまつち） 赤土を乾燥させて、大中小の粒にふるい分け、団粒化したもの。保水性、通気性がよい。

秋まき栽培 秋に種をまき、冬から春にかけて収穫する栽培。

1本立て 苗を間引いて、1本だけ育てること。

液肥 液体肥料のこと。速効性があるため追肥として使用する。植物に合わせて指定の倍率に薄めて使う。

塩化石灰 石灰より水に溶けやすいため、水溶液を葉や花などに散布してカルシウムを補給するときに使用する。

晩生（おくて） 作物などで、ふつうの時期より遅れて成熟する品種。

か行

塊茎（かいけい） 地下茎の一種。地中の茎の先がデンプンなどの養分をたくわえて、塊状に肥大したもの。ジャガイモ、キクイモなど。

塊根（かいこん） 貯蔵根の一種。根が塊状に肥大し、デンプンなどを貯蔵しているもの。サツマイモ、ダリアなど。

花芽（はなめ） 発達して将来は花となる芽。

花茎（かけい） 葉を着けず、その頂部に花のみを着ける茎。タンポポ、ヒガンバナなど。

化成肥料 チッ素、リン酸、カリを化学的に合成して、2種以上配合した肥料。速効性、緩効性の両方がある。

鹿沼土（かぬまつち） 栃木県鹿沼市近辺で産出される、火山砂礫が風化した酸性土。排水性、通気性、保水性に富む。

株分け 過密になった株を若返らせたり、株を増やしたりするために行う。

花房（かぼう） 房状になった花の集まり。

花蕾（からい） 花芽が発達し蕾になったもの。外見から明らかに花になることがわかるときにいう。

緩効性肥料 与えたときから穏やかに効果をあらわし、長期にわたり効果が持続する肥料。

間作（かんさく） 畝の間や株と株の間に、ほかの作物を栽培すること。

休眠 球根、種、芽、苗などが生育するのに適さない時期を越すために、生長や活動を一時的に休むこと。

切り戻し 剪定法で、茎や枝を短く切りつめること。

苦土石灰（くどせっかい） 酸性が強い土壌を中和させるための肥料。

混作 同じ土地に異なった2種類以上の作物を同時に栽培すること。イネ科とマメ科の植物はしばしば行われる。

さ行

周年栽培 作型を組み合わせることで、作物のある種類を一年じゅう栽培すること。

整枝（せいし） 摘芯やわき芽除去などにより、草型や着果位置などを任意に整える作業。

セル成型苗 根鉢が一定の形状になるように、小型の多穴容器で育成された苗。この苗を使うと簡単に定植できる。成型苗、セル苗、プラグ苗ともいう。

草木灰（そうもくかい） 草や木など植物を燃やした灰のこと。

速効性肥料 根から吸収されてすぐに効果があらわれる肥料。おもに追肥として使われる。

た行

多年草 生育して開花し結実した後も枯死せず、長年にわたり生長を続ける植物。

中耕（ちゅうこう） 作物の生育期間中に、まわりの土を耕すこと。

追肥（ついひ） 植物の生育中に補充のために施す肥料。

土寄せ 土を株元に寄せる作業で、中耕のときに行う。

蔓（つる）ぼけ チッ素肥料のやりすぎや日照・水はけが悪いことが原因で、蔓が伸びすぎること。

定植（ていしょく） 苗や球根を、畑や鉢に本式に植えること。

摘芯（てきしん） 枝分かれや背丈を調整するために、枝先の芽を摘み取ること。

展着剤 農薬などの薬剤を散布するときに、薬剤が水に溶けて植物や病害虫に付着し、効力を持続するように混ぜる補助剤。

徒長（とちょう） 過密や弱光、多湿などが原因で、植物がふつうよりも弱々しく生長すること。

トンネル栽培 自然の気温が低いとき、プラスチックフィルムでトンネル型に覆い、その中で作物を育てる栽培法。

な行

軟化 チコリなど、茎や葉を食する野菜を栽培するとき、人為的に光と風を遮断して退色させ、繊維組織を軟らかくすること。

は行

春まき栽培 春に種をまいて、夏の前に収穫する栽培。

半日陰（はんひかげ） 一日の日の長さの半分くらいの間日が当たるか、木もれ日くらいの日が当たること。

ピートモス 寒冷な湿潤地の水苔類が長年堆積し、分解してできた有機物の土壌。保水性に富む。

腐葉土（ふようど） 広葉樹が落葉・腐敗して土のようになったもの。保水性、保肥性、通気性、排水性に富む。

pH（ペーハー）値 水素イオン濃度指数で、溶液の酸性の強さやアルカリ性の強さをあらわす。純水のpH 7を中性とし、7から上がアルカリ性、下が酸性。

べた掛け栽培 防寒や防風のために、不織布を作物に直接かけたり、少しすきまをあけたりして栽培すること。

ま行

間引き 発芽後に込み合っているところを、生育の遅いもの、早いもの、形がいびつなものなどを除去する作業。

マルチ栽培 地面にフィルムなどを敷いて作物を栽培すること。こうすることで、地温の上昇をはかり、地面からの水分蒸発を防ぎ、雑草を抑止する効果がある。

むかご 珠芽（しゅが）ともいう。芽のわき芽が養分をたくわえて肥大した、直径1〜2cmの小さな球根。株から落ちて発芽するので、繁殖に利用する。ヤマイモなど。

芽かき 主枝を生長させるため、わき芽を取り除くこと。

元肥（もとごえ） 種まきや植えつけのときに、前もって施しておく肥料のこと。

や行

誘引（ゆういん） 枝や茎を支柱などに縛りつけて、作物の生長の方向や形状を調節すること。

有機肥料 油粕、魚かす、骨粉、鶏糞、堆肥など動植物を原料にする肥料。

ら行

ランナー 親株から伸びた茎で、先端に子株ができ地面につくと発根して殖える。匍匐（ほふく）枝ともいう。イチゴ、オリヅルランなど。

鱗茎（りんけい） 地下茎の一種。葉が養分をたくわえて多肉となって重なり、球形や卵形になったもの。皮があるものとないものがある。タマネギ、ネギ、ユリなど。

輪作（りんさく） 伝染性の有害作物や病害虫を抑え、耕地の地力低下を防止するために、作物を毎年場所を変えて栽培する方法。

連作障害 同一の土地に同一の作物を毎年植えると、障害が起こること。主な原因は土壌病害虫といわれる。

わ行

わき芽（め） 枝の途中にできる芽のこと。側芽ともいう。これに対して枝の頂上にできる芽を頂芽という。

早生（わせ） 作物などで、ふつうの時期より早く成熟する品種。

野菜別

保存・調理のコツ・おいしい食べ方

第3章

野菜のおいしさをもっと保つために

野菜の収穫後、時間の経過とともにしおれてくるのは避けられません。
野菜の鮮度を落とさず適切に保存するには、野菜が育っていた環境にできるだけ近づけることがポイント。
冷凍保存のコツや、簡単でおいしい食べ方なども、あわせて紹介します。

果菜類

果菜類の多くは、夏の日ざしの下で育ちます。低温が苦手なので、収穫後2〜3日で使う場合は、乾燥を防ぐために新聞紙に包んでポリ袋に入れて常温に置きます。4〜5日以上保存する場合は冷蔵庫に入れますが、傷みやすいので早めに食べきります。使いかけの野菜は、切り口が乾燥したり、雑菌が付着したりする

ことがあるので、ラップで覆って冷蔵庫に入れます。

トウモロコシやマメ類は鮮度が落ちやすいので、すぐに調理しましょう。火を通したうえで冷凍保存もおすすめです。一方、カボチャやトウガンなどの保存性の高い野菜は、切らずに土つきのまま、風通しのよい日陰に保存すれば冬までもちます。

葉菜類

コマツナやホウレンソウなどの葉ものは、乾燥が大敵です。みずみずしさを保つため、湿らせた新聞紙に包んでポリ袋に入れ、冷蔵庫で保存します。かためにゆでて冷凍保存もできます。ネギ、アスパラガスなどのように上に伸びる野菜は、横に寝かせると立ち上がろうとして余分なエネルギーを消費するので、冷蔵庫

内に立てて保存します。

キャベツ、ハクサイ、レタスなどの結球野菜は、外側から1枚ずつ葉をはがして利用します。球に包丁を入れると、切り口から乾燥が進みます。ブロッコリー、カリフラワー、ナバナなどの花蕾を食べる野菜は鮮度が落ちやすいので、すぐに調理を。ゆでて冷凍保存も可能です。

根菜類

根菜類は、土つきのままのほうが乾燥しにくいので、収穫後は洗わないのが得策です。新聞紙に包んで冷暗所に置きます。

ダイコン、ニンジン、ゴボウなどの直根性の根菜類は、収穫してすぐに葉と根を切り分けます。葉つきのままだと、養分が葉に回って根がやせたり、葉から水分が抜けて乾燥し

たりします。

サトイモ、サツマイモ、ショウガは熱帯性の野菜で、低温と乾燥に弱いのが共通点。春から秋は冷暗所に置きますが、寒さが増す冬は断熱効果のある発泡スチロール箱などに入れて温度と湿度を保って保存します。涼しい環境を好むジャガイモは、風通しのよい日陰に置きます。

野菜別保存と利用

（　）内は栽培ページ

トマト（p.30）

 保存 冷凍は皮つきのまま

生のものはポリ袋に入れて冷蔵庫に。冷凍する場合は、へたをくり抜いて皮ごと冷凍庫に。使うときは、常温にしばらく置けば簡単に皮がむける。

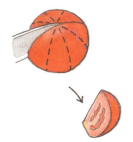 **おいしく食べる** うまみたっぷりみそ汁

適当な大きさに切って汁の実に。うまみ成分のグルタミン酸が多く、みそや豆腐、野菜類との相性も抜群。

火の通し加減はお好みで

ナス（p.32）

 保存 風に当てないように

風に当てると傷みが早くなるので、新聞紙に包んでポリ袋に入れる。2〜3日なら常温で、4〜5日なら冷蔵庫に。

おいしく食べる 巨大果こそおいしい焼きナス

丸ごと焼いて皮をむき、ショウガ醤油などで。焼くと種は気にならないので、とり遅れて大きくなったナスにおすすめ。

ピーマン・カラーピーマン（p.34、36）

 保存 水けをふき取ってからポリ袋に入れる

水分が残っていると傷みやすい。水洗い後ペーパータオルなどで水けをふき取り、ポリ袋に入れて冷蔵庫に。適当な大きさに刻んで、硬めにゆでて冷凍保存もできる。

水分をふき取る

調理のコツ カラーピーマンの皮のむき方

丸ごと焦げ目がつくまで焼き、熱いうちにポリ袋に入れて少し蒸らすと、簡単に皮がむける。

加熱すると甘みが増しておいしい

カボチャ（p.42）

保存 貯蔵性高し、冷暗所で

切っていないものは、冷暗所に置けば冬までもつ。切ったものは、わたと種を取り除いてラップに包んで冷蔵庫に。冷凍する場合は、硬めにゆでるか、ゆでて果肉をつぶしてから。

おいしく食べる 栄養豊富な種をおつまみに

種は果肉の約5倍のカロテンを含み、ミネラル、ビタミンが多い健康食品。種を水洗いしてよく乾かし、から煎りして軽く塩をふれば、手軽なおつまみに。

キュウリ（p.40）

保存 冷蔵庫に立てて

いぼのまわりに雑菌がついているので、ていねいに洗う。水洗い後、新聞紙に包んでポリ袋に入れ、冷蔵庫に立てて入れる。

ズッキーニ（p.44）

保存 乾燥に弱いので新聞紙＆ポリ袋に入れて

乾かさないよう、新聞紙に包んでポリ袋に入れ、冷蔵庫へ。

おいしく食べる ジャンボサイズはそのまま焼いて

開花から1週間程度で収穫適期になる。とり遅れて巨大化した果実は、輪切りにしてそのまま焼くにするとおいしい。火の通りが早く、カボチャよりジューシーでやわらかいので、バーベキューにも。

調理のコツ 糖質オフで人気、ズッキーニ麺

スライサーやピーラーで細長くむくと、「ズッキーニ麺」に。糖質が少ないことから人気上昇中。生でも、ゆでてもおいしく、味にクセがないのでパスタのように食べられる。

調理のコツ やや大きい実もおいしい

1本100gが標準的な重さだが、ひと回り大きい150〜170gになっても十分おいしい。まだ種はめだたず、歯切れのよさが増してよりパリパリに。

おいしく食べる 簡単でおいしい漬け物風

さっと煮るだけで漬け物風に。大量にとれたときにおすすめ。煮てもカリカリとした歯ごたえは変わらず、煮汁がしみておいしい。容器に移して冷蔵庫で保存すれば、1週間程度もつ。

小口切りにした鷹の爪

ショウガの千切り

適当な大きさに切ったキュウリ

麺つゆ

皮の色が変わればできあがり

スイカ （p.46）

おいしく食べる スイカのシャーベット

食べきれないときや、甘みが少ない果実に。

食べやすい大きさに切る

レモン汁　砂糖

軽く混ぜ合わせて冷凍庫で凍らせる

おいしく食べる シトルリンをとるなら漬け物で

皮の部分には、疲労回復、新陳代謝の向上などに効果があるアミノ酸の一種のシトルリンが多い。食べ終わったら白い部分を浅漬け、塩漬け、ぬか漬けなどにすると、さっぱりとしておいしい。

赤い果肉
硬い皮
浅漬けの素

メロン（p.48）

保存 食べる2時間前に冷やす

熟すまでは常温に置く。冷やしすぎると甘みを感じにくくなるので、食べる約2時間前に冷蔵庫で冷やす。切ったものはわたと種を取り除き、ラップをかけて冷蔵庫に。

わたと種を取る

ニガウリ （p.52）

保存 わたと種を取って冷蔵庫へ

ポリ袋に入れて保存する。切っていないものは、2～3日なら常温、4～5日なら冷蔵庫へ入れる。切ったものは、わたと種を取ってラップに包んで冷蔵庫に。硬めに塩ゆでして冷凍しても。

トウガン（p.54）

保存 完熟果は冬までもつ

完熟果は、丸ごとなら冷暗所に置けば冬までもつ。未熟果は日もちしないので早めに食べる。切ったものは、わたと種を取ってラップに包んで冷蔵庫へ。

ハヤトウリ（p.58）

おいしく食べる 調理の幅は意外と広い

みそ漬け、粕漬け、ぬか漬け、浅漬けのほか、炒め物や煮物、バター焼きなど、さまざまな料理に使える。皮をむいて種を取り、薄切りにすればサラダでも。

厚揚げといっしょに煮物で

浅漬け

サラダ

インゲンマメ （p.68）

保存 向きをそろえてラップで包む

水けをふき、向きをそろえてラップでぴったりと包む。2〜3日なら常温で、4〜5日なら冷蔵庫に。硬めにゆでて食べやすい長さに切り、冷凍保存も。

さやの向きをそろえる

エンドウ （p.70）

保存 硬めにゆでて冷凍保存

乾燥を防ぐため、ポリ袋に入れて冷蔵庫へ。筋を取って硬めにゆでて冷凍も。

おいしく食べる 春の卵とじで彩りを楽しむ

筋を取って下ゆでし、調味しただし汁で煮たところに溶き卵を加えてひと煮立ちさせる。たくさんとれたときにおすすめの、やさしい色合いの春のひと皿。

トウモロコシ （p.62）

保存 収穫後はすぐに調理を

鮮度が落ちやすいので、収穫後はすぐに調理するのがおすすめ。すぐに食べないときは、新聞紙に包んでポリ袋に入れ、穂側を上にして冷蔵庫に。

調理のコツ おいしいゆで方

水からゆでて、沸騰してから3分で火を止めてざるに上げる。熱いうちにラップで包むと、粒にしわがよらずプリプリのまま。ゆでるかわりに電子レンジ（600W）で6分加熱しても。

調理のコツ 使いやすい形にして冷凍保存

冷凍しても品質の低下が少ないので、冷凍保存に向く。下ゆでし、輪切りや、粒をほぐして冷凍庫へ。ミキサーにかけてクリーム状にしたうえで凍らせれば、すぐにスープなどに使えて便利。

約3cmの輪切り

粒をほぐして

ソラマメ （p.72）

調理のコツ 少量の酒を加えてゆでる

鮮度が落ちやすいので、さやから出したらすぐに調理を。黒い筋の部分に包丁で切り込みを入れてからゆでると、皮にしわがよらずにきれいに仕上がる。特有の青くささを取るため、酒少々を入れた熱湯で約2分ゆで、ざるに上げて自然に冷ます。硬めにゆでて冷凍しても。

黒い筋の部分に
切り込みを入れる

おいしく食べる さやごと蒸し焼きにすると風味が逃げない

さやごと焦げ目ができるほど焼き、十分火が通ったら豆を取り出す。さやが風味とうまみを閉じ込め、ジューシーでおいしい。

オクラ （p.74）

保存 水分をふき取ってポリ袋に

水分がついていると傷みやすいので、水洗い後によくふき、ポリ袋に入れて冷蔵庫へ。硬めにゆでて冷凍保存も。

キャベツ （p.80）

保存 切り口にラップをして保存

丸ごとなら、新聞紙に包んだうえでポリ袋に入れて冷蔵庫に。カットしたものは、切り口が空気に触れないようにラップをしてポリ袋に入れる。

おいしく食べる 保存食・ザワークラウト

ドイツなどで広く食べられている、乳酸菌発酵を利用した保存食。材料を合わせて容器に入れて約1週間、発酵が進んで水が上がってきたら水けを絞って食卓へ。

キャラウェイシード
などのハーブ類

塩

千切りキャベツ

おいしく食べる ビタミン類を逃さない食べ方を

ビタミン類は熱に弱いので、生食がおすすめ。ロールキャベツやみそ汁、鍋物などの煮込み料理の場合は煮汁ごと食べると、量がたくさんとれて、ビタミン類を逃さずとることができる。

千切りキャベツ

ロールキャベツ

ブロッコリー（p.82）

保存 ゆでたら自然に冷ます

ポリ袋に入れて冷蔵庫で保存する。ビタミン類の損失を少なくするため、少量の水で蒸しゆでにするのがおすすめ。水に取ると味がぼけるので、ゆであがったら自然に冷ます。硬めにゆでて冷凍保存も。

調理の コツ 茎は歯ごたえがよくおいしい

茎の部分にもビタミンCがたっぷり。シコシコとした歯ごたえと甘みがあるので、捨てずに食べましょう。皮をむいて薄切りにしてゆで、マヨネーズなどで和えたり、炒め物などに。

皮をむいて
薄切りに

カリフラワー（p.86）

調理の コツ 花蕾を真っ白にゆであげるには

ゆでるときに水で溶いた小麦粉を加えと、真っ白に仕上がる。小麦粉を入れると沸点が上がって短時間でゆであがるうえ、小麦粉が花蕾の表面を覆ってうまみを逃さない効果がある。少量の酢やレモン汁を入れても、白くゆであがる。

小房に分ける

水溶き小麦粉を
加える

芽キャベツ（p.88）

おいしく 食べる 煮込み料理に

加熱調理に向く。キャベツの4倍のビタミンCを含むので、ポトフやシチュー、カレーなど、ビタミンCが溶け出した煮汁ごと食べられる料理がおすすめ。

シチュー

カレー

ハクサイ（p.94）

保存 寝かすと傷むので立てて保存

気温が低い時期は、丸ごと新聞紙に包んで冷暗所に立てて保存する。気温が高い時期や使いかけは、ラップでぴったり包んで冷蔵庫に入れる。

おいしく 食べる 簡単ミルフィーユ鍋

ハクサイがどっさり食べられる簡単な鍋料理。

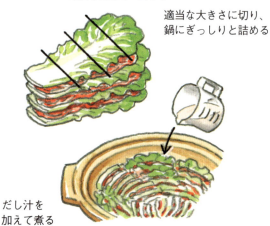

ハクサイと豚肉を交互に重ねる

適当な大きさに切り、
鍋にぎっしりと詰める

だし汁を
加えて煮る

コマツナ （p.98）

 保存 葉ものの保存の基本どおりに

湿らせた新聞紙に包んで冷蔵庫に立てて保存する。硬めにゆでて冷凍保存もできる。

タカナ・コブタカナ・カラシナ （p.100、102、104）

 簡単漬け物

葉をよく洗って半日ほど干し、塩をすり込んで鷹の爪や昆布などといっしょに容器に入れて、重石をして冷暗所に置く。約1週間後、水が上がって葉がくたっとしてきたら食べられる。

ナバナ （p.106）

 春を感じるパスタはいかが？

パスタを時間どおりにゆで、ゆであがりの少し前にナバナを入れていっしょに火を通す。フライパンでニンニクとベーコンをオリーブ油で炒めて香りが出たら、ゆでたパスタとナバナを加えて和え、塩・コショウで味を調える。カルシウムやカロテンが多く、油で調理すると吸収率が高まる。

パスタがゆであがる少し前に入れる

ルッコラ （p.110）

 おひたしはひと癖あるおいしさ

小株はサラダなどで食べられるが、大きくなると葉が硬くなり生食には向かない。ゆでておひたしにすると独特の風味が生きて、コマツナやホウレンソウとはひと味違うおいしさ。削り節と醤油でもよいが、岩塩とオリーブ油の組み合わせもおすすめ。

チンゲンサイ （p.112）

 ミニサイズは丸ごとシチューで

加熱しても形が崩れずかさが減らないうえ、あくがないので下ゆでは不要。手のひらに乗るほど小さなミニチンゲンサイは、丸ごと調理できて使い勝手がよい。シチューやスープ煮などでおいしく食べられる。

シチュー

タアサイ （p.118）

 見た目よりずっとやわらかで甘い

濃い緑色の葉にはカロテンやビタミン類が豊富で、見た目よりもやわらかい。寒さに強く、霜にあたると甘みが増す。油との相性がよく、炒め物にするとカロテンの吸収率が高まる。

ミツバ（p.124）

 おいしく食べる 栄養素を逃さない卵とじ

調味しただし汁に、適当な長さに切ったミツバを入れてひと煮立ちさせたら、溶き卵を加えて好みの硬さになるまで煮る。簡単に作れて、ビタミンやミネラルが効率よくとれるのでおすすめ。

適当な長さに切る

溶き卵を加えてひと煮立ち

レタス、リーフレタス
（p.126、128）

 保存 切り口の白い汁をふき取る

丸ごとの場合は、ぬれ新聞紙に包んでポリ袋に入れて冷蔵庫に入れる。葉をはがした切り口からしみ出る白い汁は、サポニン様物質。葉につくと茶色くなるので、キッチンペーパーなどでふき取る。

チコリ（p.134）

 おいしく食べる 「チコリボート」でおもてなし

葉は硬めで舟のような形をしているので、1枚ずつはがしてイクラやサラダなどをのせる「チコリボート」にするとおしゃれなオードブルに。火を通すと苦みがやわらぐので、ホワイトソースをかけてオーブンで焼くグラタンなどでも。

チコリボートのイクラのせ

グラタン

シュンギク（p.138）

 保存 硬めにゆでて冷凍保存

湿らせた新聞紙に包んでポリ袋に入れて冷蔵庫に。冷凍するときは、硬めにゆでて適当な長さに切る。

セルリー（p.140）

 おいしく食べる カロテン、ピラジンは葉のほうが多い

葉にはカロテン、血液をサラサラにする効果のあるピラジンが豊富なので、炒め物や天ぷらなどで食べよう。

葉と茎を分けて

天ぷら

セリ（p.142）

 おいしく食べる きりたんぽ鍋の名脇役

秋田の郷土料理、きりたんぽ鍋にはセリが欠かせない。独特の香りと苦みが、比内地鶏のだしが利いたスープによく合う。秋田では香りが強くて歯ごたえのよい根も使う。葉をおひたしやお吸い物に入れても、手軽でおいしい。

パセリ （p.144）

おいしく食べる 素揚げでどっさり食べよう

たくさん食べるなら素揚げがおすすめ。しっかり水分を取って油で揚げ、塩少々を振るだけ。カロテンやビタミンＣは野菜のなかでトップクラスを誇る健康野菜なので、料理の彩りだけではもったいない。

ホウレンソウ （p.146）

おいしく食べる えぐみを抑えるには

独特のえぐみはシュウ酸によるもの。ゆでて水にさらすと大半は流出するが、気になるときは、油やカルシウムといっしょに調理すると抑えられる。バターソテーや牛乳を加えたスープなどがおすすめ。

モロヘイヤ （p.150）

調理のコツ 種とさやは食べないで

種とさやにはストロファンチジンという毒性の強い物質が含まれているので、食べないように。日が短くなると花が咲き出す短日植物なので、夏以降は要注意。葉と茎に毒性はないので、やわらかい葉を摘み取れば問題ない。

さや

さやの中に種がある

フキ （p.152）

おいしく食べる ほろ苦さは春の味、ご飯が進むフキノトウみそ

フキノトウをみじん切りにして油で炒めたところに、みそ、みりん、砂糖を加えてよく混ぜる。フキノトウは切るそばからあくが出て黒ずんでくるので、調理は手早く。冷凍保存できる。

みじん切り

みそ　みりん　砂糖

弱火で炒める

タマネギ（p.162）

おいしく食べる 酢×タマネギの健康パワーで話題の酢タマネギ

薄切りにしたタマネギを容器に入れ、酢（醸造酢）と塩、砂糖またはハチミツを加える。冷蔵庫に入れて1〜2日たてば食べられる。酢はドレッシングなどに利用できる。

おいしく食べる さわやかな辛さのなかに甘みがジュワ〜、湘南レッド

湘南レッドは辛みが少ないので、水にさらさなくても食べられる赤タマネギ。他の品種に比べてやわらかで甘みがあり、生食に最適。薄切りにしてから15分以上空気に触れさせることで酵素の働きが活発になり、健康効果が高まる。サラダや刺身のつまのほか、肉料理のつけ合わせにもよく合う。

15分以上空気にさらす

オニオンサラダに

刺身のつまとして

ニンニク（p.166）

 とろーりおいしい焼きニンニク

アルミホイルに包んで、オーブントースターなどで15〜20分加熱する。皮はむいてもむかなくてもどちらでもよい。鱗片がとろけるようにやわらかく、甘くなる。好みでみそや塩をつけて。

ネギ、ワケギ（p.168、172）

冷暗所に立てて保存

土つきのまま新聞紙に包んで冷暗所に立てて保存する。使いかけは、根元を取り除いて適当な長さに切り、ラップに包んで冷蔵庫に。小口切り、みじん切りにして冷凍しておくと、すぐに使えて便利。

小口切りにして冷凍

立てて保存

リーキ（p.174）

 火を通すと甘くなる

加熱すると生まれる甘みはネギよりも濃厚で、バター焼きやコンソメ煮、グラタンなどで食べると持ち味が生きる。

ニラ（p.176）

水分を保ち、立てて保存を

湿らせた新聞紙に包んでポリ袋に入れ、冷蔵庫に立てて保存する。冷凍するさいは、生のまま使いやすい大きさに切って、小分けにしておくと便利。

アスパラガス（p.180）

立てて保存が原則

湿らせた新聞紙に包んでポリ袋に入れ、冷蔵庫に立てて保存。横に寝かせると、起き上がろうとして養分を消耗する。硬めにゆでて冷凍保存も。

穂先をつぶさないように包む

 牛乳パックに入れると立たせやすい

ダイコン（p.184）

根は冷暗所に立てて

葉と根を切り分け、根は新聞紙に包んで冷暗所に立てておく。部位によって向いた料理があり、首元近くは甘みがあるのでおろしやサラダ、やわらかい真ん中は煮物、先端部は辛みが強いので薬味などで使い分けるとよい。使いかけはラップに包んで冷蔵庫に立てて保存する。冷凍するさいは、硬めにゆでて。おろして冷凍も可能。栄養豊富な葉もゆでて冷凍しておけば、いつでも使える。

おろしやサラダ

薬味　煮物

カブ、小カブ （p.186、188）

保存 葉と実を分けて保存

葉と実を切り離し、葉はぬれ新聞紙に包んでポリ袋に入れ、実もポリ袋に入れて冷蔵庫に。葉は実よりも栄養価が高いので無駄なく利用して。硬めにゆでて冷凍保存できる。

おいしく食べる 短時間干すだけで栄養価アップ

皮つきのまま薄切りにして半日〜1日天日干しにすると、栄養価が高まり、うまみも増す。煮物や汁の実、漬け物などにすると、味がよくしみこんでおいしい。

ゴボウ （p.198）

保存 皮には香りとうまみがたっぷり

土つきのまま新聞紙に包んで、冷暗所に立てて保存。使いかけは、ラップに包んで冷蔵庫に入れ、早めに使い切る。皮のすぐ下に香りとうまみがあるので、皮はむかずにたわしでこすって土を落とす程度にとどめる。

たわしでこする

調理のコツ あく抜きはしなくてよい

水にさらすと茶色くなるのは、ポリフェノールが溶け出しているから。うまみもいっしょに流出するので、あく抜きは不要。ポリフェノールには消臭効果があるので、肉や魚といっしょに調理すると効果を発揮する。

ニンジン （p.196）

保存 水けがあると傷みやすい

すぐに葉を切り落とす。湿気があると腐りやすいので、根は新聞紙に包んで風通しのよいところに立てて。使いかけはラップに包んで冷蔵庫に入れる。冷凍保存は、適当な大きさに切って硬めにゆでてから。香りのよい葉には、根を上回るカルシウムやビタミンCが含まれているので、天ぷらやふりかけなどで食べるのがおすすめ。

葉を切る

ショウガ （p.200）

保存 低温に弱いので常温で保存

冷やすと腐敗が早く進むので、冷蔵保存は不可。ぬれ新聞紙に包んでポリ袋に入れ、常温で保存する。すりおろして使いやすい量に小分けし、冷凍保存しておくと便利。

ジャガイモ（p.202）

調理のコツ　ゆで方で食感が変わる

皮つきのまま水からゆでると、ほっくり仕上がる。熱いうちに皮をむく。一方、皮をむいて切ってからゆでると、やや水っぽくなるものの短時間でゆであがる。

保存　日陰で保存する

芽や皮が緑色になった部分にはソラニンという有毒物質が含まれているので、芽を取り、皮は厚めにむいて使う。ジャガイモは地下茎が肥大したものなので、日に当たると光合成をして皮が緑色に変化する。保存するときは日に当てないように冷暗所で。

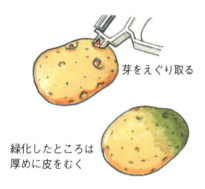

芽をえぐり取る

緑化したところは
厚めに皮をむく

サトイモ（p.206）

保存　温度と湿度を保って保存

土つきのまま新聞紙に包み、冷暗所に置く。低温と乾燥が苦手なので、冬は新聞紙に包んで発泡スチロール製の箱などに入れる。硬めにゆでて冷凍保存もできる。熱湯で皮ごと3分ほどゆでると、皮がつるりとむける。

サツマイモ（p.204）

保存　土つきのまま冷暗所で

低温に弱いので冷蔵庫に入れず、土つきのまま新聞紙に包んで冷暗所に置く。冬は、新聞紙に包んで発泡スチロール製の箱などに入れて保存する。使いかけは、切り口を水につけてふいて変色を抑え、ラップに包んで冷蔵庫に入れる。

おいしく食べる　じっくり加熱で甘い焼きいもに

デンプンを糖に変えるβ‐アミラーゼという酵素は70℃以上になると効果が消えるので、低温で時間をかけて火を通すのがコツ。蒸し器やオーブンでゆっくり加熱することで、甘くておいしい焼きいもができる。

じっくり焼くと
甘くなる

ヤマイモ（p.208）

保存　すりおろして冷凍保存

切っていないものは、新聞紙に包んで冷暗所に置く。使いかけは、切り口が乾かないようにラップで包んで冷蔵庫に。すりおろして冷凍保存もできる。密封袋に入れて平らにならし、ブロック状のくぼみをつけておくと、少量ずつ分割して使いやすい。

ブロック状の
くぼみをつけてから
冷凍保存

野菜づくりの基礎知識

第4章

野菜づくりを始める前に

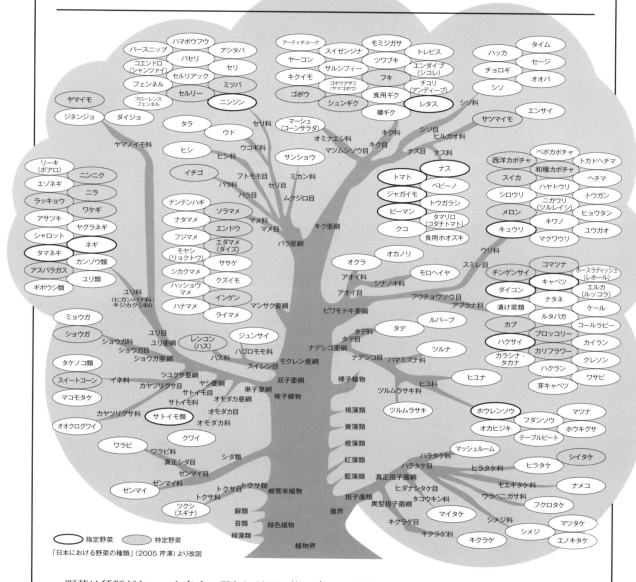

指定野菜 ◯　特定野菜 ▨

「日本における野菜の種類」（2005 芹澤）より改図

　野菜は種類がたいへん多く、現在わが国で栽培されているものは150種以上もあり、日常的に食べているものだけを数えても30種以上にのぼります。

　また、最近では、健康志向の高まり、趣味嗜好の多様化、海外からの輸入の活性化などを背景に、新顔の珍しい野菜や、地方で作られてきた伝統野菜なども、スーパーなどに数多く並ぶようになりました。

　家庭菜園を始めるうえで、まずたいせつなのは、このように数多い野菜の中からどれを選んで栽培するか、ということです。

　もちろん、あなたが、そして、あなたの家族が何を作りたいかが重要であることは言うまでもありません。しかしそれにもまして、栽培時期、野菜の特性（耐寒性や耐暑性、日長感応性など）、育て方の難易、菜園の大きさ（あるいは、畑なのかプランターなのか）、菜園までの距離、週に何回くらい通えるのかといった条件を考慮にいれる必要があります。

　そのためにも、野菜や栽培に関する基本的な知識を知っておくことはたいせつなことです。

野菜の分類

類縁関係による野菜のグループ分け

類別	科名	種類名
果菜類	ナス科	ナス トマト ピーマン トウガラシ
	ウリ科	キュウリ シロウリ トウガン カボチャ ズッキーニ メロン スイカ ヘチマ ヒョウタン
	イネ科	トウモロコシ
	アオイ科	オクラ
	マメ科	インゲンマメ ササゲ フジマメ エダマメ ナタマメ ソラマメ エンドウ ラッカセイ
	バラ科	イチゴ
葉茎菜類	アブラナ科	ハクサイ ナバナ ミズナ カラシナ タカナ

類別	科名	種類名
葉茎菜類	アブラナ科	キャベツ カリフラワー ブロッコリー チンゲンサイ コールラビー クレソン ルッコラ コマツナ プチヴェール
	ヒユ科	ホウレンソウ フダンソウ オカヒジキ
	セリ科	セルリー パセリ ミツバ セリ アシタバ
	ヒガンバナ科・キジカクシ科	ネギ リーキ ワケギ ニラ ハナニラ ニンニク ラッキョウ タマネギ アスパラガス
	キク科	シュンギク レタス リーフレタス エンダイブ アーティチョーク

類別	科名	種類名
葉茎菜類	キク科	サンチュ トレビス チコリ フキ
	シソ科	シソ エゴマ セイジ
	ショウガ科	ミョウガ
	タデ科	タデ ルバーブ
	ウコギ科	ウド
根菜類	アブラナ科	ダイコン カブ 小カブ ラディッシュ ワサビ
	ナス科	ジャガイモ
	ヒルガオ科	サツマイモ
	ヤマノイモ科	ヤマイモ
	サトイモ科	サトイモ
	キク科	ゴボウ
	セリ科	ニンジン
	ショウガ科	ショウガ
	オモダカ科	クワイ
	ヒユ科	ビート

　野菜は、利用する部分で大別すると、果菜、葉茎菜、根菜に分けられます。植物学的にみると、根のように見えても茎の変形であったり（サトイモ、ジャガイモなど）、葉ではなくつぼみの塊であったり（ブロッコリーなど）するものもありますが、便宜上は先に挙げた３つに分類されています。

　分類学的にみると、単に形態だけからはわからない植物の類縁関係を知ることができます。とくに同じ仲間同上は、病害虫が共通していることが多く、連作障害を起こすので、知っておくと、作付け計画をたてるのに便利です。

　また、同じ野菜の中にもいろいろな特性をもった品種があります。品種改良はたいへん活発に行われており、季節適応性、良食味、耐病・強健性など、きわめて多くの特徴を有する新しい品種が開発されています。それぞれの野菜の主だった品種名については、第２章で簡単に紹介しています。最新の詳しい情報については、情報誌や種苗専門のカタログなどに載っているので、それらを参考に、品種を選んで栽培することも、野菜づくりの大きな楽しみです。

野菜選びのポイント

❶ 多く消費する野菜

キャベツ
タマネギ
キュウリ
トマト
ダイコン
ジャガイモ
ネギ
ニンジン

❷ とりたての新鮮な味・色を楽しむ野菜

カブ　ホウレンソウ　ナス　シュンギク

トウモロコシ
インゲンマメ　ルッコラ

❸ 店頭では容易に求められない珍しい野菜

フェンネル
コールラビー
ハヤトウリ
エンダイブ　ルバーブ

❹ 小さな面積でほとんど一年じゅう自給できる野菜

クレソン
スイートバジル
パセリ
シソ　葉ネギ

❺ 話題の健康野菜

オータムポエム
アーティチョーク
ニンニク

エゴマ　プチヴェール

　ここでは、菜園を始めるうえで、家庭菜園に適した野菜の選び方を大きく5つにまとめてみました。

❶多く消費する野菜：ふだんの食卓でたくさん消費する野菜を自分の菜園で栽培すれば、家計の面でも大助かりです。

❷とりたての新鮮な味・色を楽しむ野菜：家庭菜園の最大の魅力は、なんといってもとりたての新鮮な野菜の味が楽しめることです。そうした家庭菜園に欠かすことのできない野菜を挙げてみました。

❸店頭では容易に求められない珍しい野菜：ファッショナブルな外来野菜や古くから地方に伝わる伝統野菜など、あまり流通にのらない野菜も家庭菜園なら自由に作ることができます。

❹小さな面積でほとんど1年じゅう自給できる野菜：プランター1〜2個で十分に完全自給できるなど、キッチンから離れていない手近なところで育てられるので重宝します。

❺話題の健康野菜：さまざまなところで話題になっている健康野菜を作って食べて、ますます元気になりましょう。

育て方の難易度

植えどき・まきどき	種別	畑栽培			プランター栽培		
		やさしいもの	少し丹精すればできるもの	かなりの丹精を要するもの	やさしいもの	少し丹精すればできるもの	かなりの丹精を要するもの
春	果菜類	インゲンマメ、オクラ	ナス、キュウリ、ピーマン	メロン、トマト	インゲンマメ、ミニトマト	ナス、キュウリ、ピーマン	トマト
春	葉茎菜類	ホウレンソウ、シソ、クレソンなど	レタス、キャベツ、ネギ、フェンネル、タイム	結球レタス	カイワレダイコン、パセリ、シソ	レタス、ネギ、ミツバ、ニラ	
春	根菜類	ラディッシュ	ショウガ	クワイ	小カブ	ジャガイモ	
夏	果菜類	インゲンマメ	キュウリ		ミニトマト	インゲンマメ	キュウリ
夏	葉茎菜類	コマツナ、ミズナ	キャベツ、コールラビー	セルリー、ミツバ、トレビス	コマツナ	コモチカンラン、ブロッコリー	セルリー、ミツバ
夏	根菜類		ニンジン			ラディッシュ	
秋	果菜類	エンドウ	イチゴ			エンドウ	イチゴ
秋	葉茎菜類	コマツナ、漬け菜類、シュンギク、ホウレンソウ、ミズナ	タマネギ、ネギ、キャベツ、レタス	結球レタス、ハクサイ	漬け菜類、クレソン、コマツナ	パセリ、サラダナ、シュンギク	ブロッコリー、タマネギ
秋	根菜類	小カブ	ダイコン		ラディッシュ、小カブ	ビート、ミニニンジン	

　スポーツや手芸などと同様、家庭菜園においても、最初は比較的作りやすい野菜からチャレンジするのが無難でしょう。そうして経験を積み、しだいに実力をつけながら、栽培の難度の高いものへ進んでいくのです。

　もっとも育てやすいのは、若い葉の状態で収穫できる野菜（カイワレダイコン、コマツナ、チンゲンサイなど）です。それから、葉の枚数を多く必要とする結球もの（キャベツなど）、花蕾まで進むもの（ブロッコリーなど）、果実をとるもの（キュウリやトマトなど）、さらに果実の糖度を高めなくてはならないもの（メロンなど）と、だんだんとむずかしくなります。季節ごとにどんな種類を組み合わせたらよいか、十分に検討して作付け計画をたてましょう。

　ただし、上に掲げる図表はあくまでひとつの目安でしかありません。菜園までの距離（どのくらいの頻度で管理・収穫が可能か）、菜園の規模、畑の口当たりや土質、水分状態といった環境条件、その野菜に適した生育温度（季節）などによっても、どんな野菜を育てたらよいかは変わってくるので注意してください。

野菜に適した日当たりと温度

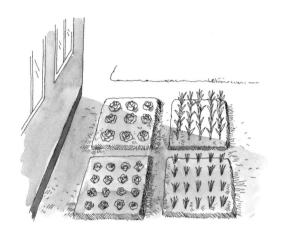

半日陰でも育つ野菜
ショウガ、パセリ、レタス、葉ネギ

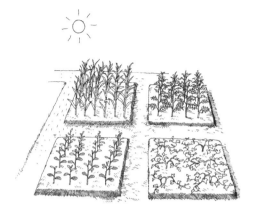

強い陽光がないと育たない野菜
トマト、スイカ、メロン、トウモロコシ

野菜の種類と育てるのに適した温度（℃）

種類	最高温度	最低温度	最適温度
トマト	35〜38	2〜5	17〜28
キュウリ	35〜38	5〜10	20〜28
ナス	38〜40	5〜10	20〜30
ピーマン	38〜40	10〜15	25〜30
カボチャ	38〜40	5〜10	20〜30
スイカ	38〜40	10〜15	25〜30
ハクサイ	25〜30	0〜5	15〜20
キャベツ	25〜30	0〜5	15〜20
ネギ	30〜35	−7〜0	10〜18
ニンジン	28〜33	−2〜0	15〜25

　日当たりがあまりよくなくても、比較的よく耐えるのは、果菜類ではインゲンマメくらいですが、葉茎菜類・根菜類では、ミョウガ、フキ、ミツバをはじめ、ショウガ、パセリ、セルリー、レタス、葉ネギ、サトイモなど、多くの種類があります。

　一方、強い光線を好み、日陰ではよく育たない代表的な種類は、スイカ、メロン、トマトなどの果菜類です。これらは、半日陰や日陰では、着果不良や糖度不足となります。トウモロコシやサツマイモなども強光を好み、日当たりのよ

いところで味のよいものがとれます。

　また、土壌の乾湿でいえば、ミツバ、サトイモ、セルリー、フキなどは乾燥に弱い野菜です。セリやクレソンといった野菜は多湿のほうがよく育ち、ハスやクワイなどは水がなくては育ちません。

　一方、サツマイモ、トマト、根深ネギ、ダイコン、ゴボウ、カボチャなどは多湿に弱く、排水のよい畑でないとよい作柄は得られません。

　その土壌の特性を事前によく把握しておき、適地適作を行うのがいちばんです。

連作障害を防ぐために

連作障害の出にくい野菜・出やすい野菜

連作しても障害の出にくい野菜	連作すると障害の出やすい野菜
サツマイモ、カボチャ、コマツナ、ラッキョウ、タマネギ、フキなど	エンドウ、スイカ、メロン、ナス、トマト、キュウリ、ソラマメ、サトイモ、ゴボウ、クワイ、ハナヤサイ、ハクサイなど

作付けにあたって休閑を要する年限の目安

輪作年限	野菜の種類	
1年休閑	ホウレンソウ、小カブ、インゲンマメ、ミズナ、タアサイなど	
2年休閑	ニラ、パセリ、レタス、サラダナ、ミツバ、ハクサイ、ビート、ショウガ、セルリー、キュウリ、イチゴなど	
3～4年休閑	ナス、トマト、ピーマン、メロン、シロウリ、ソラマメ、サトイモ、ゴボウ、ハナヤサイ、クワイなど	
4～5年休閑	エンドウ、スイカなど	

　連作障害の主な原因は土壌病害虫ですが、根から生育を妨げる物質が分泌されることが原因となる場合もあります。

　多くの野菜で連作障害の発生がみられますが、とくに著しいのは、エンドウ、サトイモなどです。また、トマト、ナス、ピーマンといったナス科の野菜や、スイカ、メロン、キュウリなどのウリ科、ハクサイ、ハナヤサイなどのアブラナ科のもの同士も、共通の病害をもっているため、連作障害が出やすくなります。こうした連作障害の出やすい野菜ほど、輪作にあたって休閑を要する年限は長くなります。

　一方、サツマイモ、カボチャ、タマネギなどは、連作障害を起こす原因に対して強く、毎年同じ場所に栽培しても、よく生育するので、連作することができます。

　こうした特性を活用して、カボチャをキュウリの接ぎ木の台木に利用すると、本来連作できないものが連作可能になります。また、ネギの仲間には、連作に耐えるものが多く、ほかの野菜と混作すると、その連作障害となる病害を軽減する働きをするものもあります。

園芸用具・資機材

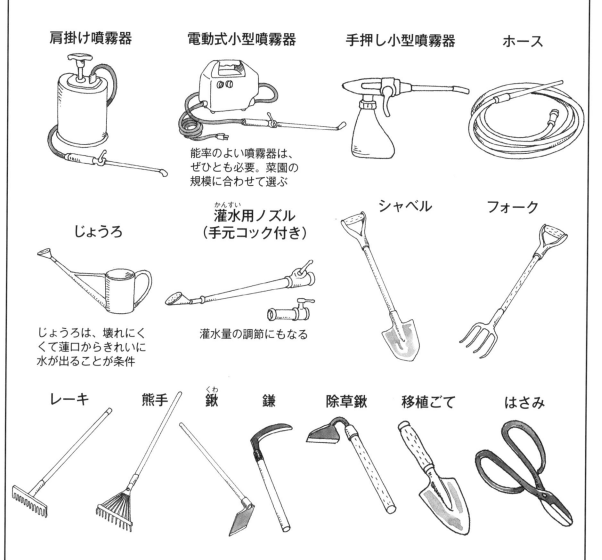

肩掛け噴霧器

電動式小型噴霧器

能率のよい噴霧器は、ぜひとも必要。菜園の規模に合わせて選ぶ

手押し小型噴霧器

ホース

じょうろ

じょうろは、壊れにくくて蓮口からきれいに水が出ることが条件

灌水用ノズル（手元コック付き）

灌水量の調節にもなる

シャベル

フォーク

レーキ　**熊手**　**鍬**　**鎌**　**除草鍬**　**移植ごて**　**はさみ**

鍬、除草鍬、鎌、除草鎌、シャベル、移植ごて、はさみなどは、家庭菜園を始めるにあたっての必需品です。

そのほか、園芸用の管理用具として備えなければならないのは、灌水用のじょうろ、ホース、ノズルなどです。

じょうろにはプラスチック製、鉄製、ステンレス製、銅製があり、後者になるほど蓮口の水の出方は均一ですが、プラスチック製が多く見かけられます。ホースにはゴム製、ビニール製があり、ゴム製のほうがつぶれにくいのですが、

重量があるため、運搬には困難を伴います。ノズルにはアイデア製品が多く、手元で散水範囲を変えたり、水量調節や止水したりすることのできるものがあります。

薬剤散布用の噴霧器も必需品です。一般的なのは肩掛け式で、プラスチック製とステンレス製があります。プラスチック製は軽くて扱いやすいのですが、耐久性・耐衝撃性があり、構造がシンプルなのは旧来のステンレス製です。

トマト、ナスなどの着果ホルモン散布用としては小型の霧吹きを用います。

電熱加温マット

農業用電熱線

サーモスタット

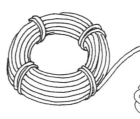

軟質ポリ鉢

セルトレイ

連結ポット

野菜用としては焼鉢よりも
軟質ポリ鉢（ポリ鉢）のほ
うが使いやすい。3号（直径
9cm）、4号（直径12cm）を
用意する

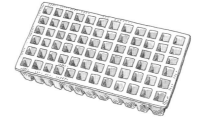

プラスチック育苗箱

ポリトロ

ふるい

魚などが入れられている発泡
スチロールの箱。種まきなど
に使う。深さ8〜10cmく
らいが使いよい

目の大きさの異なる3種
類がセットになって市販さ
れている

　低温期の苗づくりのための加温用発熱体とし
ては、電熱加温に用いる農電ケーブルや面状の
発熱体が市販されていますが、一般には、農
電ケーブルが用いられています。単相100V、
500W、長さ50mが使いやすく、これで6〜7
㎡の苗床の加温が可能です。発芽用程度であれ
ば、電球も有効です。サーモスタットは温度の
任意制御ができ、電気代の節約にもなります。
　育苗箱は深さ8〜10cm、縦35〜40cm×横
45〜50cmくらいのものが使いやすく、硬質プ
ラスチック製のものが各種市販されています。

底面が網状で、排水がよく、しかも用土は漏れ
ないようにしてあります。魚などを入れるポリ
トロにもサイズや形などさまざまなものがある
ので、これに底穴をあけて代用することもでき
ます。
　育苗鉢は、軟質ポリエチレン製の各形状のも
のがあります。連結ポット、セル成型苗用のセ
ルトレイもいろいろな種類が市販されていま
す。72穴、128穴あたりが使いやすいでしょう。
　ただし、これには専用のピートモスを加えて
ある調整用土を用いる必要があります。

土づくりのポイント

堆肥や腐葉土などの有機物を入れてよく耕し、土の団粒構造をつくりあげる

単粒構造

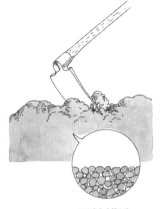

団粒構造

良

冬の間、畑の表面は平らにせず小山の状態にして、土を風化させる

不良

表面が平らで固まっている

1～2年に1回くらいは30cm以上深く耕す

　野菜が大きく育つためには、根がしっかりと伸び、土中の水分や養分を十分に吸収できるようになっていなければなりません。

　そのための土の条件としては、①水はけと通気がよいこと、②水もちがよいこと、③酸度が適正であること、④肥料分に富むこと、⑤病原菌や害虫が少ないこと、などがあげられます。

　なかでも①と②は基本で、そのためには団粒構造をなしている土をつくることが重要です。団粒を保つ土づくりは図で示すとおりですが、堆肥やそれに代わる有機質資材（稲わら、腐葉土など）を十分に施すことが必要です。それが不可能な場合（とくにプランター栽培）、ピートモスやヤシがらを土に混ぜ込みます。

　畑の空いた冬の間によく耕し、寒気にさらして風化させることも、排水、酸素補給、そして病害虫や雑草対策としてたいへん有効です。

　また、畑の土は作業のさいに踏み固めたり、地表面が降雨でたたかれたりすると、表面が固結し、空気の流入が悪くなるので、ときどき、あるいは除草や追肥のさいに、地表面を鍬などで軽く耕し、通気をよくしてやりましょう。

土の管理のポイント

①冬の間、空いている
畑に石灰をまく

②畑の土に石灰を
よく耕し込む

③山にしたままで
土を風化させる

④畑をならす

⑤元肥として化成肥料と
油粕を畑全体にまく

⑥化成肥料と油粕を
土によく耕し込む

⑦ひもを張り、
まき溝をつくる

⑧種をまく溝にたっぷり
と水分を与える

⑨種をまく

⑩種の上に覆土し、上から
軽く土をたたいておく

　畑の土壌は、野菜を作り続けるうちにしだい
に地力が失われていきます。あるいは病害虫や
雑草などが増えたり、生育障害が起きたりして、
野菜の育ちが悪くなり、成績が上がりにくくな
ってきます。そうならないよう、いつまでも高
い地力を保ち、野菜の生育を順調に保つために
は、それなりの土の手入れが必要です。

　第一に心がけることは、春夏作、秋冬作が終
わり、畑が空いたとき（年2回）には、石灰肥
料を全面にばらまき、深く耕すことです。とく
に休閑期が長い冬には、よく耕し、表面は平ら

にしないで小山をつくったままにしておき、土
を寒気にさらし風化させることが重要です。こ
うすることにより、土壌中に十分空気が入り、
病原菌や害虫、雑草の種子などの生息密度を低
くすることができるからです。

　種まきや植えつけをする時期が来たら、土壌
の表面をよくならし、土塊をよく砕いてからま
き溝や畝をつくります。とくに直接種をまきつ
ける場合には溝面を、鍬を何回も動かして土を
細かくし、乾いていたら灌水もして周到に準備
しましょう。

種まきのポイント

■条<ruby>すじ</ruby>まきの方法（ホウレンソウの例）

①板切れなどで
まき溝をつくる

②溝に沿って
種をまく

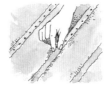

③溝の両側の土で覆う

④板切れなどで
表面を軽く押さえる

■点まきの方法（マメ類など）

①移植ごてなどでまき穴を掘る

②種まき後、覆土する
（種の厚さの3〜5倍の深さが目安）

■ばらまきの方法（タマネギの例）

①種子の表面をさっ
と水でぬらし、石灰
をまぶす

②種子をまんべんな
くまく

③ふるいで種子が見
えなくなる程度に覆
土する

④板切れなどで表面を
上から軽く押さえる

　種まきには、「条まき」「点まき」「ばらまき」
の3つの方法があります。
　条まきは、鍬や板切れでまき溝をつくり、そ
の溝に沿って種をまく方法です。ホウレンソウ、
コマツナ、小カブなどの小型の葉菜・根菜類は、
おもにこの方法を用います。まき溝の底面が平
らになるようていねいにならし、種は厚薄なく
まくのが上手に発芽させるコツです。
　点まきは、まき溝に移植ごてなどで小さなま
き穴をつくり、一定の間隔の株間を設けて3〜
5粒くらいずつまく方法です。種子がわりあい

大きく、1株1株が大きく育つマメ類やトウモ
ロコシ、ダイコンなどに用います。
　ばらまきは、ベッドをつくり、表面を板切れ
などでていねいにならし、全面に厚薄なく種を
振り下ろすようにしてまく方法です。草体が小
さく、密生して育てるほうが効率のよい小型の
タマネギの苗床などはこの方法を用います。種
子は少量ずつ、指先でもむようにしてばらつか
せながらまんべんなくまき、覆土はふるいを用
いて、種子が見えなくなる程度に均一にかける
ことがコツです。

購入苗の上手な見分け方

■よい苗の上手な見分け方

〈よい苗〉

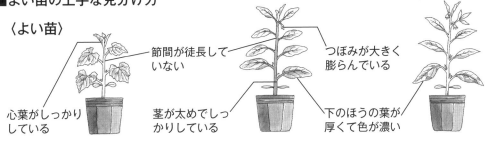

節間が徒長していない

つぼみが大きく膨らんでいる

心葉がしっかりしている

茎が太めでしっかりしている

下のほうの葉が厚くて色が濃い

〈悪い苗〉

節間が極端に詰まったり、伸びたりしている

下のほうの葉が小さい

地ぎわ部に病痕がある

■苗の仕上げ

植えつけ適期よりもかなり早い時期に、小さな苗、小さな鉢で売り出されている果菜類の苗などは大きなポリ鉢に移し、土を補って暖かいところに置いて育てる。夜間はビニール保温する

灌水を入念にし、葉色が悪ければ液肥を与え、10日くらい養成する

十分に暖かくなり、苗が大きく育ったら畑に植えつける

　家庭菜園の場合、苗づくりがむずかしい野菜は、園芸店で販売されている苗を買い求めて栽培することが多くあります。

　とくに果菜類のように高温を好むものは、早い時期に育苗するとなると、70〜80日間も保温・加温しなくてはならず、たいへんな設備と管理労力が必要となります。したがって、購入苗を利用するのが得策です。そのためにも、よい苗の見分け方をよく覚えておきましょう。

　なお、ふつうの露地栽培の場合、十分暖かくなってから植えることが成功の第一歩ですが、適期の半月以上も前から店頭に並ぶ苗を見かける場合もあります。そうした苗は、育苗コストの関係から小苗であり、また株間が狭いため軟弱であるものが多いようです。

　このような場合、購入した苗を家へ持ち帰って、一回り大きいサイズの鉢に、よい育苗用土を補って植え替えることをおすすめします。10日はどすれば、苗は見違えるほど大きな健苗になります。それを畑に植えつければ、その後の育ちもたいへんよくなり、よい結果が得られます。

植えつけのポイント

■果菜類の植えつけ方

土が乾いていたら、定植前にたっぷり灌水する

植え穴を適当な深さに調節してから、苗を置く

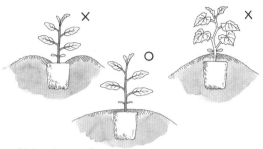

鉢土の上にわずかに土がかかり、株元が少し盛り上がる程度に植える。土のかけすぎや深植えは禁物

■葉茎菜類の植えつけ方

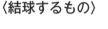

〈結球するもの〉

植えつけた後、株元の土を落ち着かせるように、手のひらで軽く押さえておく

初めのうちの灌水は、株のまわりに輪溝をつくって与える

〈株分け〉

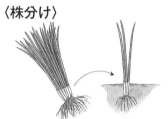

ニラは株分けして、3〜4本植える

〈ネギ類〉

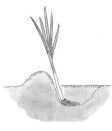

タマネギは緑葉部に土をかけず、やや浅植えにする

根深ネギは30cm内外の溝に立てて植える

土はごく少なくかけ、溝の中には堆肥や刈り草を入れる

〈ラッキョウ〉

種球を地中に埋める

　苗を畑に植えつける日は、できるだけ風のない好天日を選び、苗床または鉢苗に十分灌水し、苗を取りやすくしておきます。

　苗はできるだけ根を切らないようにていねいに掘り取り、あるいは、鉢を外し、根鉢が崩れないように植えることがたいせつです。

　土をかけるときの厚さにも注意します。果菜類の場合、鉢土の上にわずかに土がかかるか、株元が少し盛り上がる程度に植えます。土のかけすぎや深植えは禁物です。とくに接ぎ木苗の場合、接ぎ木部が4〜5cm以上地面から上に置かれるようにします。この部分が土に近すぎると、あとで穂木から自根が伸びだして効果がなくなってしまうので、気をつけてください。

　植えたら、株元を手で押さえ、土を落ち着かせます。土が乾いていたら定植前にたっぷり灌水し、また、植えた後も灌水するようにします。

　葉茎菜類の場合は、植えつけた後、株元の土を落ち着かせるように手のひらで軽く押さえておきます。また、初めのうちの灌水は、株のまわりに軽く輪溝をつくって与えるようにしましょう。

水やりのポイント

〈種まき前の灌水〉

溝全面に広がるように灌水する

〈植えつけ後の灌水〉

株のまわりに円形に灌水する

〈ポリマルチ〉

畝内の乾きを防ぐこともできる

野菜の吸水量（1株1日当たり）

種類	生育初期の吸水量（ml）	生育最盛期の吸水量（ml）
キュウリ	100～200	2,000～3,000
トマト	50～150	1,500～2,500
ピーマン	50～100	1,500～2,000
レタス	20～40	100～200
セルリー	50～100	300～500

　種まきや植えつけをした直後は、それまでとは種子や根鉢の周辺条件が大きく変わります。一時的に吸水不足となるので、それを補うため、あるいは種子や根と土をなじませ、土を落ち着かせるために灌水をします。

　たとえば溝に種まきするときには、事前に溝全面に広がるように灌水をしておきます。種の発芽後、根が活発に活動すれば、当然水の必要量が増えてきますので、それに応じるだけの量を補給しなければなりません。苗を植えつけた後は、株のまわりに円形に灌水するかたちとな

ります。ただし、その量や頻度は、天候や降雨量などで変わります（たとえば、晴天と曇天では吸水量は6～8倍も違います）。天候と作物の育ちぐあいをよく見ながら行いましょう。

　ポリフィルムなどでマルチをすると地面からの水分の蒸発が抑えられるため、灌水量は極端に少なくてすみます。

　プランターやポリトロなどの容器栽培では、畑と違って地下水からの吸水はまったく期待できないため、水やりの必要性は畑で育てる場合よりもはるかに高くなります。

肥培管理のポイント

元肥の与え方

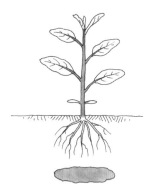

元肥は追肥では補うことの
できない位置に施す

追肥の与え方

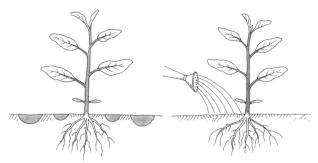

追肥は根の先端に与えるの
が効果的。溝状に施用する
ときには、溝を掘ったとき
少し根がのぞくくらいのと
ころがよい

液肥追肥は、灌水を兼ねて
根元近くに与える

よい例　　**よくない例**
株間に元肥を
与える

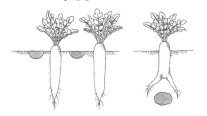

根が深く張り、それが収穫の対
象となるダイコンやナガイモな
どは、直下への施肥を避ける

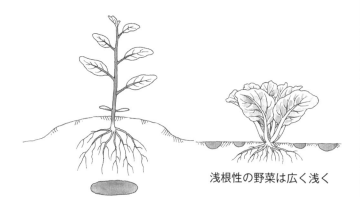

深根性の野菜は狭く深く

浅根性の野菜は広く浅く

　肥料の与え方として、元肥は植えつけ前になるべく早めに施し、植えつけ（または種をまき、発芽）したら野菜がすぐに肥料を吸収できるよう、また、植えつけ後には与えることのできない根の下層部に施すようにします。

　肥料の吸収は、野菜が育つにつれて多くなってきます。その吸収に応じられるように、肥料を切らさないようにしなければなりません。それが追肥です。追肥は、雨や灌水によって土壌中から養分が流れて失われてしまうのを補う意味でもたいせつです。

　追肥のコツは、適量の肥料を根がすぐ吸収しやすいところに与えることです。ただし、あまり近すぎると根への肥料濃度障害が出やすいので、あらかじめ根の張っているところを確かめて、根の先端から3〜5cm離れたところに施すようにしましょう。

　また、土の表面にばらまくだけでは雨によって流れたり、あるいは乾燥したりして、肥効が十分に発揮されません。したがって、畝の側方に軽く鍬で溝をつくり、そこに肥料をまいて、覆土するのがいちばんです。

間引き、整枝・摘葉

■間引き

①基本的に密集しているところを間引く

②間引くときは、残す株を傷めないようそっと抜く

③隣の株と葉が重なり合わないくらいの間隔を与える

④間引き後に追肥し、軽く株元に土を寄せる

■整枝・摘葉（ナスの場合）

①7月中旬を過ぎると、なり疲れや病害虫で株が弱ってしまう

②草丈50～60cmほどに切り戻し、弱った葉は摘み取る

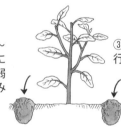

③追肥を行う

④防暑・保湿のため敷きわらを施す

⑤切り戻しから1か月もすると、勢いを取り戻す

　畑にじかに種をまいたり、苗づくりで育苗箱に条まきする場合、かなり厚まきするため、ふつうに発芽すると、密生状態になります。

　小さいうちは、密生しているほうが「共育ち（共存）」の現象でおたがいにかばい合ってよく育ちます。

　しかし、いつまでも密生したままにしておくと、おたがいに競合（競争）し合い、それぞれが軟弱徒長になってしまいます。そのため間引きして、適当な間隔を与える必要があります。

　間引きは1回ですませるのではなく、育ちに応じて随時行うようにします。間引く時期は、たとえばハクサイの場合なら1回めは、子葉が開き切って葉が密集したころ。2回めは本葉が2～3枚のころです。

　間引きの程度は、そのつど隣同士の株の葉が、重なり合わない程度の株間を与えてやることを目安としてください。

　整枝や摘葉も、株の葉を込み合わさせず、良品を得るために行う重要な作業です。ここでは積極的に行う例として、ナスの更新剪定をあげました。

支柱立て・誘引のポイント

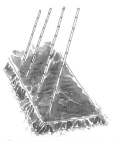

①支柱を斜めに傾けてさし込む

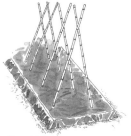

②反対側にも支柱を立て、先に立てたものと交差するようにする

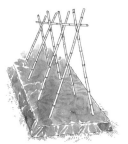

③支柱が交差している合掌部分に横支柱を渡す

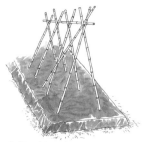

④畝の端の支柱と、列のところどころに、斜めに筋交い材を加える

⑤合掌部をしっかりさせる

⑥横に渡した支柱にポリひもなどを巻きつける

⑦合掌部はとくにしっかりポリひもを巻きつけ固定する

⑧横から見て、きれいに支柱が並んでいるのが理想

　野菜はその大きさにたいして茎や蔓の弱いものが多く、草丈が高くなるものは、風折れや葉ずれしやすいものです。そのため、支柱を立てて、しっかりと誘引を行う必要があります。

　支柱材は竹や杭、プラスチック被覆のカラー鋼管などを使用します。

　支柱の立て方には直立式、合掌式、交差式などの方法があります。草丈の高い果菜類は2列植えにして合掌式にするのが合理的です。斜めに筋交い材を加えて、合掌部や交差部を固く縛るのがコツです。また、草丈の低いものには低い位置の交差式とします。直立式は1列植えにせざるをえない場合に限ります。

　支柱を立てただけでは茎や蔓が巻きつかないものが多いので、支柱に誘引し、バランスよく配置する必要があります。その誘引材は、プラスチックテープやひもなどいろいろですが、クイックタイなどという誘引専用の針金を芯にしたプラスチック資材が市販されているので、それを使うのがいちばん便利です。

　野菜によって、誘引の仕方も異なるので、それぞれの栽培法を参照して行ってください。

防寒のポイント

■防寒の方法

①べた掛け

葉の上に不織布や割繊維不織布などを直接覆う

②ビニールトンネル

トンネル用の被覆フィルムには、ポリエチレンよりも保温力の高いビニールが多く用いられている

③ネットトンネル

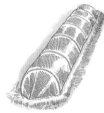

寒冷紗(かんれいしゃ)では育ちがやや遅くなるが、上から灌水でき、また、温度が上がってきても蒸れることがない

④よしず覆下(おおいした)

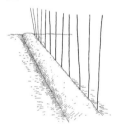

北側の片屋根式の霜よけをかける。太陽の角度によって、角度を変える

■ビニールトンネルのつくり方

①定位置にひもを張り、竹やプラスチックなどの骨材を等間隔にさし込む

②畝をまたぐように骨材を曲げ、もう片方の列にさす

③被覆ビニールを支柱にかぶせ、ビニールの端を土中に埋め込み固定する

④ビニールのもう一方の端も土をかけて固定する

　防寒の方法としていちばん簡単なのは、不織布、割繊維不織布などを直接葉の上に覆う方法で、一般に「べた掛け」と呼ばれています（①）。低温性のコマツナ、シュンギクなどは、通常の露地栽培よりはるかに生長がよく、冬でも良質のものを得ることができます。

　塩化ビニールなどでできた被覆フィルムをトンネル状に覆えば（②）、日中の温度の上昇は格段によくなり、さらに高い保温力が得られます。早春まきの小カブやニンジンなど、春植えの果菜類などの生育を促進でき、早どりに有効

です。ただし、日中の温度をあまり上げすぎないよう、フィルムに穴をあけたり、裾を上げたりして換気することも忘れてはなりません。

　寒冷紗によるトンネルの場合（③）、作物の育ちはやや遅くなりますが、トンネルを覆ったまま上から灌水でき、また、温度が上がってきてもトンネル内が蒸れることがない、という利点があります。

　よしずを使って、北側に片屋根式にかける方法（④）は昔から伝わる栽培法です。寒冷紗よりも保温力は優れています。

防暑・防風のポイント

防暑

不織布や割繊維不織布などを防虫も
兼ねて直接葉の上にかける

日よけ

高さ1mのところに黒色寒冷紗、
またはよしずを覆う

防風

ベランダで風の強いとこ
ろは防風ネットを張って
風を和らげる

畑の風当たりが強い方向
によしずや防風ネットを
しっかり設ける

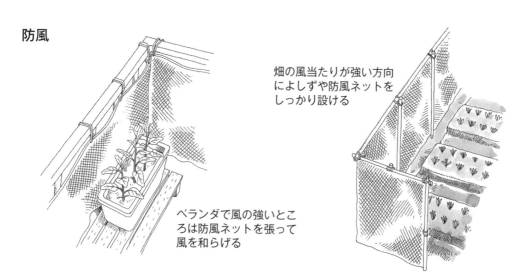

　夏の畑の気温は暑い日には35℃以上、地温は40℃以上に上昇することもしばしばあります。とくに軟弱な小型の葉茎菜類は暑さに弱く、キャベツやブロッコリーなどは苗を移植した後なども支障をきたすので、遮光して防暑することが望まれます。

　遮光にはポリエチレン製の編み物資材やよしずなどを用いて、それらを高く張り、側方を開けて風が通るようにします。

　短期間なら、べた掛け資材を直接かけるのも有効です。また、地温の上昇を抑えるために、地面に敷きわらや敷き草をしたり、白（表）黒（裏）ダブルマルチをしたりするのも有効です。

　強い風も野菜類の生長にとってはマイナスです。風当たりの強すぎるところでは、風上側に防風ネットやよしずなどで防風垣を設けるようにしましょう。

　夏の終わりから秋の台風も困りものです。台風への対策としては、台風の来襲がわかったら、苗床上に直接防風ネットを覆い、飛ばされないようにしっかり押さえるようにします。台風が通過したら、すぐに除去しましょう。

マルチ、べた掛け資材の利用

マルチフィルム

マルチ用ポリフィルムに一定の間隔にカミソリで切り目を入れて植えつける

マルチ用ホーリーシート

一定間隔ごとに穴をあけたマルチ用ホーリーシート

黒マルチ

地温上昇と雑草防止の効果が大きい。防虫にも役立つ

浮き掛け

べた掛け

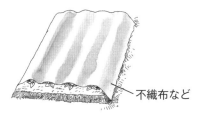

不織布など

トンネル掛け

トンネル骨材

遮光被覆

べた掛け平床播種

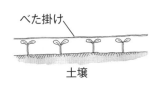

べた掛け

土壌

べた掛け溝底播種

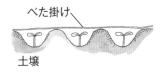

べた掛け

土壌

　土壌の表面をプラスチックフィルムや稲わら、雑草などで被覆することを「マルチング」(略して「マルチ」)といいます。

　ここで取り上げるフィルムマルチは、①地温の上昇、②土壌水分の保持、③雨による肥料の流失の防止、④土壌表面の固結防止、⑤雑草の防止(黒色フィルム)など、まさに一石五鳥の効果があるといってよいでしょう。

　一般に多く用いられるのは、黒色のポリエチレンフィルムの、厚さ0.02mm程度の超薄物で、価格もそう高くなく、実用効果は十分上げられ

ます。幅は90、120、135cmなどがありますから、野菜の性質に合わせて選ぶようにしましょう。

　また、白や銀色のものは、反射により地温の上昇を防止したり、反射光によりアブラムシの飛来を防いだりする効果もあります。

　長繊維不織布などの薄くて軽いべた掛け資材は、安価で利用法も簡単なので、家庭菜園には最適です。保温や遮光用として効果が大きいだけでなく、害虫の飛来防止にも役だつので、たいへん重宝です。

病害虫防除のポイント

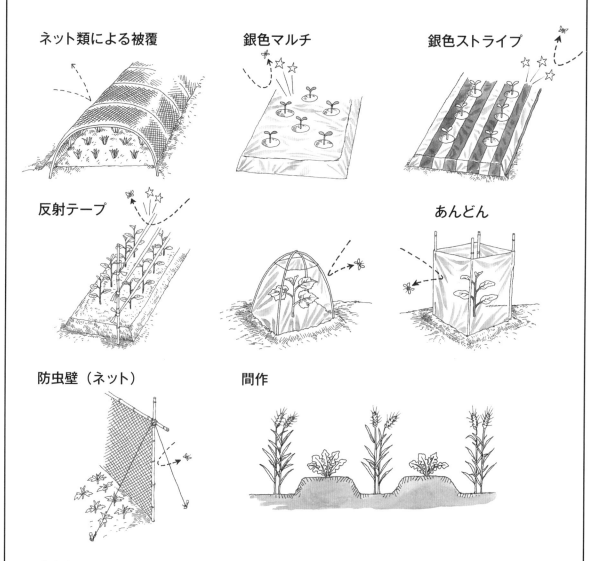

ネット類による被覆

銀色マルチ

銀色ストライプ

反射テープ

あんどん

防虫壁（ネット）

間作

　病害虫防除の対策としては、①病害虫の発生源・感染源を少なくする、②病害虫をうけつけにくい健康体の野菜を作る、③害虫の飛来・接触を物理的に回避する、④病害虫忌避作物の導入や間作を行う、⑤被害の早期発見に努め、適期に農薬を上手に散布する、などです。

　①雑草の中には有害な害虫が生息しているため、畑の周辺の雑草を刈り取ったり、生やさないようにすることです。収穫し終えた野菜の残りかすの処理（堆肥化したり焼却する）もたいせつです。また休閑期（とくに冬）には、石灰をまいて畑を深く耕し、土の表面に凹凸をつけ、寒気にさらして土を風化しておくと、土壌病害の病原菌や雑草の種子の減少に役だちます。

　②適期を守った種まき、植えつけ。株間を広くとって、光をよく当て、また風が流れる状態にすること。肥切れさせないことです。

　③上図のようなさまざまな方法があります。

　④ムギや陸稲を広畝に作り、その畝間にダイコンやトマトなどを栽培すると、有翅アブラムシの飛来を防ぎ、ウイルスの発生も少なくなります。

農薬の上手な使い方

〈殺虫剤〉

害虫のいるところをねらって集中的に散布する。葉にまんべんなく霧状に付着するように。流れ落ちるようではよくない

〈殺菌剤〉

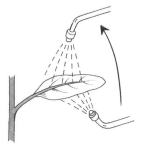

まず葉裏にかけ、あとから表面にさっとかける

果菜の場合

下葉から順次
上のほうへ

葉・根菜の場合

下葉から順次
上のほうへ

■農薬をなるべく使わない方法

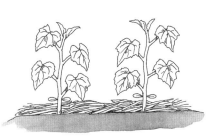

密植を避けて適当な株間をとる

強い雨による下葉への土の跳ね上がりで、土壌中の病原菌が付着するので注意。敷きわらやポリマルチが有効

病害虫はいっせいに出るものではなく、初め特定の株や葉に出て、それが何日かすると全面に広がってくるので、初期の段階でいち早く薬剤を使用することがもっとも効果的です。そうすると、薬剤の使用量も少なくてすみます。

薬剤によって、適用病害虫と作物、濃度、使用可能な回数、収穫の何日前まで使用できるかなどが異なるので、説明書をよく読んでまちがえないよう十分に注意してください。

水和剤、乳剤は、散布に必要な水量に薬剤を入れ、よく混ぜてから使います。必要量は野菜の種類や発育段階によって大きく異なりますが、生育盛りのキュウリやトマトでは1株当たり100～200ml、キャベツやハクサイでは約30～50mlくらいと考えてよいでしょう。

散布にあたっては、噴霧器の圧力を十分にかけ、病害では病原菌の侵入しやすいところ、病斑の出始めているところに重点をおいて散布します。それは、雨によって土が跳ね上がりやすい下葉の裏などです。噴霧口を上向きにして下葉の裏をねらい、しだいに上葉に向かい、最後に全体の葉にさっとかけるようにします。

板木利隆（いたぎ・としたか）

1929年、島根県生まれ。50年、千葉農業専門学校（現・千葉大学園芸学部）卒業。千葉大学助手、神奈川県園芸試験場場長、神奈川県農業総合研究所所長、全農営農・技術センター技術主管を経て、現在、板木技術士事務所所長、（公財）園芸植物育種研究所理事、農林水産省高度環境制御技術研修検討専門委員、茨城県立農業大学校非常勤講師、NPO植物工場研究会諮問委員、日本野菜育苗協会技術顧問を務める。農学博士。著書に『家庭菜園大百科』『新版こんなときどうする 野菜づくり百科』（以上、家の光協会）、『施設園芸 装置と栽培技術』（誠文堂新光社）のほか、共著・監修書として『野菜づくり 畑の教科書』（家の光協会）、『図鑑NEO 野菜と果物』（小学館）、『からだにおいしい野菜の便利帳』（高橋書店）など多数。

....

装丁・デザイン　ohmae-d
カバーイラスト　田渕正敏
本文イラスト　　落合恒夫（4〜233ページ）
　　　　　　　　角しんさく（236〜255ページ）
写真　　　　　　板木利隆、家の光写真部
取材・文　　　　豊泉多恵子（220〜232ページ）
校正　　　　　　佐藤博子

＊本書は『はじめての野菜づくり12か月』（2006年）に新規の内容を加え、加筆・修正して再構成したものです。

イラストでよくわかる 改訂増補
はじめての野菜づくり12か月

2018年4月1日　第1刷発行
2024年1月25日　第7刷発行

著　　者　　板木利隆
発 行 者　　木下春雄
発 行 所　　一般社団法人 家の光協会
　　　　　　〒162-8448
　　　　　　東京都新宿区市谷船河原町11
　　　　　　電話 03-3266-9029（販売）
　　　　　　　　 03-3266-9028（編集）
　　　　　　振替 00150-1-4724
印刷・製本　　株式会社東京印書館